35명의 전문가에게

건설의 길을 묻다

35명의 전문가에게

건설의 길을 묻다

1판 1쇄 발행 2013년 10월 29일
1판 2쇄 발행 2014년 1월 29일

지은이 | 김정호, 건설산업비전포럼
발행인 | 김병계
발행처 | 도서출판 보문당
등록 | 1990년 6월 15일(제1-1066호)
주소 | 서울시 마포구 토정로 222(신수동)
전화 | 704-7025
팩스 | 704-2324
홈페이지 | www.bomoondang.co.kr
이메일 | bmdpub@naver.com

값 15,000원

ISBN 978-89-8413-195-8 (93530)

35명의 전문가에게

건설의 길을 묻다

김정호, 건설산업비전포럼 공동기획

普文堂

건설산업은 죽어야 다시 산다

건설산업은 지금 절체절명의 위기에 처해 있다. 건설산업의 위기는 건설산업의 신뢰의 위기, 시장의 위기, 경쟁력의 위기로 대별될 수 있다. 이 중 가장 심각하면서도 본질적인 것은 신뢰의 위기이다. 일반인들에게 건설은 온통 부정적인 인식들이 투영되는 대상이다. 신문지상에 건설과 관련된 부정적인 보도들이 끊일 날이 없고, 드라마에 등장하는 건설 관련 인물은 악덕업자 일색이다. '건설'하면 곧바로 부정부패가 연상될 정도로 심각한 상황이다. '신뢰의 위기'야 말로 건설산업의 가장 큰 위기라 할 수 있다.

근래 들어 시장의 위기도 악화일로다. 국내 건설시장 중 공공부문은 투자할 여력이 없다. 정부정책의 초점이 복지에 맞춰지면서 SOC 예산을 줄여 복지 예산을 늘리자는 주장이 공공연히 제기된다. 민간부문 또한, 부동산 및 주택 경기가 계속 바닥세를 면치 못하다 보니 재벌 등 대형 업체들 조차도 투자 의욕을 상실하여 투자를 하지 않는다. 시장 규모는 계속 축소되고 있고, 당분간은 시간이 갈수록 더 악화될 것이라는 의견이 지배적이다.

그렇다면 해외에 나가서 일감을 찾고 수익을 확보하면 되지 않느냐? 라는 반문을 하겠지만, 바로 거기서 경쟁력의 위기를 실감하게 된다. 해외 건설은 플랜트(Plant) 위주의 시장으로 변한 지 오래이고, 그나마 상위 몇 개 업체만이 어느 정도의 경쟁력을 갖추고 있다. 하지만 자국 업체끼리 피나는 가격경쟁을 벌이다 보니 수익성 문제가 심각하다. 그 외 대다수의 건설업체, 전문업체, 설계 · 엔지니어링업체는 글로벌 경쟁력의 부족으로 물경 8조 달러에 달하는 해외시장을 '강 건너 불 보듯' 할 수밖에 없다.

결과적으로, 한국 건설산업은 총체적인 위기상황에 처해 있다. 상위 100대 건설회사 중 약 30여 곳이 부도, 워크아웃(Workout) 등 실질적인 도산 상태이고 설계 · 엔지니어링이나 전문 업체들도 전반적인 상황에서 큰 차이가 없다.

평소에 나는 건설산업의 판을 다시 짜야 한다는 주장을 지속적으로 해왔다. '죽어야 다시 산다'라는 역설이다. 해방 이후 수많은 법과 제도, 시스템이 도입되고 법률이 제정되고 개정되어 왔지만, 대개는 '글로벌 스탠다드'와는 동떨어진 '코리안 스탠다드'에 불과한 것들이었다. 한 번도 건설산업 전반을 뒤흔드는 개혁은 없었다. 이 같은 법 체계와 시스템으로는 건설산업이 제대로 발전하거나 글로벌 경쟁력을 가지는 것은 불가능하다는 것이 필자를 포함한 많은 사람들의 결론이다. 이것이 바로 건설이 죽어야 다시 부활할 수 있다는 논거다.

건설의 부활을 이야기 함에 있어 가장 먼저 할 일은 건설주체들의 뼈저린 자기 반성이다. 이 책에서도 자기반성을 일부 다루고 있지만 그 진정성과 절박함에 비추어볼 때 아쉬움이 남는다. 정부나 발주자를 탓하기 전에, 우리 건설산업 종사자들은 제일 먼저 자신들의 모습을 거울에 비춰 보면서 현실에 안주해 온 지난 날의 과오를 뉘우쳐야 한다. 특히 이 책에서 벤치마킹한 한국의 IT산업, 반도체와 휴대폰 등 전자산업, 조선산업, 자동차산업 등이 세계 1등 수준의 플레이어(Player)가 되기까지 쏟아 부은 기술 축적을 위한 연구개발투자와 혁신 노력, 기업가 정신, 글로벌 역량 육성 방법 등을 거울삼아 건설산업 현실과 비교 · 분석함으로써 근본적인 자기 혁신의 밑거름으로 삼아야 한다. 이를 위해서는 건설관련 대기업들이 1등 산업처럼 자신의 역할과 리더십을 제대로 발휘해왔는가에 대한 통렬한 반성이 먼저 필요하다.

다음 순서는 공공발주자를 포함한 정부의 역할과 기능의 대전환이다. 발주자의 중요성은 건설산업비전 총서 중 하나인「발주자가 변하지 않으면 건설산업의 미래는 없다」에서 많은 영국의 사례를 통해 소개한 바 있다. 이 책의 제목에서처럼 현재 공공의 리더십과 발주자의 수준으로는 건설산업의 미래가 암울할 수밖에 없다. 공공발주자의 행위를 규제하는 것은 감사제도를 포함한 법, 제도, 시스템 등이다. 300개가 넘는 건설법령이 쳐 놓은 칸막이 업역 구분과 수많은 규제의 사슬들을 피해가며 글로벌 경쟁력을 갖춘 산업으로 성장하기를 기대하는 것은 연목구어(緣木求魚)일지도 모른다.

지금이야 말로 건설주체들이 합심하여 규제 위주의 법 · 제도의 재구축 작업에 나서야 한다. 「건설선진화위원회 보고서(2009. 2)」와 대통령직 인수위원회 정책과제 건의서「일자리 창출과 성장을 위한 건설정책 방향 및 과제(2013.1.23, (사)건설산업비전포럼 외)」에서「건설산업통합법」을 특별법으로 제정하고 기존의 법을 실질적으로 폐기하는 획기적인 규제 혁파를 주장한 것도 같은 맥락이다.

건설산업은 인류가 존재하는 한 지속되는 의식주의 한 축을 담당하며 생활공간, 생산공간, 놀이 · 휴식공간을 창조하는 산업이다. 이제부터라도 한국건설산업은 보다 창의적인 산업 활동을 통하여 국민들로부터 신뢰와 사랑을 받는 창조산업으로 거듭나야 한다. 아울러 글로벌 시장으로 적극 진출하여야 하며 이를 위해서는 경쟁력 향상 노력과 더불어 국내 건설시장의 글로벌화가 시급한 과제라 할 수 있다.

이 책은 "어떻게 하면 건설산업이 심각한 위기상황을 극복하고 살아남을 수 있을까?"하는 '건설산업의 생존전략' 차원에서 기획되었다. 또한 집단지성을 통한 각계 각층 전문가의 의견을 공유하고 토론을 통해 건설산업의 생존전략과 해법을 모색하고자 하였다. 비록 수많은 전문가들이 지속적으로 모여 토론하는 방식에 한계가 있어 기고와 토론을 병행하는 방식을 사용하였지만, 전문가들의 다양한 의견에 귀 기울이고자 노력하였다.

옥고를 주신 27명의 전문가와 종합토론에 참여하신 13명의 전문가, 그리고 건설산업비전포럼의 전폭적인 지원에 감사드리며, 처음부터 끝까지 헌신적인 리더십과 열정으로 원고를 마무리해 주신 김정호 교수에게 특별한 감사의 마음을 전한다. 이 책이 우리 건설산업의 새로운 길을 찾는데 조금이라도 도움이 된다면 책자의 기획자로서 무한한 영광이라 생각한다.

2013년 10월

(사)건설산업비전포럼 공동대표 / 한미글로벌(주) 대표이사 회장

김종훈

요즘 한국 건설산업이 위기를 맞고 있다는 데 공감하는 분들이 많습니다. 그 원인 중 하나가 산업차원에서 구조조정에 실패했기 때문이기도 하지만, 보다 직접적으로는 건설업체들의 일감 부족에 있다고 생각합니다. 2008년 이후 국내 건설수주액이 계속 줄어들고 있습니다. 정부의 SOC투자규모가 줄었고, 부동산 시장에서도 아파트는 물론 오피스와 상가도 과잉 공급되면서 추가 발주물량이 크게 감소했습니다. 국내 상황이 이렇다 보니 많은 업체들이 해외사업에 진출하고 있습니다. 그러나 높은 수주실적에도 불구하고, 수익성이 낮아 어려움을 겪고 있는 업체가 많은 것으로 알고 있습니다.

주지하시는 바와 같이 정부의 최우선 경제정책 목표는 일자리를 많이 만들어 '고용률 70%'를 달성하는 것입니다. 국토교통부도 앞으로 10만 개 이상의 일자리를 만들기 위해 최선을 다하고 있습니다. 일자리와 관련해 건설업계에 거는 기대가 큽니다. 왜냐하면 건설산업은 과거 수차례에 걸쳐 '고용과 성장' 문제를 해결하는 데 크게 기여했기 때문입니다. 정부의 SOC투자는, 과거에 비해 규모는 다소 줄어들 수 있지만, 국민 행복과 기업하기 좋은 환경을 조성하기 위해 계속될 것입니다. 거시경제상황이 다소 호전되면 건설수요도 늘어날 것입니다. 그러나 우리 경제가 선진화되면서 건설투자에서도 정부의 몫은 점차 줄어들고, 민간부문이 주도하게 될 것입니다.

어려운 시기에 건설산업의 오피니언리더들의 모임인 '건설산업비전포럼'

에서 '한국건설산업이 살 길을 모색'한다기에 기쁘고 감사하게 생각하고 있습니다. 특히 건설인 여러분들이 반성하는 자세로 혁신과 구조조정 문제를 거론하고, 이를 공동으로 해결하려는 노력에 찬사를 보냅니다. 정부도 여러분들의 노력을 뒷받침하는 데 최선을 다하겠습니다. 여러분과 국토교통부 간에 보다 긴밀한 소통이 필요하다고 생각합니다. 이를 통해 본 책자에서 거론된 비전과 전략을 효과적으로 추진할 수 있는 방안을 마련해 보아야 할 것입니다.

이번에 발간되는 「35명의 전문가에게 건설의 길을 묻다」에는 그동안 건설인들이 고민해오던 문제들이 잘 정리돼 있고, 그 개선대안도 현실성이 있는 것 같아 환영합니다. 여러분들의 이러한 노력이 궁극적으로는 우리나라 건설산업을 선진화하는 데 일조할 것임을 믿어 의심치 않습니다. 지금까지 우리 건설산업이 국민경제에 기여해온 바 매우 컸다면, 앞으로는 더욱 더 커질 것으로 기대합니다. 본 책자를 만드는 데 참여해주신 모든 분들의 노고에 깊이 감사드립니다. 타 분야의 전문가들도 많이 참여하신 것으로 알고 있습니다. 그 분들의 고견 또한 앞으로 건설업 발전에 많은 참고가 될 것입니다. 이 책에서 제시된 한국 건설산업이 나아가야 할 길에 대해 건설인 여러분 모두가 지속적인 관심을 갖고 동참해 주셨으면 합니다. 그리고 이 책이 미래 지속가능한 건설업 발전을 이끄는 지침서가 되기를 희망합니다.

아무쪼록 이 책이 건설산업이 현재의 위기를 극복하고, 더 나아가 새롭게 도약하는 데 도움이 됐으면 합니다. 그리고 일반 독자들도 이 책을 통해 건설산업이 고용을 창출하고, 경제성장을 견인하여 국가발전은 물론, 국민행복을 증진하는 데도 크게 기여해 왔으며, 앞으로도 그럴 것이라는 사실을 알리는 계기가 되었으면 하는 바람입니다.

2013년 10월

국토교통부 장관

서승환

한국 건설산업은 1950년대부터 고도성장을 지속하여 2007년까지 성장단계를 거쳤지만 현재는 성장의 한계에 부딪힌 상태입니다. 국내에서는 토목, SOC예산이 줄어들면서 수주경쟁이 더욱 치열해졌고 해외에서는 국내 건설기업 간의 과당경쟁, 저가수주, 수행 역량 부족으로 이중고에 처해 있는 상황입니다.

건설산입이 당면한 대내외 위기를 극복하기 위해서는 가치경쟁을 통해 경쟁의 패러다임을 바꿔야 합니다. 건설산업이 전통적으로 고수해 오던 방식에서 탈피한 창조적 혁신이 필요합니다. 이를 위해서 건설산업에 ICT(Information & Communication Technology)를 적극 도입하는 것은 좋은 방법이 될 수 있습니다. 건설산업이 창조산업으로 거듭나기 위해서는 차별화된 역량을 확보해야 하며 ICT는 차별화된 역량의 핵심이기 때문입니다. 또한 문리통섭(文理統攝)형 인재 육성이 필요합니다. '나는 엔지니어니까 기술개발만 하겠다'는 생각은 버려야 합니다. 이 두 가지 모두는 창조경제에서 제시하고 있는 융합과 같은 의미라고 할 수 있습니다.

이번에 발간하는 「35명의 전문가에게 건설의 길을 묻다」는 현재 건설산업이 처해 있는 현실을 직시하고 타 산업의 성공사례를 통해 건설이 나아가야 할 길을 제시하고 있는 실천적인 책자라고 생각합니다. 오랫동안 건설인들은 건설산업이 생존하고 성장하기 위해 무엇을 해야 할지 많은 논의를 해왔지만 실제 실행으로 옮기기에는 부족한 면이 있었습니다. 저는 이 책이 그 동안의 논의를 바탕으로 궁극적인 실행을 이끄는 계기가 될 것이라고 생각합니다. 이 책에서도 건설산업이 생존하기 위해서는 융합을 통한 창조산업으로의 부활과 문리통섭형 인재양성의 중요성을 강조하고 있습니다.

이 책은 건설산업의 미래를 걱정하고 산업의 발전을 위해 헌신하고 계신 건설산업비전포럼의 많은 전문가 분들이 길을 잃고 방황하고 있는 한국 건설에 주는 많은 조언을 담고 있습니다. 본 책자를 준비하고 작성해주신 기획 운영진과 참여하신 전문가 분들께 깊은 감사를 드립니다.

마지막으로 한국 건설산업이 책에서 제시하고 있는 길을 따라가서 생존뿐만 아니라 번영하여 다시금 국가의 기간산업으로서 큰 역할을 수행할 수 있는 국민의 희망산업이 되기를 기대합니다.

2013년 10월

한국공학한림원 회장 / 포스코 대표이사 회장

정준양

건설산업이 한국 경제의 쾌속성장에 기여했음은 누구도 부정할 수 없는 사실이다. 수많은 인프라시설과 주택들을 짧은 기간 내에 대량 공급함으로써 모든 산업이 빠르게 발전했고, 많은 국민이 집 없는 설움에서 벗어날 수 있었다. 이 과정에서 많은 일자리가 생겨났고, 소득도 크게 늘어났다. 외화가 부족했던 시절에 해외건설은 외화 획득에 일등공신이었고, 우리나라의 위상을 전 세계에 알리는 역할을 했다. 1990년대 초 건설산업이 창출한 총고정자본 형성은 GDP의 25%를, 그리고 국내외에서 생산한 부가가치는 GDP의 18%를 차지했고 최대 250만 개 이상의 일자리를 만들어냈다.

그러나 건설업계는 1990년대 후반 시대변화를 읽고 대처하는 데 실패했다. 주택과 부동산 시장이 변하고 SOC시설에 대한 수요가 급격히 줄어드는 동시에 우리 경제가 고부가가치 지식산업으로 이동하는 데에 따른 산업구조의 재편과정을 제대로 감지하지 못했던 것이다. 따라서 전자나 조선 또는 IT 산업과 달리 산업차원의 구조조정이나 기업차원의 혁신이 이루어지지 못했다.

지금 건설업계는 또 다시 위기감에 사로잡혀 있다. 일차적인 이유는 일감 부족이라지만, 더 중요한 것은 산업차원의 구조조정이 실패한데 따른 후유증이라고 생각된다. 일감은 경기변화에 따라 늘거나 줄어들 수 있다. 이는 개별 기업의 경영차원에서 대처할 문제이지 산업 전체의 문제가 될 수는 없을 것이다. 건설을 수주산업으로 인식하는 한 수주물량, 특히 공공건설 투자의 감소는 분명 위협이 될 것이다. 복지와 창조경제를 중시하는 현 정부의 정책기조도 불안감을 가중시키는 요인이 될 것이다.

건설산업비전포럼은 이러한 절박한 상황을 의식해 이 책을 기획하게 되었다. 건설산업의 위기를 공론화하고 그 해결책을 업계 모두가 함께 모색해 보자는 취지에서 비롯된 것이다. 이 책을 기획하게 된 배경은 다음과 같다.

첫째, 건설산업에 대한 인식과 당면 과제를 일반 독자들과 공유하고자 했다. 오늘날 국민들 사이에 팽배해 있는 건설업에 대한 부정적인 이미지는 건설인들에게 큰 부담으로 작용하고 있다. 건설업계의 고민을 독자들과 나눌 수 있다면 부정적인 이미지는 다소 해소될 수 있을 것으로 기대한다.

둘째, 건설인들에게는 건설산업이 직면한 다양하고 복잡한 문제들을 보다 객관적이고 종합적으로 이해함으로써 각자 자기반성과 함께 앞으로 살길을 공동으로 모색해 보자는 것이다. 건설업계 내부의 목소리를 하나로 모을 필요가 있다고 생각했다.

셋째, 한국 건설이 나아갈 방향을 제시하고자 한다. 건설산업은 더 이상 과거의 틀 속에서 성장하기 어려울 것이다. 수주산업이라는 인식에서 벗어나 창조산업으로 변해야 한다. 새로운 시장을 만들고 확대해 나가야 한다. 그러려면 산업 자체가 선진화되어야 하나 이는 제도에 대한 정비 없이는 불가능하다. 선진화는 개별 기업 차원에서는 혁신과 개혁을, 그리고 산업 전체로서는 구조조정을 의미한다. 제도 및 의식의 글로벌화도 필요한 부분이다.

끝으로 정책당국에 메시지를 던지고 싶었다. 정부는 건설업을 낙후된 산업 또는 관리 불가능한 산업으로 비하하기 전에 건설업의 중요성을 재조명하고, 건설산업을 재창출 또는 재창조할 수 있는 방안을 모색해야 한다. 국민소득 4만 불 시대를 지향한다면 건설업도 새롭게 도약해야 한다. 보다 효과적인 건설산업 발전계획을 세우고, 이에 맞춰 각종 제도를 정비 · 개선하는 작업이 필요하다.

이 책은 여러 전문가들과 공동으로 집필했다. 일종의 집단지성을 활용한 접근방식이다. 전문성, 배경, 경험 그리고 가치관 등이 다른 만큼 의견이 분분할 것으로 예상했으나, 전문가들이 제시하는 한국 건설의 길은 결국 공통된 방향으로 모아졌다.

이 책은 크게 7가지 Part로 구성되어 있다. Part 1은 한국 건설산업의 위기상황, Part 2는 외부 환경변화와 세계건설시장, Part 3은 타 산업의 성공방정식이 건설산업에 주는 시사점, Part 4는 새로운 건설 수요 창출 전략, Part 5는 한국 건설산업의 미래의 길을 제시하고 있다. 그리고 Part 6에서는 이 모든 주제를 담아 전문가들이 논하는 '한국 건설산업의 생존전략'을 대담형식으로 담았고, 마지막 Part 7에서 길을 찾기 위한 구체적인 방법들을 기술하였다.

이 책을 출판하는 과정에서 많은 분들의 도움이 있었다. 먼저, 아이디어와 함께 책자 출판의 기회를 만들어주신 건설산업비전포럼의 김종훈 공동대표님과 포럼 회원 여러분들에게 진심으로 감사를 표한다. 좋은 글을 써주신 집필진과 특히 대표 집필진의 노고에 감사를 드린다. 또한 각종 토론회에서 좋은 의견과 해법을 제시해주신 분들께도 감사를 전한다. 끝으로 박상혁 한미글로벌 연구소장과 이지희 연구원 두 분께도 특별히 감사드린다. 집필진과의 연락, 회의 일정관리, 회의록 작성, 편집 등 전 과정에서 궂은 일을 도맡아 끝까지 열정적으로 챙겨주셨기에 출판이 가능했다.

한국 건설은 지금 성장과 쇠퇴의 갈림길에 놓여 있다. 그동안 건설업계 내부적으로도 많은 혁신의 움직임이 있어왔지만 지금의 위기상황을 극복하기에는 역부족이었다. 이제, 이 책이 위기감에 사로잡힌 한국 건설업계나 정부는 물론 일반 독자들에게도 한국 건설을 새롭게 인식하고 이해하는 데 조금이라도 도움이 되기를 바라는 바이다.

2013년 10월

기획연구 책임자 / KDI 국제정책대학원 교수

김정호

| 목차 |

기로에 선 한국 건설산업

건설업은 우리나라의 압축 성장에 기여한 바가 매우 크다. 주택 공급뿐만 아니라 철도, 도로, 공항, 항만 등 다양한 SOC(Social Overhead Capital)시설들을 적기에 공급하면서 산업역군으로서 우리나라 산업발전과 국민의 삶의 질 향상에 기여해 왔다. 그러나 급격한 성장과정에서 발생한 불공정 거래, 비자금 조성, 부실시공, 담합 등과 같은 부정적 요소는 건설산업이 부정부패의 온상이라는 오명을 안겨주기도 하였다. 더구나 이를 개선하고자 하는 혁신적인 노력이 보이지 않는 상황에서 건설업계에 대한 대중의 시선은 따갑기만 하다. 문제가 발생하면 규탄성명이니, 궐기대회니 하면서 대국민 약속을 남발하지만, 이 역시도 상황모면을 위한 일시적인 제스처(Gesture)로 보는 이가 많다. 그만큼 건설업계에 대한 대중의 신뢰가 무너져 버린 것이다. 신뢰회복이 건설산업 재창조의 가장 중요한 과제가 되어야 함을 시사하는 대목이다.

건설산업이 갖고 있는 부정적 인식에 대한 책임은 일차적으로 건설인들에게 있다. 건설인들의 자기반성과 혁신의 노력이 부족한 측면이 크기 때문이다. 그러나 건설업이 비리나 부정부패에 연루될 때면 언제나 그 배후에 정치권이나 공무원들이 있었다는 사실에 비추어 볼 때 정부 또한 그 책임에서 자유로울 수는 없을 것 같다. 정부의 협조 없이는 건설산업에 대한 신뢰회복은 어려울 것이다.

건설산업의 위기상황에도 불구하고 건설업은 계속 존속할 것이다. 인류가 더 나은 삶을 추구하고 문명과 문화를 발전시키려 하는 한, 그리고 도시가 존재하는 한 일감은 계속 만들어질 것이기 때문이다. 다만 우리 경제가 선진국형으로 변모하면서 수요의 유형은 점차 변화할 것이다. 단순 시공기술보다는 사업의 기획 및 개발, 운영 및 유지관리 등과 같이 소프트(Soft)한 기술을 요구하는 수요가 점차 증가할 것이다.

그러나 한국 건설이 과거의 명성을 되찾기 위해서는 '재창조의 고통'을 감내해야 한다. 많은 건설업체들이 국내 건설시장의 수주물량 부족으로 위기를 겪고 있다고 한다. 그러나 산업발전 차원에서 보면 이 보다 더 큰 문제가 건설인의 잘못된 의식과 왜곡된 산업구조, 특히 불합리한 법과 제도에 있다는 것이다. 건설물량은 실물경제의 움직임, 즉 경기에 의해 항상 변할 수 있다. 모든 사업이 그렇듯 건설경영도 경기라는 외부환경을 감안해서 전략을 수립해야 한다. 불황기에는 축소(Contraction)경영이, 호황기에는 확장(Expansion)경영이 원칙이다. 지금같이 대내외적으로 불확실성이 큰 상황에서는 개별 기업 입장에서는 리스크를 철저히 관리하는 것이 급선무이고, 산업 전체로 보면 구조조정이 필요한 시점이라는 생각이 든다.

경기가 나쁘니 정부더러 일감을 더 만들어 달라고 주문하는 것은 국민들이 보기에 '건설적'이지 않을 것이다. 앞으로는 국가와 지역사회가 필요로 하고, 특히 새로운 가치를 창출할 수 있는 일감을 스스로 만들어 추진하는 것이 건설업계가 해야 할 일이 아닌가 생각된다. 기존의 수요를 수동적으로 수용하는 데 그치지 말고, 보다 능동적으로 사회가 요구하거나 필요로 하는 수요를 스스로 만들어 충족시켜야 한다는 것이다.

건설업계가 느끼는 문제는?

건설업계는 지금을 가장 큰 위기상황으로 인식하고 있는 것 같다. 근본적인 이유는 수요가 크게 줄어들고 있기 때문이다. 주택 및 부동산 시장 침체와 동시에 정부의 SOC투자도 삭감되었다. 지난 4년간 건설투자는 연평균 1.8%씩 줄어, 2011년에는 115조 원에 불과했다. 앞으로도 전망이 매우 불투명하다. 그러다 보니 일부 대형 업체마저도 워크아웃(Workout)이나 법정관리에 들어갔다. 그럼에도 불구하고 전체 건설업체 수는 별로 줄어들지 않는 것이 현실이다. 구조조정이 필요한 이유다.

일감부족이 위기요인이라고 하지만 산업차원에서 보면 구조조정의 실패, 개별 기업차원에서 보면 혁신과 개혁에 실패해 경쟁력을 확보하지 못한 것이 더 큰 요인이라고 생각된다. 일감이 항상 넘쳐날 수는 없다. 경기에 따라서 부침이 심하기 때문이다. 일감이 없으면 새로운 상품을 개발해 신규 시장을 개척하든지, 새로운 기술을 개발해 기술과 가격경쟁력을 확보해야 한다. 그러나 건설업을 수주산업으로 치부하는 우리 업계는 정부의 눈치만 보고 있는 것 같아 안타깝다.

물론 일부 건설사들은 국내 개발사업에 진출하거나 해외시장을 공략하고 있다. 하지만 개발사업은 실패를 거듭하고 있다. 기획단계의 준비부족, 부동산 시장변화 흐름 파악 부족, 무리한 PF대출 등이 원인이다. 정부의 지나친 규제도 문제다. 해외건설도 외형은 700억 달러 규모로 커졌지만 실속이 없다고 한다. 남는 장사를 하지 못한 까닭이다. 그 때문에 일부 업체는 어닝 쇼크(Earning Shock)에 빠지기도 했다.

건설인들도 할 말은 많다. 생산성을 높이고 양질의 건설서비스를 제공하려면 적정수준의 가격을 인정해 주어야 하는데 최저가낙찰제 때문에 울며 겨자 먹기 식으로 수주를 하다 보니 수익성이 악화되고 부실시공이 발생한다는 것이다. 공사대금이 너무 낮아 손해를 보는 업체도 속출한다고 한다.

물론 건설업 특성상 계열화, 전문화는 필수이고 특히 수평적, 수직적 통합은 생산성 향상을 위해 절대적으로 필요하다. 그러나 이를 인위적으로 규제하다 보니 비효율이 발생하는 것이다. 또한 실력보다는 운에 좌우되는 입·낙찰문제는 비리가 발생할 수 있는 많은 소지를 갖고 있다. PQ 등 각종 사전심사제도가 있다고 하지만 형식에 그치고 있으며, 부실업체나 경쟁력 없는 업체를 제대로 가려내지 못하고 있다.

기술개발에 대해서도 부정적인 의견이다. 신기술을 개발해도 현장에서 외면당하고, 입찰 시에도 신기술에 대한 평가가 제대로 이뤄지지 않기 때문에 시간과 돈의 낭비일 뿐이라는 주장이다. 장비나 설비 등 대부분을 임대에 의존하는 건설업의 특성상 일부 대형 건설업체를 제외하면 연구개발투자는 어려운 상황이다. 그러다 보니 창조경제시대가 요구하는 원천기술개발은 기대하기 어려운 실정이다.

왜 혁신에 성공하지 못하나?

한국 건설산업이 당면한 문제를 인식하고 변화의 요구를 수용하려면 개별기업차원에서는 혁신이, 산업차원에서는 구조조정이 필요하다. 그동안 건설업계를 혁신, 구조조정하자는 이야기는 수없이 많았다. 그러나 성공사례는 별로 눈에 띄지 않는다. 문제가 발생하면 떠들썩하다가 잠잠해지면 모든 것이 원 위치로 돌아간다. 시간이 약인 셈이다.

오늘날 국내 건설시장의 투자가 감소하는 것은 필연적일 수밖에 없다. 국내 산업구조가 바뀌고 있고, 특히 정부 정책이 개발보다는 복지를 우선시하고 있기 때문이다. 그렇다고 당장의 위기를 모면하기 위해 정부나 국민에게 수요를 만들어 달라고 요구할 수는 없다. 지금까지 건설인들은 건설업을 수주산업으로 인식해 수동적인 자세로 일관했다. 그러나 앞으로 생존하기 위해서는 새로운 가치와 상품을 개발해 시장을 주도해 나가야 한다. 따라서 지금이 혁신이나 구조조정을 추진하기에 적기일 수도 있다. 이러한 노력이 필요한 이유는 건설산업이 국제경쟁력을 높이는 동시에 선진화해야 하기 때문이다. 건설산업은 신 산업으로 재창조되어야 한다. 부가가치를 창출하고 일자리를 만들면 건설업에 대한 국민들의 시각이 달라질 수 있다. 지금과 같은 위기상황이 지속되면 건설산업의 미래는 불투명해 질 것이다.

집을 짓고, 교량을 세우며, 도로를 닦거나 상하수도 시설을 만드는 일은 앞으로도 계속될 것이다. 그러나 이는 전문건설업체만으로도 충분히 해결 가능하다. 결국 대형 건설업체는 보다 고부가가치를 창출하는 영역을 강화해야 한다. 위기의식의 진원지는 물량부족이 아니라 건설산업이 안고 있는 구조, 조직, 문화 그리고 특히 건설인의 의식에 있다는 생각이다. 정부의 방관적이고 안이한 태도도 지적되어야 한다. 물론 창조경제나 산업 간 융 · 복합시대에는 전통적인 건축, 토목은 설자리를 잃을 수도 있다. 그러나 간과해서 안 되는 것은 앞으로 우리가 1인당 국민소득 3~4만 달러의 '실질적인 선진국'이 되려면 건설인과 건설산업이 해야 할 일이 과거 어느 때 보다도 더 많다는 사실이다.

선진화만이 살 길이다

지금 우리는 1인당 국민소득 2만 달러 대에 머물러있다. 일반적으로 4만 달러는 되어야 경제선진국이라 할 수 있다. 이 정도 수준의 고소득 국가가 되려면 앞으로 최소한 10여 년 정도는 연평균 7% 이상의 경제성장율이 지속되어야 한다. 이는 참여정부와 MB정부가 국민들에게 약속했던 수치이기도하다. 두 정부 모두 대국민 약속을 지키지 못했다. 그에 대한 변명은 항상 '대외 여건이 악화되었기 때문'이었다. 이는 경제대통령이나 관료가 할 말이 아니다. 대외 여건은 항상 변한다. 변하는 여건을 역으로 이용해 우리 경제를 튼튼히 하는 것이 대통령이나 관료가 해야 할 일이기 때문이다.

저출산, 고령화 문제는 이미 제기된 지 오래다. 그럼에도 불구하고 역대 정권은 잠재성장률을 제고하는 데 노력하지 않았다. 성장잠재력을 강화하는 데 가장 중요한 것은 노동력 증가와 선진 인프라시설의 구축이다. 노동력은 수입이 가능하겠지만 선진 인프라시설은 투자를 통해 구축해야 한다. 압축 성장시대에 만들어 놓은 SOC시설로는 선진국 진입이 어려울 것이다. 각종 건축물은 물론 교통 및 물류시설을 현대화, 녹색화, 스마트화 그리고 효율화해야 한다. 하드웨어(Hardware)뿐만 아니라 다양한 종류의 소프트웨어(Software)기술도 계속 향상시켜야 한다.

건설업체들은 국가의 미래 비전에서 스스로 살 길을 찾아야 한다. 물론 정부의 도움이 필요하다. 그렇다고 일감만 요구해서는 안 된다. 미래의 살 길은 해외시장 진출이 우선이다. 해외에 진출할 경우에도 과거와 같이 정부에 너무 의존해서는 안 된다. 정부의 건설외교는 필요하겠지만 선도기업을 중심으로 독자적으로 시장을 개척하고 확장해야 한다. 이제 개방경제에서는 국내외 시장의 경계가 사라지게 될 것이다. 우리

업체가 밖으로 진출하려면 우리 시장도 완전 개방해야 하기 때문이다. 국제경쟁력이 중요시되는 이유다.

집단지성의 활용을 통해 생존전략을 모색

지금까지 건설산업의 발전을 위해 만들어진 건의서의 대부분은 건설인들의 입장에서 문제점과 대책을 기술하였다. 그러다 보니 결론은 '도와주지 않으면 죽는다'는 식이었고 정부의 반응은 '일감을 만들어 주도록 노력하겠다'라는 입장으로 무마되었다. 문제는 이 같이 접근하다보면 정부가 업역 간 싸움판에 끼어들게 된다는 것이다. 이는 자칫 특정 업체들에 대한 퍼주기 식이라는 오해를 불러일으킬 수 있다.

이제 정부에게 살려달라고 보채는 시대는 지났다. 앞으로는 업계 스스로 보다 적극적이고 미래 지향적인 노력을 하겠다는 다짐이 중요하다. 즉, 건설인 스스로 구체적인 혁신방안을 내놓아야 할 때이다. 그러려면 건설관련 문제점들을 보다 종합적이고 객관적으로 조명하여 업계 중심의 해결 방안을 모색할 필요가 있을 것이다.

이러한 취지에서 이 책은 각계 전문가들을 대상으로 건설산업이 나아갈 길을 묻게 되었다. 일종의 전문가의 집단지성을 활용한 접근방법이다. 전문성, 배경, 경험 그리고 의식구조가 다른 35인의 전문가들이 제시하는 한국 건설의 길에 대해 경청해보기로 하자.

PART

1

한국 건설산업의 위기상황

한국 건설산업, 어디로 가고 있는가?

한국 건설업계는 최대 위기상황에 놓여있다

전문건설업계는 그 어느 때보다 힘든 시기를 겪고 있다

건설기술용역업, 과연 고부가가치 산업인가?

한국 건설산업, 어디로 가고 있는가?

이상호 소장_GS건설 경제연구소

생존과 도태의 갈림길에 선 한국 건설산업

한국 건설산업이 길을 잃었다. 과거 수 십년 동안 경기부침을 겪었어도 "길을 잃었다"고 할 정도는 아니었다. 우리 경제와 마찬가지로 건설시장도 지속적으로 성장했고, 일시적인 경기침체가 끝나면 언제 그랬냐는 듯이 급반등했다. 공공토목공사가 줄어들면 민간주택경기가 살아났고, 민간건설시장이 침체되면 정부가 공공건설투자를 늘려 주었다. 하지만 지금은 다르다.

한국경제는 잠재성장률 하락과 더불어 당분간 2~3% 수준의 저성장 기조가 장기화될 전망이다. 경제성장이 저조한 상황에서 건설경기의 급반등을 기대하기는 어렵다. 국내 건설수주액은 2007년 127.8조 원을 정점으로 계속 줄었다. 건설투자도 2009년 이후로 계속 줄었다. 4대강 사업을 비롯하여 행정 · 혁신도시 같은 대형 국책사업도 거의 다 종료되었고, 새로운 대형 국책사업은 계획된 것이 없다. 특히 민간주택시장은 장기침체 속에서 공급과잉 문제가 심각하다.

건설업계의 성장성과 수익성 지표는 이미 빨간 불이 켜졌다. 한국은행의 「2012년 기업경영분석」에 따르면, 건설업의 2012년 매출액증가율과 총자산증가율은 2011년 대비 각각 0.2%와 8.3% 하락해 3.6%와 −3.7%를 기록했다. 특히 수익성 지표인 매출액영업이익률과 매출액세전순이익률은 0.2%(2011년 1.8%)와 −4%(2011년 −0.8%)로 전 산업분야 중 가장 낮은 수치를 기록했다. 금융권은 조선 · 해운과 더불어 건설업을 가장 심각한 구조적 불황업종으로 평가하고 있다. 이미 100대 건설사 중 22개 사가 법정관리 및 워크아웃 상태이며, 최근 예금보험공사는 15개 사 정도가 추가적으로 구조조정 대상이 될 가능성이 높다고 경고했다.

건설산업이 어려울 때마다 등장하던 "위기는 기회다"라는 구호를 요즘은 보기 어렵다. 한때 너나 할 것 없이 홍보하던 장밋빛의 건설업체 중장기 전략도 요즘은 찾기 힘들다. 대신에 건설업체들마다 원가혁신, 경비절감, 구조조정을 강조하고 있다. 건설업체보다 먼저 불황의 직격탄을 맞은 건설엔지니어링업체 수는 2,759개 사(2010년)에서 1,836개 사(2011년)로 1년 사이에 33.5%나 줄었다. 건설경기 침체의 장기화는 건설엔지니어링업체만이 아니라 건축설계업체, 전문건설업체, 설비업체, 전기 · 정보통신공사업체는 물론이거니와 주택업체, 종합건설업체 모두에게 심각한 생존위기를 초래하고 있다.

정부의 경제나 건설정책 방향도 큰 틀의 변화를 겪고 있다. 박근혜 정부는 경제성장보다 복지와 국민행복에 정책의 우선순위를 두고 있다. 대선공약 이행과 국민복지를 위해 SOC 예산은 향후 4년 간 11.6조 원 더 줄이겠다는 것이 국가재정전략회의에서 결정된 방침이다(2013.5.16). 주택정책 방향은 '투기억제, 공급확대'가 아니라 '규제완화, 공급조절'로 전환됐다. 건설시장의 파이를 키우는 정책보다 경제민주화를 강조하고 있는 것이다.

국내 건설시장의 위축을 상쇄하기 위한 대안으로 각광받았던 해외건설도 경고음이 속출하고 있다. 누적 해외건설수주 5천억 달러 중 50% 이상을 이명박 정부 5년 동안에 수주할 정도로 최근 해외건설은 놀라운 성장을 거듭했다. 하지만 국내 건설업체간 해외건설시장에서의 과당경쟁, 저가수주, 수행역량 부족 등 누적된 문제들이 부메랑으로 되돌아오면서 2013년 초에는 주요 해외건설업체들의 '실적쇼크(Earning Shock)'가 큰 충격으로 다가왔다. 이제는 해외건설도 안전지대가 아니라는 인식이 확산되고 있다.

한국 건설시장 및 산업구조 위기의 원인

건설시장 내부의 수급 불균형

1960년대부터 경제개발이 본격적으로 진행되면서 우리나라 건설투자도 놀라운 증가율을 지속했다. 하지만 2000년대 중반부터 건설투자는 마이너스 성장세를 기록하고 있다. 도로 · 철도 · 항만 · 공항 등 인프라 시설은 이미 선진국 수준으로 평가되고 있다. 주택도 2010년에 보급률 100%를 넘어섰다. 인프라와 주택에 대한 만성적인 '초과 수요 · 공급 부족' 상황은 '과잉 공급 · 수요 위축'을 걱정하는 상황으로 바뀌었다.

그러나 시장축소에도 불구하고 공급자인 건설업체 수는 여전하다. 종합건설업체 수는 수주실적이 최고치를 기록했던 2007년(127.8조 원)에 12,842개였지만, 수주실적이 21.6%나 줄어든 2012년(101.5조 원)에는 11,304개로 약 12%(1,536개) 밖에 줄지 않았다. 반면에 전문건설업체는 2007년에 36,422개에서 37,605개로 오히려 그 수가 증가했다. 이 같은 건설시장 내부의 수급 불균형으로 인해 시장경쟁은 더욱 치열해지고, 성장성과 수익성 악화도 보다 심화되고 있는 셈이다.

과도한 정부규제와 시대착오적 법 · 제도

건설시장의 수급 불균형을 비롯한 시장환경 변화에 건설업계가 적응하고자 해도 과도한 정부규제와 시대착오적인 법 · 제도가 장애물이 되고 있다. 건설시장 규모 축소에 따라 건설업체들은 시공 이전 단계와 이후 단계로 이른바 '가치사슬(Value Chain)'을 확장하려 하지만 현행 제도적 틀 속에서는 불가능하다. 설계 · 엔지니어링 및 유지관리 등의 업무는 모두 제각각 다른 법들의 규제를 받고 있다. 업종과 업역도 등록제도를 통해 규제하고 있다. 건축설계업은 시공업과의 겸업이 사실상 불가능하다.

겸업제한을 비롯한 과도한 정부규제는 건설업종간 융 · 복합을 저해한다. 시대착오적인 입 · 낙찰제도, 글로벌 스탠다드와 괴리된 건설정책과 제도는 우리 건설산업의 글로벌 경쟁력을 하락시킨 주범이다. 공공공사 수익성도 건설업체간 경쟁이 아니라 최저가낙찰제도와 실적공사비제도 등이 결정하는 구조이다. 주택규제도 과거 만성적인 초과 수요와 공급 부족 시절에 형성된 투기억제 정책들이 아직도 온존하고 있다.

수직적 '갑(甲)-을(乙) 관계'에 기초한 산업구조와 생산체계

건설사업 참여자간의 관계는 수평적인 협력관계여야 한다. 하지만 우리 건설산업 구조는 흔히 '갑을관계'라고 부르는 수직적 관계에 기초하고 있다. 오랫동안 원도급-하도급-재하도급 등으로 이어지는 다단계 생산체계를 유지해 왔기 때문이다. 이 같은 수직적 구조에서는 사업 참여자간 갈등해소가 어렵고, 편법이나 탈법행위가 만연하기 쉽다.

갑을관계를 논할 때 종합건설업체와 전문 · 설비건설업체간의 하도급 관계에만 초점을 맞출 것이 아니라 발주자와 원도급자인 종합건설업체간의 관계에도 주의를 기울일 필요가 있다. '슈퍼 갑(甲)'이라고 불리우는 정부나 공기업이 발주자로서의 행정권한을 악용하는 불공정행위(예: 공기지연에 따른 간접비 미지급 등)가 발생하고 있기 때문이다.

투명성 부족과 부정 · 부패로 인한 신뢰 상실

건설산업에 대한 이미지는 대단히 부정적이다. 사업 인 · 허가, 입 · 낙찰 과정 등 건설사업의 거의 모든 단계마다 부정 · 부패에 취약하다. 잊을만하면 언론기사에 건설업체의 뇌물수수나 입찰담합 건이 올라온다. 건설산업은 다른 산업보다 투명성이 부족한 것으로 인식되고 있다. 그러다 보니 수익성이 마이너스를 기록해도 일부 국민들은 여전히 건설업체들이 폭리를 취하고 있다는 생각을 하기도 한다. 건설업체에 대한 지원이 필요한 시점임에도 불구하고 정부정책은 여전히 지원보다는 규제 일변도다. 국민들은 경제성장에 기여한 건설산업의 국민경제적 성과보다도 부정 · 부패 등 부정적인 측면에 주목한다. 즉, 건설산업이 위기상황을 겪고 있음에도 과감한 정부지원을 기대하기 어려운 이유는 건설산업이 국민적 신뢰를 얻지 못했다는 사실과도 직결된다.

중장기 비전 부재와 단기 대책 양산

건설산업의 미래성장 방향에 대한 중장기 비전은 어디에서도 찾아보기 어렵다. 물론 정부에는 형식적인 중장기 법정계획이 있다. 「건설산업진흥기본계획」이니 「건설기술진흥기본계획」이니 하는 것들을 예로 들 수 있다. 하지만 이 같은 중장기 법정계획을 '비전'이라고 할 수 있을까? 그보다는 국토교통부 소관 조직의 구속력없는 향후 업무추진계획 정도로 봐야 할 것 같다.

정부의 건설정책은 대체로 단기 대책 수준이었다. 건설경기 침체가 심각하면 SOC 예산을 조금 더 늘려 주고, 주택경기 침체가 심각하면 일부 규제완화를 해 주는 식의 대응책이었다. 이런 단기 대책이 반복되다 보니 건설업체들의 요구수준도 SOC 투자 확대, 규제 완화를 벗어나지 못했다. 중장기 비전을 갖고 건설산업과 시장구조를 혁신하여 생산성 향상이나 경쟁력 제고를 통해 세계 1등 산업으로 도약시키겠다는 산업정책적 노력은 취약했다.

정책과 경영패러다임의 전환

당면한 건설산업의 생존위기는 SOC 예산 1~2조 원을 더 추가해 준다든지, 공공공사 낙찰률을 조금 더 올려 준다든지, 한두 건의 주택규제를 더 완화한다든지 하는 식의 단편적인 대책으로서는 해결하기 어렵다. 한국경제의 잠재성장률 하락, 인구 및 가구 증가율 둔화 등 거시경제적 · 사회적 여건 변화와 더불어 건설시장도 성장시장에서 성숙시장으로 전환되는 등 시장구조가 과거와 달라졌기 때문이다.

건설 관련 법 · 제도는 대부분 1970년대와 1980년대에 제정되었는데, 이들은 환경변화에도 불구하고 대부분 끈질긴 생명력을 과시하고 있다. 따라서 한두 건의 법 · 제도 개정으로는 건설산업의 선진화를 달성하기 어렵다. 해외건설 수주실적은 갈수록 증가하고 있는데, 시대착오적인 법 · 제도와 규제의 틀 속에서 글로벌 경쟁력 확보는 요원한 과제이다.

이처럼 정부의 건설정책패러다임이 근본적으로 바뀌어야 하는 이유는 수없이 많다. 따라서 국내 건설시장에서 적정한 공사발주 물량의 제공과 공급자 보호에 치중한 과거의 건설산업정책은 글로벌 건설시장에서 경쟁력을 가질 수 있고 지속가능한 성장을 유도할 수 있는 새로운 건설산업정책으로 전환해야 한다.

건설업계의 경영패러다임도 과거 성장시장을 배경으로 한 수주 · 외형 중심이 아니라 수익성 중심으로 전환해야 한다. 좁은 국내 건설시장에서 정부의 법 · 제도를 통한 물량배분기능에 의존할 것이 아니라 중장기적 관점에서 해외건설시장 개척을 위해 노력해야 한다. 도급공사뿐만이 아니라 유지관리 등 시공 전후 방향으로 가치사슬(Value Chain)을 확대해 나가야 한다. 이를 위해 국내 건설전문인력 양성은 물론 외국인력 영입이나 외국건설업체 M&A도 활성화할 필요가 있다. 아울러 우리 건설업체들도 소극적인 자세로 리스크 감수만 할 것이 아니라 적극적으로 리스크 관리를 위한 노력을 강화해야 한다.

생존을 위한 단기대책과 성장을 위한 중장기 혁신과제

단기대책

생존을 위한 단기대책으로 가장 시급한 것은 건설시장의 급격한 위축을 완화시키는 것이라고 본다. 이를 위해서는 정부가 SOC 예산을 단계적으로 줄이겠다고만 할 것이 아니라 적정한 SOC 투자 규모를 유지해야 한다. 미국에서 오랫동안 SOC 투자를 게을리 한 결과 오늘과 같은 국가경쟁력의 하락을 초래했다는 지식인들의 지적을 우리 정부도 귀담아들어야 한다(토머스 프리드만 외 2012).

우리 건설시장에서 민간시장 비중은 약 75%를 차지하고 있고, 당면한 건설산업의 생존위기도 민간부동산 경기침체의 장기화에 기인하고 있다. 따라서 건설경기 회복을 위해서는 민간부동산 경기의 정상화를 위한 대책이 필수적으로 수반되어야 한다. 이를 위해서는 새로운 시장상황을 반영하여 공급조절 및 투자수요 확대 차원에서 획기적인 규제완화가 필요하다.

최저가낙찰제와 실적공사비제도 개선을 통해 공공공사 수익성을 확보하는 것도 단기대책으로 중요한 과제다. 현재와 같은 입 · 낙찰제도의 틀 속에서는 공공공사 수주가 늘수록 적자가 늘어나는 구조이기 때문이다. 이런 구조에서 SOC 물량만 확대하는 정책은 건설업체들의 적자를 심화시키는 결과를 초래할 뿐이다.

지금은 생존위기에 처한 건설업체들을 대상으로 직접적인 지원대책을 강구해야 할 시기다. 건설업체의 연쇄도산이 가져올 사회 · 경제적 파장을 과소평가해서는 안된다. 건설업체 도산의 원인이 되고 있는 부동산 PF(Project Financing) 해소를 위해서는 정부의 직접적인 개입이 필요하다. 출구전략을 모색하고 있는 정비사업에 대해서도 정부지원이 필요하다. 특히 세제 · 금융 양측면에서 단기적인 건설업체 지원방안을 강구해야 한다.

중장기 혁신과제

건설산업이 건강한 산업으로 지속적인 성장과 발전을 이루기 위해서는 중장기적 관점에서 생태계 혁신을 추진해야 한다. 대 · 중 · 소 건설업체간 상생 및 경제민주화를 위해서도 건설 생태계혁신이 필요하다. 과도한 건설업종 · 업역규제, 시장규모 위축과 무관한 건설업체 수 증가, 투명성 부족과 부정 · 부패가 만연한 생태계에서 건설산업은 성장은 커녕 생존도 기대하기 어렵다.

건설산업도 융 · 복합을 통한 창조산업이 될 수 있다. 하지만 건설산업의 융 · 복합을 촉진하기 위해서는 과도한 정부규제의 획기적인 완화가 전제되어야 한다. 「(가칭)건설산업통합법」 제정을 통해 불필요한 정부규제를 대폭 축소하고, 국내 건설 관련 법 · 제도는 글로벌 스탠다드로 대체해 나가야 한다.

건설산업의 혁신과제는 갑을관계에서 언제나 을의 위치에 있을 수밖에 없는 건설업체만의 몫은 아니다. 그보다는 슈퍼 갑(甲)으로 불리우는 정부와 공기업 등 공공발주자 혁신이 중요하다. 한편에서는 시대적 사명이 다했거나 그 역할이 크게 줄어 든 건설공기업의 민영화 내지는 구조조정이 필요하다. 다른 한편에서는 건설산업의 생존과 성장을 유도할 수 있는 방향으로 발주자 권한을 현명하게 행사하도록 해야 한다. 정부조달정책의 목적도 '최고가치(Best Value)' 달성을 지향해야 한다. 이를 위해 발주자 교육의 강화 및 전문성 함양, 발주제도 개선 등을 추진해야 한다.

건설업체간 상생 · 공생이나 경제민주화는 물량배분정책 중심의 규제나 처벌강화로만 달성하기 어렵다. 건설사업 참여자간에 영업이나 사업수행과정에서 서로 도움이 되지 않는 한 강제적인 협력관계 구축은 지속가능하지 않다. 정부의 지원정책은 물량배분이나 물량이전보다는 중소 건설업체의 경쟁력 강화에 초점을 두어야 한다. 인력, 기술, R&D, 금융 등 여러 측면에서 대기업에 비해 열악한 중소건설업체 지원방안을 강구해야 한다.

건설산업의 성장을 위해서는 해외건설시장 진출확대가 필수적이다. 이를 위해서는 건설산업의 글로벌 경쟁력 제고를 위한 중장기 정책이 필요하다. 공공부문이 사실상 독점하고 있는 영역은 민간에도 개방하고, 공공과 민간이 함께 해외건설시장을 개척하는 성공모델도 만들어가야 한다.

한국경제와 건설시장의 구조는 과거와 판이하게 다르다. 그런데 개인과 마찬가지로 정부나 기업도 과거의 경험과 습관에 기대어 새로운 상황에서 구태의연한 대응으로 일관하는 경향이 있다.

이미 우리 사회는 건설보다 복지를, 국민행복을 더욱 중시하고 있다. 정부의 주택정책도 공급조절을 내세우고 있다. 국내 건설시장은 갈수록 규모가 줄어들면서 수익성이 악화되고 있다. 해외건설시장 진출확대는 선택이 아니라 필수가 되었다. 이제 구태의연하고 단편적인 생존대책은 해결책이 되기 어렵다. 당장 급한 지원대책이야 요구하지 않을 수 없겠지만, 이제 우리 건설산업은 생태계 혁신과 미래성장동력 발굴 등 좀 더 큰 틀에서 중장기 대책을 수립해야 한다.

정부는 국내 건설시장에서 물량확보와 공급자 보호에 치중한 구시대적 건설산업정책을 탈피하여 글로벌 시장진출 확대를 핵심으로 하는 새로운 건설산업정책을 수립해야 한다. 건설업계도 과거 성장시대가 아니라 성숙단계에 적합한 경영패러다임을 형성해야 한다.

한국 건설업계는 최대 위기상황에 놓여있다

이영남 고문_GS건설

한국 건설회사들이 해외시장에서 어려움을 겪고 있다

한국의 대형 건설회사들이 국제무대에서 갖는 경쟁우위는 우수한 시공 중심의 생산능력(공기, 품질 등)과 다양한 사업 포트폴리오(토목, 건축, 플랜트 등)를 구축하고 있다는 점이다. 국내에서 수행한 개발형 사업(BTO, BOO, IPP 등) 수행 경험이 풍부하다는 것도 해외 발주처들에게 좋은 평가를 받을 수 있는 부분이다. 또한 다양한 포트폴리오를 구축하고 있는 것도 한국 건설회사들이 경기 순환 사이클 속에서 쇠락하지 않고 지속적으로 성장해 온 비결이라 판단된다. 한국 기업들의 해외진출 추세는 1980년대까지 토목과 건축 중심으로 이루어지다가 2000년대에 들어서 플랜트 중심으로 확장해 가고 있다. 프로젝트 규모가 커지고 경쟁이 심화되면서 그에 따른 리스크가 커졌다는 것이 해결과제로 떠오르고 있지만, 다양한 포트폴리오는 대규모 건설사업을 여러 프로젝트의 조합인 패키지 형태로 수주할 수 있는 기회를 제공해 준다.

한국 건설업체들이 해외 경쟁에서 안고 있는 문제는 국내 건설업체의 대부분이 공급사슬(Supply Chain) 상에서 시공부문에만 포진하고 있어 후발업체들과 가격 경쟁을 벌여야 한다는 점이다. 반면에 부가가치 창출이 쉬운 기획, 기본설계, 원천기술 부분은 선진 건설업체들과 큰 수준 격차를 보이고 있다. 특히 개발형 사업을 전개하기 위해 필요한 기획, 기본설계 능력, 금융 조달 능력 부족을 조속히 보완하지 않으면 해외 시장에서 우리기업의 활동범위는 점차 좁아질 것이다. 플랜트 건설 부분에서도 공정기술과 라이센스를 해외에 의존하고, 자재 및 장비의 국내 조달도 어려운 상황이라 공사를 하면 할수록 적자 요인이 늘어가고 있는 실정이다.

과거 경제 성장과정에서 급속히 증가한 인프라시설과 주거시설들에 대한 수요가 감소국면으로 접어들면서 국내 건설시장은 성장을 멈추고 있다. 그 사이 수많은 건설회사들이 설립되고 또 일부는 도산하였지만, 모두가 사이좋게 나누어 먹기에 국내 건설시장은 이미 포화 상태다. 특히 대형 건설회사들은 국내시장을 중심으로 성장하기에는 한계가 있어 이미 오래 전부터 해외 수주 시장에 뛰어 들었다. 최근 들어서는 대형 설계용역회사들이 해외시장의 문을 두드리고 있으나 진입이 쉽지만은 않아 보인다.

해외시장에서의 화두는 채산성 있는 공사의 수주라 말할 수 있다. 문제는 해외공사 수주 자체는 원가경쟁력에 있는데, 거의 모든 부분을 아웃소싱하면서 원가경쟁력을 가질 수 있는 묘안이 없다는 것이다. 성장을 위해서는 수주를 하여야 하지만 수행 과정에서의 채산성 악화로 회사의 명성과 가치에 악영향을 미치는 사례가 발생하고 있다. 대형 건설회사들의 향후 과제는 생존과 성장의 위기를 슬기롭게 헤쳐나갈 수 있는 대안을 찾는 것이라 판단된다.

어려움을 겪고 있는 원인을 알아보자

건설산업은 조선이나 자동차와는 달리 세계화(Globalization)보다는 현지화(Glocalization)가 경쟁 환경이라고 할 수 있다. 즉, 국제적인 기준 안에서 경쟁하면서도 국가 상황이나 룰을 무시할 수 없다는 것이다. 지금까지 한국 건설업체들은 국가가 만들어 놓은 보호된 환경과 룰에 따라 해외업체들과 느슨한 경쟁을 벌여왔다. 그러나 이제는 국내 시장이 포화되어 격랑의 해외건설시장에 뛰어들어야 하는 상황이 전개된 것이다.

국내 건설산업 울타리 안에서 보호된 경쟁구조로 인해 우리 업체들이 갖게 된 허약 체질의 특성은 다음과 같이 요약할 수 있다.

첫째, 시공 중심의 건설산업 구조다. 설계 · 시공 분리발주, 정부 기관의 기획 및 기본설계 집행 등으로 인해 대형 건설사들은 시공 중심으로, 설계사들은 상세설계 중심으로 성장했다.

둘째, 허약한 전문건설업체 문제이다. 대형 건설회사를 중심으로 건설산업이 성장하는 과정에서 전문건설업체들은 전문성과 기술력으로 무장하기 어려운 환경이었다.

셋째, 왜곡된 경쟁 요소 문제이다. 기술과 품질이 경쟁의 중요한 요소가 되지 못하고 가격과 그 외의 부가적인 요소들이 중요하게 작용하여 전문성과 기술력을 겸비한 업체들의 성장을 방해하고 있다.

넷째, 낮은 국제화 수준이다. 국제 기준(Standards and Codes)의 활용, 영어 문서화 작업, 건설 소프트웨어 적용(FEED, CM, BIM 등)을 충분히 내재화하지 못한 점이 국내 건설업체의 체질을 약하게 만들고 있다.

전문건설업체나 엔지니어링업체는 물론이고 대형 건설업체들까지도 해외건설시장에서 고전을 면치 못하고 있는 요즘과 같은 시기에 우리기업들이 글로벌 경쟁력을 갖추기 위해서는 다음과 같은 측면에서 획기적인 체질강화가 필요하다.

- 시공회사들은 기획 및 기본설계 능력을 보완해야 고부가가치 창출이 가능하고, 경쟁의 우위를 점할 수 있다.
- 특화되고 차별화된 기술력과 업무 프로세스 구축을 통해 생산성 향상을 도모해야 한다.
- 전문건설업체도 전문성과 기술력을 확보해야 해외 무대에서 경쟁할 수 있는 경쟁력이 확보된다.
- 설계 · 엔지니어링업체도 기본설계나 기획 능력을 확보하는 것은 물론, 영어로 업무를 수행하는 능력을 확보해야 한다.

건설산업차원, 개별기업차원의 노력이 병행되어야 한다

우리 건설업체들이 해외에서 경쟁하는데 겪는 어려움을 극복할 수 있는 대책을 산업적 측면과 기업적 측면으로 구분하여 몇 가지 제안해 본다.

첫째, 국내시장을 개방해야 한다. 대형 공사부터 시작하여 입찰 프로세스, 시공과정 모두를 글로벌 스탠다드에 맞게 개방해야 한다. 특히 서류를 포함한 모든 업무를 영어로 수행하여 국내업체들이 해외환경에서처럼 경쟁하고 훈련이 되도록 한다. 대만 건설업체들이 국제입찰을 통해 고속철도사업을 수행하는 과정에서 해외 경쟁능력을 갖추게 된 사례는 좋은 벤치마킹 대상이라고 할 수 있다.

둘째, R&D지원을 중소업체로 확대해야 한다. 기존의 대형 과제, 대형 건설사 중심의 R&D사업에서 중소 협력업체들의 기술력 향상을 위한 기술개발시스템으로 전환하여야 한다. 중소업체들이 세계적인 기술력을 확보할 수 있도록 적극적인 지원이 필요하다. 세계적인 기술력을 가진 강한 중소기업을 다수 배출한다면 우리 건설산업은 국내외에서 고품질, 저가격의 건축물을 만드는 경쟁력을 갖게될 것이다. 또한 우리 건설사들이 기획, 기본설계, 타당성 조사, FEED(Front-End Engineering and Design) 등과 같은 건설 소프트산업 분야의 능력을 확보할 수 있도록 기술개발 환경을 개선하여야 할 것이다. 특히 기술 인력에 대한 적정 대가 산정은 설계 · 엔지니어링사들이 기술개발에 적극 참여할 수 있는 기반을 마련해 줄 것이다.

셋째, 개발형 사업에 보다 적극적으로 진출해야 한다. 국내 대형 건설회사들은 이제 해외에서 단순 도급이나 하도급 공사만으로는 수익성과 성장이라는 두 마리 토끼를 잡기 어려울 것이다. 따라서 리스크가 따르더라도 개발형 사업을 적극 추진하여야 한다. 도시 및 지역개발, 에너지 개발, 민자 도로사업 등이 좋은 사례이다. 이러한 사업에 성공하려면 전체 사업의 기획 및 타당성 분석, 금융 조달과 같은 능력을 갖추는 것이 필수적이다. 만약 이러한 능력 모두를 한 번에 확보하는 것이 어렵다면 아웃소싱(Outsourcing)을 하는 것도 방법이 될 수 있다. 특히 사업기획과 타당성 분석에 강한 작은 회사를 M&A하는 방안도 고려해 볼 만하다.

넷째, 종합 패키지 사업능력을 확충해야 한다. 다양한 포트폴리오를 기반으로 하는 도시 개발, 에너지 개발, 광산 개발과 같은 종합 패키지 사업 수주에 주력해야 한다. 이러한 사업은 도로 및 철도, 항만, 플랜트, 발전소 등과 같은 다양한 시설을 하나의 패키지로 묶어서 건설하기 때문에 우리에게 유리한 분야라 판단된다. 여기에 자금 조달 능력까지 보완이 된다면 사업 수주의 차별화는 확실하게 이루어질 것으로 보인다. 다만 사업기획과 타당성에 따른 커다란 리스크를 어떻게 완화하는가가 중요한 과제가 될 것이다. 대형 사업으로 즉각적인 이동이 어려울 경우에는 현재의 사업 수행 방식에서 공급사슬(Supply Chain)상 전방이나 후방으로 이동할 수 있는 능력을 키우는 것이 필요하다. FEED나 BIM(Building Information Modeling) 활용능력을 키워 공사상의 난제들을 사전에 제거하고, 원활한 사업수행을 통해 수익성을 개선할 수 있을 것이다. 또한 운영관리(O&M) 사업 능력을 키워 새로운 수입원을 확보하는 것도 필요할 것이다.

마지막으로, 기술력을 향상시키고 업무 프로세스를 개선해야 한다. 우리 건설회사들은 주로 하드웨어 중심의 건설에 익숙해 첨단 기술력이나 효율적인 업무 프로세스 구축에는 미흡한 면이 있다. 조선 분야에서 쓰이고 있는 '선 조립, 모듈화' 등과 같은 생산기술의 향상도 필요하고, FEED 능력이나 BIM의 자유로운 활용 능력도 요구된다. 특히 BIM과 연계된 사전시공계획(Pre-Construction Planning)에 있어 집단지식이 활용은 생산성 향상과 차별화에 매우 중요하다. 일반 건설기술도 첨단 장비를 활용해서 생산성을 향상시키려는 노력이 아직은 부족한 것으로 보인다. 이 부분은 전문건설업체와의 분명치 않은 업무 영역으로 인해 공백이 발생하는 부분이라 판단된다. 플랜트 분야는 새로운 기술상품의 공정기술을 확보하기 위한 기술개발이 필요하다. 기술력 향상을 추구함과 동시에 전후방 산업 통합역량을 확보하여 사업적 해결책을 제공함으로써 부가가치를 창출하여야 할 것이다. 자재와 장비의 국산화나 고급 인력의 공급 문제는 관 · 산 · 학이 함께 노력하여 해결하여야 할 것이다.

전문건설업계는 그 어느 때보다 힘든 시기를 겪고 있다

이종광 연구위원_대한건설정책연구원

전문건설업체가 없으면 건설공사는 불가능하다

한국의 신혼부부들이 인생에서 가장 벅찬 과제로 '내 집 마련'을 꼽는다고 한다. 신혼집 마련에 대한 부담 때문에 결혼을 미루고, 어렵사리 결혼을 하고 나서도 내 집 장만이 가장 어려운 과제가 된다는 것이다. 대부분의 사람들에게 집은 평생에 두 번 만지기 어려운 거금으로 구입하는 재산 1호의 보물이다. 그런데 그렇게 큰 돈을 들여 구하는 집을 누가 어떤 과정을 거쳐 만드는지 아는 경우는 드물다. 살고 있는 집이 아파트라면 브랜드를 보유한 건설업체를 알고 있는 정도일 것이다. 이것이 이상한 일은 아니다. 자동차나 휴대폰을 구입할 때도 최종 생산자의 브랜드를 기준으로 선택하는 것이 일반적인 소비행태이며, 부품을 누가 만들었는지까지 관심을 기울이는 경우는 흔치 않기 때문이다.

특정 건설업체의 브랜드가 붙은 아파트라고 해서 그 건설업체가 모든 작업을 다 하는 것이 아니다. 아파트 공사는 땅을 파고, 다지고, 구조물의 뼈대를 만드는 건축 · 토목 분야의 전통적인 기술 외에도 정보통신 등 첨단기술에 이르는 폭넓은 분야의 전문기술이 필요하고 다양한 자원이 투입되는 복합적인 생산과정으로 이루어진다. 이 때문에 브랜드를 가진 건설업체는 아파트 공사를 계획하고 공사과정 전반을 관리하여 최종 생산자로서의 책임을 지는 역할을 하고, 세부적인 시공은 전문기술을 가진 건설업체에 의해 이뤄진다.

건설공사를 기획 · 관리 · 조정하는 건설업체를 종합건설업체라고 한다. 아파트 브랜드를 통해 대중에게 익숙한 건설업체들이 종합건설업체이다. 아파트의 골조, 단지조경, 도색 등 전문 분야의 건설공사를 맡아 시공하는 건설업체는 전문건설업체로, 작업공간이나 자재특성 등의 기준에 따라 25개의 분야로 나뉜다. 일반인들에게는 주택의 내부를 디자인하고 꾸미는 인테리어업체가 가장 익숙할 것이다.

건설업체가 아파트만 짓는 것은 아니다. 빌딩 · 도로 · 지하철 등 일상생활에서 자주 이용하는 시설물은 물론 발전소 · 댐 · 공항 · 항만 등 평소 눈에 잘 띄지는 않지만 경제활동과 국민들의 편익을 위한 시설물도 만든다. 아무리 큰 대기업이라고 하더라도 다양한 유형의 건설공사에 필요한 모든 기술과 자원을 보유하기 어렵고, 설사 가능하다 하더라도 프로젝트를 수주해야 건설공사를 개시하기 때문에 언제 활용할지 알 수 없는 자원을 고정적으로 보유할 수 없다. 때문에 종합건설업체는 시설물의 유형에 따라 필요한 세부 공종을 책임질 전문건설업체를 물색하여 공사의 일부를 맡기는데 이를 하도급이라 한다. 제조업과 비교하면 완제품을 만드는 업체와 부품을 납품하는 업체 간의 관계와 유사하다. 그렇다고 해서 전문건설업체가 하도급 공사만 하는 것은 아니다. 단일 전문공사는 물론 여러 개의 전문공사로 구성된 작은 규모의 건설공사는 발주자와 직접 계약하고 시공할 수 있다. 전문건설업체들이 2011년도에 발주자로부터 직접 수주한 원도급 공사는 21조 690억 원으로 시장규모로는 작은 편이 아니다.

지난 2011년 한 해 동안 우리나라 모든 종합건설업체의 건설공사 계약금액은 128조 8,520억 원인데, 그 중 전문건설업체에게 하도급 한 금액은 49조 9,807억 원으로 종합건설업 전체 계약금액의 39%에 해당한다. 2011년 기준 종합건설업체 완성공사원가에서 외주비 비중이 54.23%이고 나머지는 재료비 · 노무비 · 현장경비 등이라는 점을 감안하면, 대부분의 시설물은 전문건설업체에 의해 축조되었다고 볼 수 있다. 즉, 아파트를 비롯한 건물, 도로, 지하철 등 대부분의 시설물은 종합건설업체와 전문건설업체의 합작품이라고 할 수 있다.

전문건설업계는 그 어느 때보다 힘든 시기를 겪고 있다

글로벌 금융위기로부터 촉발된 건설시장 침체가 5년을 넘어서면서 전문건설업계에도 종전에 볼 수 없었던 피로현상이 나타나고 있다. 먼저, 경기변동에 영향을 잘 받지 않는 전문건설업 수주액이 줄어들었다. 2011년 전문건설업 수주액(71조 498억 원)이 2010년 수주액(74조 7,757억 원)에 비해 5%(3조 7,259억 원)나 감소한 것이다. 이는 하도급 공사 수주액 감소가 일차적인 원인이다. 2011년의 전체 전문건설업 수주액 중 원도급 공사 수주액은 2010년 원도급 공사 수주액에 비해 2.9% 증가한 반면, 하도급 공사 수주액은 2010년의 하도급 공사 수주액에 비해 7.9% 감소했다. 하도급 공사 수주액 감소폭이 전문건설업 전체 수주액 감소폭보다 더 크다. 전문건설업 1개 업체당 수주액도 2010년 15억 5,000만 원에서 2011년에는 14억 8,000만 원으로 줄었다.

2010년까지 전문건설업 하도급 공사 수주액은 계속 증가했다. 건설

경기가 좋을 때에는 공사물량이 늘기 때문에 하도급 물량도 자연히 늘어난다. 건설경기가 나쁠 때에도 전문건설업의 하도급 공사 물량은 좀처럼 줄지 않았다. 경기 하강기에는 종합건설업체가 하도급 물량을 늘려 여러 가지 리스크를 회피하는 경향을 보이기 때문이다. 종합건설업체가 수주하여 전문건설업체에게 하도급 한 금액의 비율은 종합건설업 수주금액이 최고점에 있었던 2007년 29.1%에서 경기가 하강하는 시기인 2008년에는 38.2%, 2009년에는 44.1%로 증가하는 경향을 보인다. 전문건설업이 수주한 전체 건설공사 중 하도급 공사 수주액 비율도 2007년 71.8%에서 2008년 73.4%, 2009년에는 73.6%로 늘어났다. 2008년 이후 부진한 건설경기에도 불구하고 2010년까지 전문건설업 수주액이 줄지 않았던 것은 전문건설업 시장이 전체 건설시장 경기와 괴리되었던 것이 아니라 하도급 비율을 조절하는 종합건설업체의 전략적 행동의 결과로 볼 수 있다.

전문건설업체의 하도급 공사 수주가 줄어들었다는 것은 전체 건설공사 물량의 지속적인 감소로 인해 종합건설업체가 더 이상 하도급 비율을 조절할 수 없는 상황에 도달했음을 의미한다. 또한 호황과 불황이 교차하는 정상적인 경기변동과 달리 5년이 넘는 초유의 장기불황 속에서 미리 수주해 둔 전문건설업체의 하도급 공사 물량이 거의 바닥을 드러낸 것으로 볼 수 있다. 따라서 건설시장 활성화로 종합건설업의 수주액이 증가세로 반전되기 전까지는 전문건설업 수주액은 감소세를 유지할 가능성이 크다.

전문건설업체 수도 2010년 들어 정체하고 있다. 신규 등록하는 업체는 줄어드는 반면 폐업하거나 등록말소 하는 업체는 늘어나고 있기 때문이다. 2007년 폐업한 전문건설업체 수는 1,529개, 등록말소된 업체 수는 913개였는데, 2008년부터 매년 폐업한 업체가 2,000개를 상회하고 등록이 말소된 업체도 1,000개를 넘어섰다. 종전에는 건설경기가 나빠져도 전문건설업체 수는 오히려 늘어나는 경향을 보였다. 경영 성과가 좋지 않은 종합건설업체나 전문건설업체에서 근무했던 임직원들의 전문건설업 창업이 주된 원인이었다. 금융위기의 영향이 가장 거셌던 2008년 전문건설업체 부도가 급증하였으나 이후 안정세를 보이고 있어 현재로서는 업체 수의 변화에 영향을 미칠 정도는 아니다. 다만 수주금액 1,000억을 상회하는 상위권 전문건설업체의 도산이 늘고 있다는 데 문제가 있다. 전문건설업체가 수행하는 공사의 원가구성을 보면 재료비, 노무비 및 외주비 등의 비중이 75.5%(2011년 기준)로 대부분을 차지한다. 이는 원도급업체로부터 받은 하도급 대금의 대부분을 재료비나 노무비 등으로 다시 지출한다는 것을 의미한다.

종합건설업체의 도산이나 구조조정만큼 주목을 받지는 못하지만 전문건설업체는 자재나 장비, 현장인력에 대한 직접 수요자이기 때문에 이들이 도산할 경우 지역경제에 미치는 영향은 작지 않다. 그렇지만 전문건설업체의 회생을 위한 지원은 부족하다. 전문건설업체의 신용도는 원도급업체의 건전성과 연계되기 때문에 독자적인 금융조달이 어렵다. 전문건설업체와 같은 중소 건설업체에 대한 지원 확대가 필요하다.

건설산업은 수주산업이라 적정 수준의 공사물량을 지속적으로 확보해야 기업의 유지가 가능하다. 종합건설업체는 국내외에서 다양한 유형의 공사를 수주하기 때문에 기업 전체의 관점에서 수익성이 다른 공사들 간 포트폴리오 조정이 가능하다. 그러나 하도급 공사 비중이 높은 전문건설업체는 포트폴리오 조정능력이 약하다. 하도급 공사 입찰에서는 일반적으로 최저가를 제시한 업체를 낙찰자로 선정하기 때문에 기본적으로 공사의 수익성이 좋은 편이 아니다. 하도급 공사 낙찰금액은 실제 공사비 수준에 미치지 못하는 경우가 많다. 특히 지금처럼 장기침체기에는 원도급업체도 이윤확보를 위해 저가 하도급을 확대하는 경향이 있다. 하도급 공사 입찰금액을 산정할 때 최저가 기준으로 견적하는 비율이 2007년 19.2%에서 2011년 41%로 높아진 반면, 실제 공사비를 고려한 경험적 산출금액을 기준으로 견적하는 비율은 2007년 40.6%에서 2011년에는 11%로 낮아졌다.

하도급업체도 입찰에 참여하는 업체 수가 5개 이상인 경우가 약 70%에 이를 정도로 경쟁의 강도가 세기 때문에 나홀로 적정가격을 제시하는 것이 쉽지 않다. 하도급 공사의 평균낙찰률은 2011년의 경우 원도급업체 공사가격의 70.4% 수준이었다. 공공부문의 최저가낙찰제 공사에서 종합건설업체는 평균 74.4% 정도의 가격에 건설공사를 낙찰받는데 여기에 하도급 공사 평균낙찰률 70.4%를 적용하면 전문건설업체는 발주기관이 책정한 원래 가격의 52.4%에 건설공사를 하는 셈이 된다. 단순화한 셈법이지만 아무리 원가경쟁력이 우수한 경우라도 이윤을 내기 어려운 구조이다.

한국은행의 2011년도 기업경영분석 자료에 따르면 전문건설업 매출액 세전순이익률은 2007년 4%에서 2011년 2.65%, 매출액 영업이익률은 2007년 3.52%에서 2011년 2.89%, 매출액 순이익률은 2007년 3.31%에서 2011년 2.13%로 하락하여 수익성이 악화되었다. 수주물량이 많은 전문건설업체가 도산하는 데에는 다른 사유도 있겠지만 하도급 공사의 수익성 하락이 중요한 원인이 되었을 것으로 본다. 이익을 내기 어려운 저가의 하도급 공사를 연이어 수주하다보면 적자가 누적되어 결국 큰 부담으로 작용하게 된다. 생산성과 기술력이 뒷받침되지 않은 저가수주는 경영악화로 이어져 부실업체로 전락하는 요인이 된다. 수주량이 많다고 해서 저절로 기업의 규모가 커지고 이윤이 증가하는 것은 아니라는 것이다.

건설업 발전을 위해서 원 · 하도급 상생협력은 필수다

건설산업에서 상생협력과 관련된 전통적인 주제는 원도급업체와 하도급업체 간에 발생하는 불공정거래의 개선에 관한 것이었다. 최근 갑을관계의 문제점이 사회적 주목을 받고 있지만 건설산업에서 나타나는 갑을관계, 즉 원도급업체와 하도급업체 간의 불평등구조는 우리사회의 불평등구조를 상징할 만큼 그 뿌리가 깊다. 불공정 이슈의 대표적인 사례로 건설산업이 언론에 단골로 등장하는 데에는 그만한 실체가 있다.

원도급업체와 하도급업체 간의 불공정거래는 하도급계약의 불평등관계에서 발생한다. 본래 하도급은 건설공사 수행을 위한 기능적 분업이다. 즉 종합건설업체는 건설공사 전체를 종합적으로 관리하고 전문건설업체는 실제 시공을 하는 역할 분담이다. 그런데 건설생산 조직을 구성하는 위계의 관점에서 보면 종합건설업체가 자신이 수주한 건설공사를 전문건설업체에게 다시 위탁하는 수직적 분업의 형태를 띠는데, 이러한 수직적 관계에서 불공정 문제가 발생하는 것이다. 불공정관행은 건설산업의 이미지를 나쁘게 만드는 가장 큰 요인 중의 하나이다.

종합건설업체는 하도급 공사를 수행할 하도급업체를 선정하는 우위의 입장이라 우월적 지위를 남용한 불공정행위를 할 가능성이 높은 유인구조가 형성되어 있다. 실제로 종합건설업체가 자신의 이익을 늘리거나 손해를 줄이기 위하여 전문건설업체에게 손실을 전가하는 불공정행위 사례가 적지 않은 것으로 알려져 있다. 전문건설업의 위기는 전반적인 경기침체가 일차적인 원인이지만, 리스크를 하도급업체에게 전가하려는 원도급업체의 불공정관행도 전문건설업의 위기를 가중시키는 요인이다. 정부가 추진하는 경제민주화 방안 중 건설산업과 관계된 정책의 많은 부분이 원도급과 하도급 간의 불공정거래를 시정하는 데 초점이 맞춰져 있는 이유도 바로 이러한 상황에서 기인한다.

하도급관계에서 발생하는 문제를 해결하기 위하여 전문건설업체에게도 원도급 공사 수주기회를 확대해야 한다는 의견이 있다. 실제로 최근에는 이러한 주장이 받아들여지고 있다. 주계약자공동도급이나 전문공사 분리발주제도가 좋은 사례이다. 전자는 종합건설업체와 전문건설업체가 대등한 지위에서 컨소시엄을 구성하여 건설공사를 수주한 후 각자 맡은 부분을 나누어 시공하는 방식으로, 국가계약법과 지방계약법에 도입되어 이미 시행 중이다. 전문건설업체는 발주자와 직접 계약하는 원도급업체의 지위를 가진다는 점에서 전통적인 하도급방식과 다르다. 전문공사 분리발주제도는 여기서 한 걸음 더 나아가 발주자가 공사를 여러 개의 전문공종으로 나누어 전문건설업체들에게 발주하는 방식이다. 이는 박근혜 정부가 경제민주화의 일환으로 추진하는 시책으로, 분리발주의 범위와 폭이 커진다면 종합건설업과 전문건설업의 전통적 관계 변화는 물론 건설산업 전반에 미치는 영향이 클 것으로 전망된다.

주계약자공동도급이나 분리발주제도는 원·하도급업체 간의 불평등관계와 그로 인해 발생하는 불공정거래의 발생 소지를 줄인다는 점에서 의미가 있다. 또한 전문건설업체가 원도급 공사 수행을 통해 프로젝트 관리능력을 높이고 산업 전반의 경쟁력을 강화하는 효과도 있을 것이다. 뿐만 아니라 발주자가 고려할 수 있는 선택의 폭을 늘려준다는 점에서 발주방식의 다양화가 가능해진다. 발주자가 공사의 특성이나 유형을 고려하여 발주방식을 선택할 수 있도록 한다면 발주자의 만족도를 높이는 것은 물론 건설산업 구성원들의 고른 발전을 위한 중요한 수단이 될 수 있다.

하지만 여러 장점에도 불구하고, 전문건설업체를 원도급자의 지위로 격상시키는 방식을 어느 정도까지 확대하는 것이 바람직한지에 대해서는 단정적으로 결론내기 쉽지 않다. 이러한 발주방식을 무한정 확장하는 데는 현실적으로 한계가 있을 것이기 때문에 하도급 문제를 개선하는데 도움이 되면서 동시에 건설산업의 전반적인 수준을 높이는데도 효과를 낼 수 있는 절충점을 찾아내는 지혜가 필요하다.

건설업체에게 전통적인 시공능력은 물론 엔지니어링과 구매, 나아가 자금조달에 이르는 복합적인 능력을 갖출 것을 요구하는 세계적인 추세를 감안하면 우리나라의 종합건설업체도 복합적인 역량을 강화하는 방향으로 발전하여야 할 것이다. 그렇게 된다면 전문적인 기술력을 보유한 전문건설업체의 하도급 공사 비율이 현재보다 높아질 가능성이 크다. 누군가는 하도급 공사를 맡아 시공해야 한다면 역사적 맥락을 가진 종합건설업과 전문건설업의 기능적 분업구조를 전면적으로 해체하는 것은 바람직하지 않다. 하도급이 건설공사의 효율성을 담보하는 보편적 방식이라면, 하도급거래의 공정성 확보는 물론 원도급 및 하도급업체가 함께 성장하고 발전할 수 있는 환경을 조성하는 것을 상생협력의 지향점으로 삼아야 한다. 완벽하지는 않지만 하도급거래의 공정성을 확보하는 제도적 장치는 계속 정비되고 있으며 그간의 성과도 적지 않았다. 그렇지만 바람직한 수준에 도달하려면 아직 갈 길이 멀다. 건설업계 스스로 인식과 행태를 바꾸는 근본적인 변화가 있어야 한다.

대형 건설업체가 지도력을 발휘해야 한다

유능한 종합건설업체는 우수한 전문건설업체를 발굴하고 우호적인 관계를 유지하기 위해 많은 노력을 기울인다. 이처럼 우수한 시공능력을 갖춘 전문건설업체를 하도급업체로 활용하는 것이 개별 건설공사의 성패, 나아가 경영성과를 좌우하는 중요한 요소라는 점에 대한 종합건설업체의 인식과 이해가 필요하다. "너 아니어도 부당한 조건을 감내할 하도급업체는 얼마든지 있다"는 인식이 용인되거나, 조직의 이름으로 임직원의 불공정행위에 면죄부를 주는 기업문화가 존속하는 한 성숙한 단계의 상생협력은 불가능하다.

상생협력을 위한 가시적인 성과를 도출하기 위해서는 무엇보다 역량을 갖춘 대기업의 선도적 역할이 필요하다. 정부, 대기업과 중소기업이 자율적으로 공정거래 및 상생협력 기반을 조정하는 삼각 공조프로그램은 대표적인 사례이다. 2010년 13개 대기업 건설업체가 상생협력 및 공정거래 협약을 체결했다. 상생협력 활동의 내용은 대체로 결제조건 개선, 경영지원, 기술개발, 자금지원 등 다양하다.

금융지원은 유동성 여력이 있는 최상위권의 대기업이 아니면 쉽지 않다는 한계가 있기는 하지만, 제도권 금융기관 이용이 용이하지 않은 전문건설업체들에게 가장 유용한 지원으로 볼 수 있다. 경영지원과 교육훈련도 장기적으로 시행되면 좋은 효과를 낼 것으로 본다. 이러한 좋은 협력모델을 확산하는 것이 상생협력 문화 정착의 관건이 될 것이다. 건설수주에서 차지하는 해외시장의 비중이 커지면서 해외시장의 성과 공유는 앞으로 해결해야 할 숙제이다. 건설공사는 생산요소를 현지 조달하는 비중이 높기 때문에 외화가득률이 낮아 해외시장 확대에 따른 효과가 국내의 협력업체들에게 전이되지 않고 있다. 해외 동반진출에 필요한 지식과 기술을 갖출 수 있도록 지원하는 시스템을 갖추어 함께 프로젝트를 수주하고 시공하는 협력관계 강화가 필요하다.

전문건설업체의 노력도 필요하다. 고도의 기술력이나 독점적 장비를 가진 경우를 제외하면 전문건설업은 시장에 대한 진입장벽이 낮은데다 기술적 차별성이 크지 않기 때문에 가격경쟁은 필연적이라는 점을 이해할 필요가 있다. 따라서 건설공사의 직접 시공자로서 자재 · 인력 등 생산요소를 효율적으로 조달 및 관리하고 생산성을 높여 가격경쟁력을 확보하는 것은 가장 기본적인 핵심역량이다. 최근 들어 신용등급과 현금흐름에 대한 평가기준이 강화되고 있어 가격경쟁력 못지않게 재무적 관리도 중요한 사항이 되었다. 고만고만한 수준에서 종합건설업체의 낙점만 기다리는 전문건설업체가 많아질수록 상생협력의 길은 멀어진다. 핵심역량을 갖추고, 기존시장에 안주하지 않고 새롭게 형성되는 시장을 분석하며, 선택과 집중을 통해 자신만의 강점을 가진 영역을 확보하는 전문건설업체가 많아지면 불공정관행은 줄어들 수밖에 없다. 상생협력은 약자에 대한 배려만을 의미하는 것이 아니라 서로에게 필요한 부분을 보완하고 충족시켜주는 화학적 결합의 결과라는 점을 인식해야 한다.

건설기술용역업, 과연 고부가가치 산업인가?

김한수 교수_세종대학교 건축공학부

건설기술용역업의 비전과 체감 현실의 괴리

2013년 5월 22일 국토교통부는 국내 건설기술산업의 해외진출과 경쟁력 향상을 도모하기 위해 기존의 세분화된 건설기술용역 업무 영역 및 건설기술인력 분야를 통합하는 '건설기술관리법 전부개정법률'을 공포하였다. 건설기술용역업은 설계 · 엔지니어링, 건설사업관리(CM), 감리를 모두 포함하는 것으로 앞으로는 건설기술용역업으로 등록하면 설계 · 엔지니어링, CM, 감리를 모두 수행할 수 있게 된다.

국토교통부는 2013년 7월 11일자 보도자료를 통해 「건설기술관리법」을 전부개정한 「건설기술진흥법」으로의 체계전환은 "지식기반 고부가가치 산업인 건설엔지니어링 산업의 도약을 이끄는 기반이 될 것"이라고 하면서, 제도개선과 아울러 해외진출을 모색하는 업계의 다양한 지원 방안을 강구할 것이라고 밝혔다. 이러한 움직임은 건설기술용역업의 비전(Vision)을 '지식기반', '고부가가치', '해외진출'이라는 세 가지 키워드(Keyword)로 제시했다는 측면에서 의미가 있다.

그러나 과연 국내의 건설기술용역업이 마주하고 있는 현실이 이러한 비전을 달성할 수 있는 환경인가에 대해서는 의문이다. 비전과 체감 현실 간에 큰 괴리가 있다는 것이 필자의 인식이다.

건설기술용역업은 저부가가치 산업

최근 수년간 건설기술용역시장의 성장 정체 및 축소현상은 큰 문제로 대두되어 왔다. 그러나 양적 측면을 떠나 질적 측면은 더욱 심각하다. 한국엔지니어링협회가 2012년에 발표한 「2011년도 엔지니어링 서비스업 경영분석」 보고서에 따르면 2011년도 전체 엔지니어링 서비스업의 순이익률은 평균 4.01%이다. 이 정도를 과연 고부가가치라고 말할 수 있을지는 의문이지만 그나마 이 수치는 양호한 편이다. 건설부문만을 따로 떼어놓고 보면 순이익률은 평균 1.21%로 전체 엔지니어링업 평균의 약 30% 수준에 불과하다. 타 부문과 비교해도 전기부문(6.79%)과 정보통신부문(6.63%)의 약 18%로 매우 초라한 수준이다. 한 가지 특이한 점은 엔지니어링부문 중 건설부문과 연관성이 높은 환경부문의 순이익률 평균이 1.81%로 건설부문과 비슷하다는 것이다. 엔지니어링이라는 동일한 명칭을 사용함에도 불구하고 건설 · 환경부문에 속한 기업들이 전기 · 정보통신부문에 속한 기업들에 비해 배가 고파야 하는 현실이 쉽게 납득되지 않는다.

이러한 저부가가치의 특징은 엔지니어링 · 설계에 국한된 것이라 아니라 CM, 감리에서도 나타나고 있다. 건설기술용역업의 자부심 중 하나는 타 연관 산업 분야에 고부가가치를 창출해주고 건설고객(발주자)의 가치를 달성하게 해준다는 것이다. 그러나 정작 그 자신은 저부가가치 산업이라는 아이러니에 직면해 있는 것이 현실이다.

건설기술용역업은 내수용(內需用)

현재 우리 건설산업은 양적성장에서 질적성장으로, 내수시장에서 글로벌시장으로 전환되는 기로에 서있다. 국내 건설 환경의 여건 상 건설기술용역업의 내수 성장을 기대하기 어렵다면 그 다음 수순은 당연히 해외진출일 것이다. 2020년에는 해외건설시장의 규모가 우리나라 건설시장의 약 90배 수준에 이를 것이라고 한다. 이는 곧 우리 기업의 해외건설기술용역 시장으로의 진출 기회 또한 활짝 열려 있음을 의미한다고 하겠다. 그러나 아직까지 국내 건설기술용역업체의 해외진출은 그림의 떡(畵中之餠)이고 계란으로 바위치기(以卵投石)이다. 우리 건설기술용역업체들을 과소평가하거나 비하하려는 의도가 아니다. 우리의 현실을 모질게 표현한 것 뿐이다.

국내 건설기술용역업체들의 해외진출 실적 건수나 금액에 대한 통계수치를 굳이 인용할 필요도 없다. 단적인 예를 하나 드는 것이 보다 빠른 현실 진단일 것 같다. 최근 대형 건설사들의 해외진출이 활성화되면서 엔지니어링 기업들이 이를 해외진출의 교두보(橋頭堡)로 삼으려 시도하는 경우가 있다고 한다. 그러나 대형 건설사들의 반응은 싸늘하다. 동반진출하고 싶은 기업도 별로 없을 뿐더러 정 필요하다면 현지 · 해외 엔지니어링 기업과 제휴하거나 아예 인수합병(M&A)을 하는 것이 효과적인 방법이라고 한다. 결국 대부분의 우리 건설기술용역업체들은 수출용(輸出用)이 아닌 내수용(內需用)이라는 가혹한 현실에 직면해 있다.

건설기술용역업의 취약한 지식기반

건설기술용역업과 같은 소프트(Soft) 산업을 지탱하는 지식기반의 핵심 중 하나는 우수한 인적자원이다. 건설기술용역업에 대한 정당한 평가와 대우가 이루어져 우수한 인력이 유입되어 머무르는 선순환 체계가 작동되어야 이 지식기반이 유지될 수 있는 것이다.

그러나 현실은 어떠한가? 건축 · 토목 등 건설관련학과 취업준비생들을 붙들고 물어보라. 건설업과 건설용역업 중 어디로 진출하는 것을 선호하는지. 당장 눈에 보이는 연봉의 격차가 너무 크다. 그들의 시각에서 볼 때 연봉이 인생의 전부는 아니라는 조언이 값진 인생의 조언으로만 들리겠는가? 결혼의 어려움을 호소하는 학생들도 있다. 이들에게는 어떤 조언을 해주어야 하는가? 우리 산업은 건설기술용역업의 지식기반이라고 할 수 있는 우수한 인적자원을 유인하고 보유할 수 있는 기반이 너무도 취약하다.

건설기술용역업계 위기의 주요 원인

지금까지 건설기술용역업계가 처한 현실과 위기에 대해서 논의하였다. 이제는 그 원인을 한번 진단해보자. 비록 엔지니어링 · 설계, 건설사업관리, 감리 등이 처한 각론적인 상황에 다소 차이는 있지만, 낮은 대가를 유발하는 구조적 문제, 기술자에 대한 정당한 평가 미흡, 기술보다는 운(運)에 좌우되는 수주, 호환성의 문제, 건설기술용역업계의 행태적 문제 등 5가지를 위기의 주요 원인으로 볼 수 있겠다.

낮은 대가를 유발하는 구조적 문제

건설기술용역대가의 비현실성에 대해서는 이미 오래 전부터 논란이 되어왔다. 건설사업관리(CM)의 경우를 예로 들어보자. CM대가의 수준은 주택법 감리나 책임감리에 비해 낮다. 감리자에 비해 해야 할 일은 많지만 받는 대가는 턱없이 부족하다는 것이 CM업계의 중론이며 현실이다. 감리단장은 기꺼이 하겠지만 CM단장을 시키면 회사를 그만두겠다고 이야기하는 경우도 있다고 한다.

흔히들 CM대가는 세 차례에 걸쳐 삭감된다고 한다. 발주자가 충분한 예산을 확보하지 못해 한 번, 계약담당관에 의해 두 번, 적격심사에 의해 세 번, 이렇게 모두 세 차례 CM대가가 삭감되는 상황에서 정부가 제시하고 있는 「건설사업관리대가기준」은 서류상으로 존재할 뿐 현실과는 무관한 기준이다. CM서비스에 대해 불만을 갖는 발주자들이 흔히 하는 비판이 있다. "CM서비스를 받아보니 CM이나 감리나 별 차이가 없다"는 것이다. CM서비스의 고객인 발주자의 의견이니 일단은 겸허하게 받아들여야 한다. 그러나 이런 반문(反問)도 정당하다. 감리대가를 주고 CM서비스를 기대한 것은 아닌지?

건설기술용역업계 위기의 주요 원인들 중 대가문제를 제일 먼저 강조한 이유는 단순하다. 성냥한 대가는 모든 비즈니스 생태계의 가장 기본적인 자양분(滋養分)이기 때문이다. 자양분이 충분히 공급되지 않는 상황에서는 지식기반이나 고부가가치라는 비전은 공허한 외침일 뿐이다.

기술자에 대한 정당한 평가 미흡

기술자에 대한 정당한 평가는 두 가지 이슈와 관련된다. 첫째는 정당한 몸값에 관한 것이다. 이는 이미 언급한 대가 수준과 밀접한 관계를 지니고 있기 때문에 다시 논의할 필요는 없을 것 같다.

두 번째 이슈는 사업자 선정 시 기술자에 대한 정당한 평가와 연관된 것이다. 사업자 선정 시 기술자 평가에서 나타나는 가장 큰 문제점은 제대로 된 기술자 평가가 이루어지지 않고 있다는 것이다. 지금까지의 기술자 평가는 대부분 실무 경험이나 역량 수준과 같은 질적 평가보다는 정형화된 잣대에 따른 양적 평가로 이루어졌다. PQ형 기술자라는 용어도 근거 없이 생겨난 것이 아니다. 전관예우 · 전관우대의 관행도 개선될 필요가 있다. 기술자는 출신 성분에 따른 "Who you are"가 아니라 실무 경험과 역량에 따른 "What you are"로 평가 받는 것이 타당하다.

젊은 기술자나 실무 기술자들이 건설기술용역업계에서 낮은 처우를 받고 있는 것은 단순히 기업이 받는 대가가 낮기 때문만은 아니다. 실무형 기술자보다는 PQ형 기술자를 먼저 챙겨주다 보면 젊은 기술자와 실무형 기술자가 홀대 받는 구조적인 문제가 존재할 수밖에 없다. 젊은 실무 기술자의 시각에서 보면 미래가 보이지 않는 것이다. 아무리 열심히 실무 경력을 쌓아도 PQ형 기술자의 '수준'에 도달하는 것은 거의 불가능하기 때문이다.

몸값 측면이든 기술자 역량과 경험 측면이든 기술자에 대한 정당한 평가는 건설기술용역업계를 지탱하는 기본적인 지식기반을 바로 세운다는 측면에서 매우 중요하다. 양질의 기술자가 존재하지 않는 기업 경쟁력, 양질의 서비스와 일류 기업은 상상도 할 수 없기 때문이다.

기술보다는 운(運)에 좌우되는 수주

건설기술용역업체를 선정하는 입 · 낙찰제도는 각 부문에 따라 다소 차이가 있기 때문에 건설사업관리(CM)를 예로 들어보자.

CM제도 도입 당시 정부가 발표한 내용을 일부 발췌해보면, 'CM 필요성 : 건설사업 전(全)단계에 걸쳐 효율적이고 전문적인 관리활동 요구', 'CM 기대효과 : 사업관리기술 발전에 따른 우리나라 건설산업의 국제경쟁력 강화'라고 기술되어 있다. 이 인용구만 놓고 보면 CM은 '전문적인 사업관리기술'이라는 정부의 인식을 고스란히 읽을 수 있다.

그러나 CM사업의 수주는 전문적인 사업관리기술보다는 운에 좌우되는 것이 현실이다. 실제로 CM기술제안평가 1위 업체가 탈락되는 경우를 발견하는 것이 그다지 어렵지 않다. 주된 원인은 적격심사라는 희한한 제도 때문이다. 외형상으로 우리나라의 적격심사는 글로벌 스탠다드(Global Standard)에서 지칭하는 QCBS(Quality Cost Based Selection)방식처럼 보인다. QCBS방식이란 기술역량(Quality)과 가격(Cost)을 종합적으로 평가하여 낙찰자를 선정하는 방식을 의미한다. 그러나 그 속 내용을 들여다보면 글로벌 스탠다드의 기형(畸形)적 제도임을 알 수 있다.

전문적인 CM사업자를 선정하는 과정이 기술보다는 운에 따라 결정되는 환경에서는 '효율적이고 전문적인 관리활동을 하며 사업관리기술 발전에 따른 우리나라 건설산업의 국제 경쟁력 강화'를 기대하는 것은 불가능하다. 물론 CM기술제안평가가 제 기능을 다하기 위해서는 CM기술제안평가의 투명성과 공정성이 선제되어야 한다. 그래야 CM기업들이 CM기술제안평가 1위 업체를 기술 1위로 인정할 수 있기 때문이다. 이는 CM업계와 CM기술평가자들이 함께 자성(自省)해야 할 사안이다.

비록 건설사업관리의 예를 들기는 했지만 엔지니어링 · 설계, 감리의 경우도 운에 좌우되는 용역 수주라는 환경에서 자유롭지 않다. 그 결과 건설기술용역업에서는 용역기술 개발보다는 수주영업기술과 투찰기술 개발이 더 중요하게 인식되고 있는 것이 현실이다.

국내 기술 및 기술인력의 호환성 부족

건설기술용역업체의 해외진출을 가로막는 가장 근본적인 장벽은 국내기술 및 기술인력의 호환성(互換性)의 결여이다. 국내에서 일 잘하는 기술자가 해외에 나가서도 바로 일을 잘 할 수 있어야 호환성이 있는 것이다. 마찬가지로 국내 엔지니어링 · 설계 기술을 그대로 가지고 해외로 나가 엔지니어링 · 설계를 바로 할 수 있어야 호환성이 있는 것이다.

그러나 우리에게는 이 호환성이 절대적으로 부족하다. 국내용 기술 · 기술자와 해외용 기술 · 기술자를 따로 보유하고 관리해야 한다면 기업의 입장에서는 이보다 비효율적인 일은 없을 것이다.

그렇다면 우리 건설기술인력이 호환성 결여라는 치명적인 약점을 갖게 된 원인은 무엇일까? 글로벌 스탠다드와는 무관하게 우리 식으로 일을 했기 때문이다. 1차적인 책임은 정부에게 있다. 건설 제도와 기준을 제정하고 운영하는 주체이기 때문이다. 그러나 정부의 제도와 기준만을 탓하는 것도 공정하지 않다. 우리 식으로 편하게 일하는 환경을 조성하는데 관련 협 · 단체와 기업들도 일조했기 때문이다.

건설기술용역업계의 행태적 문제

지금까지는 건설기술용역업계가 처한 위기의 원인을 정책 · 제도 · 구조적 측면에서 진단하였다. 그러나 건설기술용역업계의 행태적인 문제도 위기의 원인으로부터 자유로울 수 없다. 정부나 발주자로부터 아래 질문들을 받으면 적당한 대답을 찾지 못해 곤혹스러울 때가 있다.

- 기업들이 저가투찰을 서슴지 않는 이유는 그렇게 수주해도 남기 때문이 아닌가?
- 기업이 영업활동이나 기술제안서를 통해 제안하는 서비스를 실제로 전부 제공할 수 있는가? 아니면 립 서비스에 불과한 것인가?
- 용역대가를 올린다고 해서 기술자가 수혜자가 되거나 기술개발에 투자하는 기업 환경인가?
- 모든 기업들이 운찰제를 벗어나 치열한 (기술)경쟁을 원하는가?

• 모든 기업들이 글로벌 스탠다드를 받아드릴 마음의 준비가 되어 있는가?

상기 질문을 건설기술용역업계에게 모두 답하라고 하는 것은 다소 가혹한 것 같다. 업계가 이 질문들에 제대로 답하지 못하는 데에는 업계의 잘못만이 아닌 불합리한 구조적 · 관행적 환경도 존재하기 때문이다. 그렇다고 업계의 탓이 없다고만은 할 수 없다. 결국 우리 건설기술용역업계의 발전 과정은 업계들이 이러한 질문에 당당하게 답할 수 있게 되는 과정이라고 할 수 있다.

건설기술용역업계 위기 극복을 위한 혁신방향

건설기술용역업계가 처한 위기상황을 극복하는 혁신의 방향은 자명(自明)하다. 위에서 논의된 위기 원인들을 하나씩 해소하는 노력을 경주하는 것이다.

먼저, 정부의 역할이 중요하다. 2013년 6월 정부는 「건설산업 불공정거래관행 개선 종합대책」을 발표한 바 있다. 비록 건설기술용역업계에 해당되는 대책은 아니지만 '정당한 대가를 주고받는 공정한 거래관계 형성'이라는 정책 목표는 주목할 만한다. 상기 정책 목표를 건설기술용역업에도 적용하여 정당한 대가의 사슬이 발주자–건설기술용역업체 관계로부터 출발하도록 해야 한다. 그래야 건설기술용역업체–건설기술자 관계의 정당한 대가도 가능해지기 때문이다.

기술자가 제대로 평가 · 대우 받는 체계도 구축되어야 한다. PQ형 기술자보다는 실무형 기술자가 우대받도록 해야 한다. 기술자의 경험과 역량에 대한 질적 평가에 따라 차별화된 대가가 지급되어야 한다. 이것이 자연스러운 시장원리이지 않은가?

'진흥' 중 으뜸은 먹고 살게 해주는 것과 정당하게 평가 및 대우 받게 해주는 것이다. 그밖에도 발주기관의 적정 용역 예산 확보, 부당한 용역 대가 감액 및 미지급 방지, 기술가격분리 방식의 확대, 기술자 경력관리 체계 개선, 기술평가의 공정성 · 투명성 제고 등이 정부의 역할과 과제의 예시들이다.

우리 건설기술용역업계가 글로벌 스탠다드로 체질 개선을 할 수 있도록 정부가 리더십을 발휘하는 것도 매우 중요하다. 기업 스스로 글로벌 스탠다드로 변신하기에는 '내부의 장애'가 존재하는 것이 현실이기 때문이다. 글로벌 스탠다드는 선진국 기준이나 국제기준을 의미하는 것이 아니다. 강자(强者)가 실천하고 있기에 강자와 경쟁하기 위해 필수적으로 갖추어야 하는 기준 · 수준이 글로벌 스탠다드이다. 그 출발점은 정부 · 발주자가 일을 시키는 방식과 기준을 바꾸는 것이다. 집안에서 먹거리를 챙겨주는 것이 어려워지는 상황이라면 밖에 나가 먹거리를 챙길 수 있는 체력을 갖출 수 있도록 '진흥'시키는 것도 중요하다.

건설기술용역업계의 역할도 분명히 있다. 업계 스스로 용역 생태계를 파괴하는 부정적인 행태는 지양해야 한다. 당장 먹고사는 문제를 해결해야 하는 기업의 어려움을 모르는 바는 아니다. 그러나 제도와 업계의 행태는 작용 · 반작용의 역할을 한다. 업계 스스로 용역 생태계에 부정적인 영향을 끼치면서 정부와 발주자에게 일방적으로 바람직한 용역 생태계를 조성해 달라고 요구할 수는 없다.

최근 건설시장의 침체로 건설기술용역업계도 영향을 받고 있지만 이제는 질적 성장과 글로벌시장을 위한 준비를 할 수 밖에 없는 시기이다. 정부의 리더십, 업계의 인식전환과 준비, 그리고 학계의 지원이 우리 건설기술용역업계가 처한 위기를 탈출하게 하는 동력이 될 것이다.

PART

2

외부 환경변화와 세계건설시장

글로벌 금융위기, 양적완화 출구전략과 건설산업의 선택은?

기후변화에 대응하는 과정에서 건설산업의 새로운 기회를 찾자

해외건설시장에서 우리가 풀어야 할 과제는 무엇인가?

해외건설계약, 무엇이 문제인가?

글로벌 선도기업의 생존과 성장전략을 배우자

글로벌 금융위기, 양적완화 출구전략과 건설산업의 선택은?

조동근 교수_명지대학교 경제학과

미국발 금융위기를 촉발시켰던 '리먼브라더스' 파산이 일어난 지 5년이 흘렀다. 하지만 한국을 둘러싼 대외경제 환경은 여전히 불확실하다. 미국 연방준비제도이사회 버냉키(Bernanke) 의장이 양적완화 출구전략을 시사하면서 세계금융시장이 요동치고 있다. 양적완화(Quantitative Easing)는 금리를 더 이상 낮출 수 없는 제로 금리 상황에서 중앙은행이 국채 등 금융자산을 매입해 시중에 유동성을 공급하는 비전통적(Unconventional) 금융완화정책을 의미한다. 뒤늦게 양적완화 대열에 합류한 '아베노믹스'도 불확실성을 더하고 있다. 최근에는 인도, 인도네시아, 브라질 등 신흥공업국이 위기에 놓여있다. 대내적으로 우리경제는 국민소득 2만 달러 수준에서 저성장을 이어가고 있다. 2011년 이후 3년 연속 2%대의 성장률이 확실시 되고 있다. 2%대의 성장률은 국민소득 4~5만 달러 경제에나 어울리는 수치이다. 뿐만 아니라 가계부채는 올해 2분기 말 980조 원에 이르고 있다. 우리경제는 외화유동성 관리, 수출과 내수의 균형, 성장활력 모색, 주택거래 활성화를 통한 가계부채 관리 등의 과제를 동시에 풀어야 하는 상황에 놓여 있다.

버냉키 출구전략

버냉키 의장은 연방공개시장위원회(FOMC) 정례회의를 마친 뒤 기자회견(2013. 6. 19)에서 "현재 전망대로 경제가 회복된다면 올해 말부터 양적완화 속도를 늦추기 시작해 2014년 중반 채권 매입을 중단하는 것이 적절하다고 본다"고 말했다. "경제가 회복된다면"이라는 단서를 붙인 조건부 발언이었지만 글로벌 금융시장은 과민반응을 보였다. 이른바 '출구전략' 공포가 현실화된 것이다.

그의 출구전략 발언은 이제 양적완화의 속도를 늦추고 경제회복 상태를 봐가면서 금리를 올리겠다는 것이다. 방향 선회에는 2가지 요인이 영향을 미친 것으로 판단된다. 첫째, 과감한 양적완화를 통해 급한 불을 껐다는 자신감을 들 수 있다. 리먼브라더스 파산으로 인한 구조적 위험을 감소시키고, 경기후퇴를 막는 데 양적완화가 나름의 기여를 한 것은 사실이다. 둘째, 버냉키 의장은 2014년 1월 임기만료를 앞두고 있어 자신이 주도한 양적완화 조치를 최소한 임기 내에 제자리로 돌리는 첫걸음을 떼고 싶었을 것이다.

미국의 출구전략이 문제가 되는 것은 양적완화의 종료, 즉 출구전략이 가져올 파장이 크기 때문이다. 양적완화가 중단되었을 때의 후유증은 과거 사례를 통해 확인할 수 있다. 1990년 미국은 이라크와의 전쟁 등으로 경기가 크게 위축되었다. 이에 미국은 1990년 7월부터 1992년 9월까지 총 17차례에 걸쳐 기준금리를 8.25%에서 3%대로 인하했다. 미국의 달러가 싸지자 '달러 캐리 트레이드(Dollar Carry Trade)'가 일어났다. 금리가 싼 달러를 차입해 남미에 투자하면서 이들 국가에 자금이 대거 유입된 것이다. 글로벌 유동성이 유입되면서 투자 대상국의 주가는 크게 올랐다. 이러한 움직임은 미국의 출구전략으로 반전되었다. 1994년 들어 미국의 경기가 회복세를 보임에 따라 미 연준은 금리를 공격적으로 인상하는 긴축정책을 단행했다. 1994년 2월 정책금리를 0.25% 인상한 후 약 1년에 걸쳐 정책금리를 3% 인상했다. 그 결과 달러 캐리 트레이드가 청산되는 과정에서 남미 국가들에 유입됐던 자금이 급격히 유출되면서 1994년 멕시코 위기를 시작으로 1990년대 중후반에 아르헨티나, 브라질 등 남미 국가에 외환위기가 촉발되었다.

미국의 출구전략은 지금도 엄청난 파장을 불러일으킬 수 있다. 그 동안의 글로벌 주가 움직임이 경제 펀더멘털(Fundamental)을 반영하는 게 아니라 투기적 자금의 향방에 따라 춤을 춰왔기 때문이다. 미국에서 양적완화 정책이 시행된 이후 중앙은행이 화폐발행의 독점적 권한을 통하여 공급한 본원통화는 2008년 5월 8,270억 달러에서 2013년 4월에는 3조 달러를 넘어섰다. 5년 동안 3.65배 증가한 것이다. 양적완화로 팽창된 본원통화는 세계를 떠돌고 있다. 1990년대 후반의 지구촌이 그랬듯이 버냉키 출구전략의 희생양은 신흥국들이 될 개연성이 높다. 투기자금이 빠져나가면서 주가와 통화가치가 급락하고 실물이 붕괴하는 시나리오가 언제든 재연될 수 있다.

국내 상황만 보면 우리경제는 달러 부족 현상이 나타날 것으로 보이지 않는다. 우선 2013년 7월 말 기준 외환보유고는 3,297억 달러에 이르고, 18개월 연속 무역수지 흑자를 보이기 때문이다. 그리고 역설적으로 국내증시 침체로 2008년 9월 이래 주식시장에 유입된 외국자금도 그리 많지 않다. 이는 빠져나갈 외화자금이 많지 않다는 것이다. 하지만 낙관은 금물이다. 우선 민간부문의 외화유동성을 지속적으로 모니터링할 필요가 있다. 외환보유고를 마냥 높일 수는 없기 때문에 외환보유비용을 줄이기 위해서도 다양한 통화스와프(Swap) 협정을 체결할 필요가 있다. 그리고 외국인 채권자금 유출에 예의주시해야 한다. 양적완화로 인한 글로벌 유동성이 어느 정도 흡수될 때까지 우리나라는 출구전략이 몰고 올 여러 가지 파장에 대비해야 한다.

아베노믹스

영국『이코노미스트』지는 2013. 5. 18자 커버스토리에 '아베 신조' 일본 총리가 엔화(¥)를 가슴에 달고 슈퍼맨의 모습으로 하늘을 나는 그림을 실었다. 디플레이션과 엔고(高)를 벗어나기 위해 수단과 방법을 가리지 않겠다는 것이 아베노믹스다. 윤전기를 쌩쌩 돌려 돈을 찍어내는 무제한 양적완화와 인위적인 2% 인플레이션 유도가 아베노믹스의 요체이다.

'디플레이션과 엔고 탈출'이라는 아베노믹스의 명료함이 시장에 확실한 신호를 주었다. 아베 총리는 화끈하게 돈을 풀어 달러 당 75엔을 100엔에 이를 만큼 엔화 가치를 떨어뜨렸다. 엔저(低)에 힘입어 일본 기업들이 수출경쟁력을 되찾으면서 닛케이 지수와 부동산 값도 상승추세로 돌아섰다. 도요타자동차의 2012회계연도(2012년 4월~2013년 3월) 순이익이 1조 3,000억 엔으로 2008년 이래 최대치를 기록했다. 아베는 돈을 번 대기업들에게 근로자들의 임금을 올려주라고 압박하고 있다. 소비를 늘려 내수시장을 살리겠다는 의지다.

주요 7개국(G7)은 일본의 환율조작에 면죄부를 줬다. 경제외교에 성공한 것이다. 세계 3위 경제 규모의 일본이 살아나는 게 미국과 유럽의 경제회복에 득이 된다는 설득이 먹힌 것이다. 하지만 처음부터 일본의 양적완화를 막을 명분은 없었다. 미국은 되고 일본은 안 된다는 것 자체가 설득력이 없기 때문이다. 하지만 미국이건 일본이건 양적완화는 나부터 살고보자는 '근린궁핍화(Beggar My Neighbor Policy)' 정책이 아닐 수 없다. 결과적으로 미국과 일본의 양적완화는 한국경제에게 일정부분 부담을 지우는 것이 된다.

아베노믹스로 엔저가 지속되면 한국 경제는 잠재적 위험에 노출된다. 1990년 1분기부터 2012년 4분기까지 전년동기 대비 실질경제성장률과 원/엔 환율 추이를 살펴보면, 분석기간 동안 우리나라는 총 2번의 위기를 맞은 것을 알 수 있다. 1997년의 외환위기와 2008년의 글로벌 금융위기다. 위기 전에 '엔 대비 원화가치'가 크게 올라갔다. 원화가치 절상이 위기의 중요한 배경이 됐다. 구체적으로 1995년 2분기부터 1997년 1분기까지 원화가 절상됐다. 원화 고평가로 1995년 80억 달러였던 경상수지 적자가 1996년에는 230억 달러로 폭증했고, 외환보유액이 감소해 외환위기가 발생한 것이다. 2008년 글로벌 금융위기 때에도 상황은 유사하다. 2004년 1분기부터 2007년 2분기까지 원화가 크게 절상됐다. 그 결과 2004년 323억 달러 흑자였던 경상수지가 2008년 1분기에 33억 달러 적자로 돌아섰고, 한국은 다시 한번 외화유동성 위기에 직면했으나 한미통화스와프로 유동성 위기를 겨우 넘길 수 있었다. 최근 우리가 아베노믹스에 주목하는 것은 아베노믹스의 핵심이 '신(新) 엔저'이기 때문이다. 과거의 경험에 비춰볼 때 엔저는 우리나라에겐 잠재적 위기상황이 아닐 수 없다.

아베노믹스가 성공을 거둘지는 여전히 미지수다. 아베 수상의 이름을 딴 'ABE(Asset Bubble Economy)'로 자산거품만 키울 뿐이라는 비판이 그것이다. 구조조정이 결여된 노령사회의 양적완화로 인한 경기부양

효과가 과연 지속적일 수 있겠는가 하는 의문이 제기되고 있기 때문이다. 그동안 일본 증시는 펀더멘털보다 아베노믹스의 정책 기대감을 재료로 급등했다. 하지만 미국이 양적완화를 중단하는 경우 양적완화 후발국인 일본의 나홀로 양적완화는 세계 여론의 뭇매를 맞을 수도 있다. 일본의 국채 매입이 중단되면 정책 기대가 약화되면서 국채금리가 상승하는 등 부작용이 나타날 수 있다. 일본은 부채가 국내총생산(GDP)의 240%나 되는 과다채무 국가이기 때문에 국채금리 상승은 곧바로 재정위기로 연결될 수 있다. 이는 일본발 재정위기로 변할 수도 있다. 아베노믹스는 성공해도 또 실패해도, 한국에게는 불확실성을 키우는 복병이 아닐 수 없다.

한국 경제의 선택 : 성장판 닫힌 한국경제

버냉키의 출구전략과 아베노믹스 엔저의 충격을 흡수하기 위해서는 한국경제의 체질을 강하게 해야 한다. 양적완화는 돈을 무제한 풀어 경기를 살려보자는 비상 처방이기에 결코 지속가능하지는 않다. 실물경기 부양에 한계가 있을 뿐 아니라 자산버블을 만들고 인접국에 가난을 수출하는 등 부작용도 만만치 않기 때문이다. 따라서 출구전략을 직시하고 대비해야 한다. 그러기 위해서는 성장에 눈을 돌리고 성장페달을 밟아야 한다. 경제 환경은 유리할 수도 불리할 수도 있다. 2009년 글로벌 금융위기가 엄습했을 때 예상을 깨고 0.3%의 성장률을 달성하고 연 이어 2010년에 잠재성장률을 넘는 6% 대의 성장률을 실현한 것은 세계 경제 환경이 유리해서만은 아니었다. 2010년에 한국이 'G20 의장국'이 된 것은 미국발 글로벌 금융위기를 견뎌냈기 때문이다.

우리 경제는 2011년 2분기 이후 8분기 연속 전기 대비 0%대의 경제

성장률을 실현하고 있다. 미국 중앙정보국(CIA)의 월드 팩트북(World Factbook)에 따르면 2012년 한국의 실질 GDP 증가율은 2.0%로 전 세계 189개 국가 중 117위를 기록했다. 2%대의 경제성장률은 최소 4만~5만 달러 이상의 선진국에서나 있음직한 현상이다. 한국경제의 성장판이 닫힌 것이나 마찬가지다. 저성장은 잠재성장률을 낮추고, 종국에는 저성장의 구조화로 고착화된다.

글로벌 경제 상황이 국내 건설산업에 미치는 영향

최근 들어 잠재성장률 둔화의 가장 근본적인 원인은 고정투자(총고정자본형성)의 급감이다. 최근 10년간(2003~2012년) 국내 고정투자 증가율은 연평균 1.6%로 중국의 24.1%에 비하면 비교가 되지 않을 정도로 적다. 이는 1970년대의 국내 고정투자 증가율 17.9%에 비해서도 저조한 수준이다. 1971년 이후 2012년까지 실질경제성장률과 건설투자(고정투자에서 설비투자를 공제한 것)증가율 추이를 보면 건설투자 추세는 이미 2007년을 기점으로 '부(負)의 값'을 갖기 시작했음을 알 수 있다. 특히 최근 10년간(2003~2012년) 건설투자증가율 평균은 0.13%에 불과해 고정투자증가율 평균 1.6%보다 훨씬 낮은 수준이다. 건설산업은 도산직전이다. 성장률을 끌어올리기 위해서는 규제완화를 통해 기업하기 좋은 환경을 조성해야 한다. 규제완화는 어제 오늘의 문제가 아니다. 하지만 지금의 경제민주화는 기업하기 좋은 환경 조성과 역행하고 있다.

우리 경제의 시한폭탄이 될 수 있는 가계부채 문제를 해결하기 위해서도 부동산 시장이 정상화돼야 한다. 부동산만큼 뜨거운 논쟁을 불러일으키는 주제도 없지만, 지금까지의 부동산 정책은 대부분 실패로 귀결됐다. 부동산을 있는 그대로 보지 못했기 때문이다. 정치 득실에 따른 편의적 사고는 인기 영합적 정책을 낳고 그만큼 시장을 왜곡시켰다.

참여정부의 주택정책을 복기해 보자. 2007년 노무현 전 대통령은 신년연설에서 "종합부동산세는 전체 가구의 2.4%에만 해당되는 세금이니 뒤집지는 못할 것"이라고 했다. 98 대 2의 2분법이 과세 근거로 둔갑했다. 당시 서울 강남에 집을 가진 사람은 투기꾼으로 여겨졌다. 종부세는 주택 보유 자체를 고통스럽게 만드는 증오세였다. 강남 집값이 비싼 이유는 집이 부족했기 때문이다. 강남 또는 대체지에 집을 더 지어 집값을 안정시키는 것이 순리였지만 노무현 정부는 투기라는 허수아비와 싸우느라 정책역량을 소진했다. 주택공급 부족은 가격 급등으로 이어졌다. 노무현 정부 5년간 수도권 아파트 매매가는 34.4% 급등했다.

이명박 정부는 정반대의 길을 선택했다. 도심 접근성이 뛰어난 수도권의 그린벨트를 풀어 낮은 가격에 주택공급을 늘렸다. 그린벨트 해제는 특혜 시비를 유발했지만 '무주택자에게 자애로운 국가가 제공하는 보금자리'란 작명으로 이내 진정됐다. 보금자리 주택은 당첨만 되면 상당한 시세 차익을 거둘 수 있는 로또였다. 한편 보금자리 주택은 대부분 분양이었기 때문에 정부 입장에서는 기존 임대주택처럼 부채를 늘리지 않아도 됐다. 잠재적 입주자와 정부 간에 이해가 맞아 떨어진 것이다. 문제는 그 다음이다. 로또 당첨을 위해 집을 살 여력이 있는 사람들까지 무주택자로 남았다. 심지어는 집 있는 가구도 무주택자 자격을 얻기 위해 집을 팔았다. 이렇게 귀족 세입자의 긴 줄이 만들어졌고, 전셋값은 올랐다. 이명박 정부 들어 전셋값은 39.2%나 폭등했다.

박근혜 정부 들어서도 전셋값은 고공행진을 이어가고 있다. 인기영합 정책이 계속됐기 때문이다. '목돈 안 드는 전세'가 그것이다. 목돈 안 드는 것은 월세이지 전세일 수 없으며, 목돈이 마련되면 전세가 아닌 주택 구매로 연결되는 것이 순리다. 목돈이 안 드는 요술방망이는 없다. 집주인이 담보대출을 받으면 세입자가 은행에 이자를 내는 구조는 작동하기 어려우며 작동한다고 하더라도 전세수요를 부추길 뿐이다.

과거에도 주택가격은 침체된 채 전셋값이 천정부지인 때가 있었다. 국제통화기금(IMF) 외환위기 때였다. 당시는 집을 살 여력이 없어 전셋값이 올랐다. 그러나 지금은 상황이 다르다. 최근 토지주택연구원 보고서에 따르면 소득 상위 20% 계층에서도 무주택자 비율이 27.2%로 나타나고 있다. 이는 주택수요와 전세수요의 유인구조에 근본적인 결함이 존재한다는 방증이다.

부동산 시장을 정상화시키는 해법은 전세수요를 구매수요로 바꾸는 것이다. 핵심은 주택구매의 유인을 보강하는 것이다. 현재 주택을 소유하면 재산세를 낸다. 전세를 끼고 집을 사더라도 마찬가지다. 이는 부채에 대해서도 세금을 부과하는 것이다. 하지만 평균주택가격의 몇 배나 되는 고액의 전세금은 '순자산'임에도 재산세가 부과되지 않는다. 그렇다고 현실적으로 전세금에 과세하기는 어렵다.

오랜 주택금융 역사를 가진 미국의 모기지 제도를 참고할 필요가 있다. 미국의 자가소유 우대과세 제도의 핵심은 집을 구매할 때 발생하는 대출이자와 재산세에 대해 소득공제를 해주는 것이다. 우리도 '수익공유형, 손익공유형 모기지' 같은 묘수를 짜낼 것이 아니라 안정적 금리로 장기 주택담보대출을 제도화하고, 그에 따른 이자부담을 소득공제해주는 정공법을 채택할 필요가 있다. 주택소유에 대한 유인이 강화되면 주택수요가 창출되고 주택가격이 지지된다. 그러면 전세물량은 순차적으로 나오게 돼 있다.

건설산업만큼 전후방 산업연관효과가 크고 또한 고용친화적인 산업은 없다. 삶의 질 제고 차원에서 도시재생은 필수불가결하기 때문에, 도시재생 프로젝트는 내수확대의 블루오션이 될 수 있다. 사회 일각에서는 아직도 건설산업을 토건사업으로 폄훼하는 관행이 남아있다. 이와 같은 오명에서 벗어나기 위해 건설산업은 타 산업과의 융·복합화를 통해 부가가치를 높임으로써 새로운 첨단산업으로 변신하여야 할 것이다. 첨단산업으로 일컬어지는 실리콘도 모래에 지나지 않는다. 따라서 중요한 것은 새로운 기회의 포착이다. 이러한 관점에서 인간의 삶을 담아내는 건설산업은 한국경제의 새로운 성장동력이자 미래의 먹거리인 것이다. 미래의 기회는 주어지는 것이 아니고 찾아가는 것이다.

기후변화에 대응하는 과정에서 건설산업의 새로운 기회를 찾자

이승복 교수_연세대학교 건축공학과, 한국그린빌딩협의회 회장

글로벌 경제의 몰락과 건설산업의 위기

2008년 미국의 서브프라임 모기지 사태로 인한 세계 금융위기의 촉발, 이로 인한 세계 경제의 급속한 냉각현상은 글로벌 건설시장에 큰 타격을 주었다. 1997년 IMF 사태 이후 주택시장의 공급 포화상태를 충분히 예견하지 못하고 마치 브레이크가 고장난 자동차처럼 낭떠러지로 내달린 것이 우리의 건설산업이다. 결국 신규 아파트의 대량 미분양 사태를 맞게 되었고, 이로 인한 부동산 경기 침체는 하우스 푸어의 양산 등 심각한 사회문제로 대두되기에 이르렀다.

국내 건설업계는 건설경기의 침체 속에서 이제까지 없었던 고통을 감내하며 새로운 돌파구를 찾는데 부심하고 있다. 지금까지의 건설산업은 성장이라는 명목 하에 대규모 개발사업을 추진하는 과정에서 환경과 생태계 파괴 및 급격한 기후변화를 초래했다. 극심한 경기침체 속에서 콘크리트 산업으로 치부되며 사회로부터 외면 받아왔던 건설산업의 현실에서, 기후변화 문제는 과연 건설산업의 위기를 악화시킬 것인지 아니

면 새로운 도전과 기회의 시장을 창출할 것인지가 중요한 화두로 떠오르고 있다.

"지금의 기후변화를 방치하면 전 세계 GDP의 5~20% 감소가 불가피하지만 우리가 GDP의 1%만 기후변화 대응에 투자하면 지속가능한 발전이 가능할 것"이라고 한 레스터 브라운(Lester Brown)의 예고가 어쩌면 사실일지도 모른다. 이미 전 세계에서는 기후변화로 인한 자연재해가 증가하고 있으며, 이러한 재해로 인한 복구비용 또한 급속히 증가했다(Sue Roaf 2005). 더불어 세계적인 경제침체와 성장률 둔화는 전 세계 인구의 삶의 고통으로 이어지고 있다.

녹색혁명이 인류 미래발전 이끈다

MIT 건축대학 학장을 지낸 윌리엄 J. 미첼(William J. Mitchell 1944~2010)은 인류 문명사에서 인류의 삶을 혁신적으로 변화시켰던 3가지 혁명을 다음과 같이 서술하고 있다(Digital Design Media, Van Nostrand Reinhold 1991).

첫 번째 혁명은 신석기시대의 '농업혁명(Agricultural Revolution)'이다. 수렵이나 채집경제로부터 체계적인 식량의 생산을 가능케 한 인류 최초의 혁명인 농업혁명은 기원전 8000년경 서부 아시아에서 시작되었으나 매우 서서히 진행되어 유럽 전역에 확산되기까지 약 5천 년의 시간이 걸렸다.

두 번째는 18세기의 '산업혁명(Industrial Revolution)'이다. 산업혁명은 농업혁명에 비해 확산의 속도가 훨씬 빨라 1780년경 영국에서 시작되어 전 세계로 확산되는데 채 200년도 걸리지 않았다. 산업혁명으로 인해 도시는 더욱 커지고 복잡해졌으며 건축설비의 등장, 철이나 유리 등과 같은 새로운 재료와 건축기술은 엄청난 사회적 변화를 가져왔다.

세 번째는 '컴퓨터혁명(Computer Revolution)'이다. 제2차 세계대전 이후 반도체 기술로부터 실리콘 칩에 이르기까지 전자산업의 발전은 정보화, 특히 1990년대 이후 인터넷을 기반으로 하는 정보혁명을 가져왔다. 이는 불과 수 십 년만에 인류의 삶을 근본적으로 변화시켰으며 그 변화는 아직도 진행 중에 있다.

그렇다면, 앞으로 인류의 삶을 근본적으로 변화시킬 또 다른 변화와 혁명은 과연 무엇일까?

최근 영국에서는 국가적인 대변혁이 일어나고 있다. 바로 탄소배출을 줄이자는 '녹색혁명(Green Revolution)'이다. 다름 아닌 기후변화도 방지하고 새로운 일자리도 만들기 위한 영국 정부의 새로운 정책 패러다임이다. 특히 주택과 교통, 에너지 분야에서 녹색화 물결이 동시다발적으로 일어나고 있다. 지금 이 순간에도 탄소배출량을 더욱 획기적으로 줄이려는 노력이 진행되고 있다. 이처럼 영국의 경우 기후변화와 관련하여 미래의 녹색혁명을 실질적으로 주도하고 있으며, 그린빌딩 분야에서도 다른 선진국에 비해 제도 및 정책 측면에서 선도적 역할을 수행하고 있다. 특히 신규 건축시장의 확대 및 기술개발로 연계시키는 측면에서 매우 성공적인 길을 제시하고 있다. 향후 국내의 건축시장 및 건설산업 활성화 측면에서 영국의 경험과 노하우는 좋은 참고사례가 될 수 있다.

기후변화와 인류의 지속가능성

최근 한 언론 보도에 따르면 전 세계 이산화탄소 농도의 기준인 하와이의 마우나로아에서 측정한 CO_2 농도가 400 PPM을 넘었다고 한다. 18

세기 산업혁명 이래 화석연료의 사용이 급증하면서 CO_2 농도가 1950년대 말까지는 비교적 완만히 증가했으나 최근 10년 동안 연간 2.1 PPM씩 가파르게 증가하고 있다.

전 세계 128개국을 대상으로 실시한 기후변화 인식과 관련한 갤럽여론조사(Gallup poll 2007)에 의하면, 평균 61%가 기후변화 문제의 심각성에 대해서는 인식하고 있지만 여전히 많은 사람들이 기후변화로 인해 야기되는 문제에 대해서는 무지한 것으로 나타났다. 이러한 현상은 선진국에서 후진국으로 갈수록 더욱 심각하며, 개발도상국에서는 경제성장만을 고려한 무분별한 개발로 기후변화를 가속화시키고 있다. 하지만 이미 유럽 및 선진국들은 기후변화 문제에 대한 심각성에 대해 깨닫고 기후변화협약을 통해 온실가스 감축이라는 새로운 에너지 절약의 동기를 부여함으로써 대표적인 에너지 사용처인 건물, 산업, 수송 분야와 관련하여 에너지 효율화를 가속화하기 위한 각종 목표 및 대책을 수립하여 실행하고 있다.

그 중에서도 건물에 사용되는 에너지 소비를 줄이기 위한 노력이 끊임없이 이어지고 있다. 전 세계적으로 전체 온실가스 발생량의 40%가 건물을 짓고, 사용하는 과정에서 발생하고 있다. 이처럼 건축은 지금까지 지구 온난화의 주범이었음을 부인할 수 없다. 이는 지구환경을 복원하는데 있어 건축 분야의 책임이 큰 것은 물론, 건축이 녹색성장을 위한 핵심 산업이어야 함을 의미한다. 선진국들은 일찍이 이러한 건축 분야의 중요성을 인식하고 그린빌딩을 보급하기 위해 노력하고 있다. 국내 여론조사 결과에서도 97% 이상이 기후변화 문제에 대해 인지하고 있으며, 대다수가 그에 따른 심각성에 대해 이해하고 있는 것으로 나타났다(환경부 2007). 이처럼 국내에서도 기후변화 문제에 대한 인식이 확산됨에 따라 친환경 건축물에 대한 관심이 증가하고 있으며, 많은 기술적 발전이 이루어지고 있다. 그러나 그린빌딩을 구현하고 보급하기 위해서는 단순히 기술(Technology)뿐만이 아니라 정책(Policy)과 시장(Market)이 함께 뒷받침되어야 한다.

정책적으로는 영국이 가장 선도적인 역할을 수행하고 있다. 이미 '녹색혁명(Green Revolution)'을 주도하고 있는 영국에서는 기후변화에 대응하기 위한 다각적인 노력을 구체적으로 추진하고 있다. 탄소 배출 감축 목표(CERT, Carbon Emissions Reduction Target), 에너지효율인증(EPCs, Energy Performance Certificates) 등 강력한 정책의 시행으로 건물의 에너지 효율 향상을 통한 온실가스 감축뿐만 아니라 체계화된 인센티브 제도로 자발적인 에너지 절약을 유도하고 있다. 또한 정부의 지원으로 에너지 절약 재단(EST, Energy Saving Trust), 카본 트러스트(Carbon Trust)를 두어 전문적이고 체계적인 에너지 관리 및 탄소 관리 전략을 추진하고 있다. 뿐만 아니라 세계 최초로 2008년 12월 '탄소제로 주택' 정책을 발표하여 2016년부터 영국에서 짓는 모든 주택에서 이산화탄소 배출을 제로화하기로 하였다.

미국의 경우에도 주거용은 2020년부터, 비주거용은 2025년부터 제로 에너지 건축을 의무화 한다는 목표로 '빌딩 아메리카(Building America)' 사업을 펼치고 있으며, 민간부문에서는 뉴욕의 엠파이어 스테이트 빌딩(Empire State Building)이나 시카고의 윌리스 타워(Willis Tower) 등 노후화된 초고층 빌딩의 녹색화 사업을 활발하게 추진 중이다. 또한 리드(LEED, Leadership in Energy and Environmental Design)라는 인증제도를 통해 친환경 건물의 건설을 유도하며 혁신적인 건축기술을 소개하고 있을 뿐 아니라 활발한 활동을 바탕으로 세계적으로 영향력을 확대해 나감으로써 가장 거대하고 경쟁력 있는 그린빌딩 시장을 구축하고 있다.

변화를 위한 새로운 기회와 가능성의 추구

지금 건설산업은 위기상황임에 틀림없어 보인다. 그러나 우리가 지난 과거를 냉철히 돌이켜 보며 자기성찰의 자세로 문제의 본질을 파악하고 미래의 가치를 정확히 예견할 수 있다면 현재 건설산업의 위기는 곧 새로운 도전의 기회가 될 수 있다. 지금이 바로 미래를 향한 새로운 변화의 시작점이 되어야 한다.

그렇다면 우리는 무엇을 어떻게 바꾸어야 할까? 국내 주요 건설업체의 CEO들은 '혁신'과 '내실'을 올해 경영 화두로 삼아 불황을 극복하겠다고 선언한 바 있다. 특히 EPC 혁신을 강조하고 있는데 이는 Efficiency 혁신, Process 혁신, 그리고 Cost 혁신을 뜻한다고 한다(조선일보 2013. 1. 3 기사). 이것은 무엇을 의미하며, 과연 이러한 혁신을 통해 위기를 기회로 바꿀 수 있을까?

그저 공염불에 지나지 않는 혁신구호로는 실질적인 변화와 미래의 가치를 창출하기 어렵다. 지금이야말로 근본적인 변화와 건설산업의 체질 개선을 위한 의미 있는 실천이 필요하다. 우리나라 건설산업의 구조적인 모순과 관행을 올바르게 진단하고, 글로벌 스탠다드에 기초한 경쟁력 제고를 위한 대대적인 혁신을 통해 미래의 가치를 구현할 수 있는 건설산업의 새로운 패러다임으로 완전히 거듭나야 할 것이다.

그렇다면 미래의 건설산업이 나아가야 할 길은 무엇일까? '양보다 질'을 우선으로 하는 새로운 건축 수요의 창출과 '높은 부가가치'를 창출하는 신규 비즈니스 모델 개발, '지식산업으로서의 건설기술자'를 양성해내는 새로운 워크 모델 개발에서 그 길을 찾을 수 있을 것으로 본다.

건설산업도 '창조경제'로 진화되어야

2012년은 우리를 포함한 주변국의 정치적 변화가 많았던 한 해였다. 미국의 대선, 중국의 국가지도자 교체, 일본의 총선 후 보수파의 재집권, 우리나라의 총선 및 대선 등 …. 그러나 각종 정치논리 속에서 각 전문 분야별 문제의 본질에 대한 심도있는 접근은 실종되어 기후변화 문제나 지속가능한 미래 등의 이슈는 당장의 먹고사는 문제에 묻혀버리고 말았다(조선일보 2013. 6. 12 기사). 세계적으로도 교토의정서 연장에는 합의하였으나 미국을 비롯한 선진국들도 온실가스 감축 등의 실질적 노력에는 미온적인 태도를 보이고 있다.

세계 건설시장은 아시아 신흥국으로 재편되었고, 그린빌딩 시장으로 빠르게 전환하고 있으며, 국내 건설시장은 지속적으로 감소하여 최소 25% 이상 축소될 것으로 전망하고 있다. 이러한 국내외적 건설산업의 환경변화에 우리가 어떻게 대응하여야 할 것인가에 대한 전략 수립이 매우 시급해 보인다.

한편 국내의 경우 새 정부 출범 이후 '창조경제'라는 화두가 등장하면서 각 분야별로 창조경제를 어떻게 구현할지를 놓고 각종 정책세미나가 봇물을 이루고 있다. 창조경제 구현을 위해 새로이 설치된 미래창조과학부에서는 "국민의 상상력과 창의성을 과학기술과 ICT(Information & Communication Technology)에 접목하여 새로운 산업과 시장을 창출하고, 기존 산업을 강화함으로써 일자리를 만들고 궁극적으로 희망의 새 시대를 여는 새로운 정책 패러다임"이라고 창조경제를 정의하고 있다.

이러한 요구에 따라 건설산업 분야에서도 창조경제 구현을 위한 본격적인 논의가 시작된 것으로 보인다. 그러나 대부분이 건설산업의 구조적인 모순과 한계를 극복하고 본질적인 가치를 실현하려는 노력보다는 ICT 기술을 접목한 피상적인 접근만이 이루어지고 있다. 향후 국민들의 삶의 질과 직접적으로 연관있는 창조경제 구현을 위해서는 보다 다각적이고 심도있는 토론이 필요할 것으로 판단된다.

지속가능한 발전과 성장을 통해 국민행복을 실현하기 위해서는 시대적 요구에 부응할 수 있는 '건설산업 분야에서의 창조경제'에 대한 사회적 공감대를 형성하여야 한다. 이를 통해 진정으로 건설산업의 체질 개선을 통한 새로운 가치를 기반으로 건축시장을 활성화하는데 각 분야의 적극적인 참여를 끌어내는 것이 중요하다.

건축 · 도시 분야에서의 기후변화 대응

세계적인 엔지니어링 컨설팅 회사인 오브 아럽(Ove Arup)에서는 1999년부터 3년간 건축실무자 35명을 대상으로 교육훈련을 실시하여 2003년 FII(Foresight+Innovation+Incubation)라는 부서를 설립하고, 이를 통해 첨단의 건축실무를 선도하고 있다(Hegger and et al., 2008). 오브 아럽의 선견지명과 실천적 노력은 엔지니어링 컨설팅 분야의 기술개발 및 혁신으로 이어져 새로운 가치를 창출함으로써 글로벌 건축시장에서의 선도적인 역할을 가능케 하고 있다. IT 분야에서의 새로운 가치를 창출하고 있는 대표적인 사례로서 MIT 미디어 랩(MIT Media Lab)을 꼽는다면 건설산업 분야에서의 창조경제의 모델은 오브 아럽의 사례에서 찾을 수 있을 것이다.

그렇다면, 우리 건설산업이 새 정부가 화두로 삼고 있는 '창조경제'로 거듭나려면 어떠한 고민과 접근이 필요할까?

첫째, 미래의 건축시장에 대한 확실한 비전과 가치를 정립하여야 한다. 오늘날 전 세계 건축계의 새로운 화두는 온실가스 감축을 통한 기후변화에 근본적으로 대응할 수 있는 '그린빌딩'의 활성화이다. 이미 영국 등을 비롯한 유럽 및 북미의 선진국에서는 지속가능한 도시 및 건축으로의 전환을 위한 장기적인 로드맵(예로써, 미국 AIA Action Plan 2030 및 Adrian Smith의 DeCarbonizing Our Cities: A High Performance Future(시카고 사례) 등)을 구축하고, 이를 구체적으로 실천하기 위한 다양한 정책 제시는 물론 이를 바탕으로 세계 친환경 건축시장을 선도하고 있다. 우리도 건축 분야에서의 녹색성장 시나리오 개발과 구체적인 실천전략 수립 및 새로운 성장동력을 모색해야 한다.

둘째, 건설산업의 글로벌 경쟁력 제고를 위한 프로세스의 혁신이 시급하다. 이제까지의 건설산업은 주로 대규모 개발 및 일방적 공급 위주의 정책과 시장이 주도했다면 사회적 인프라가 어느 정도 구축된 현 시점에서는 수요자의 요구와 서비스의 질적 향상을 위한 전략으로 전환되어야 한다. 이를 위해서는 개발이나 발주방식으로부터 개별 건축물의 설계 · 시공 · 운영 · 폐기 등의 전 생애주기에 걸쳐 통합화와 프로세스 혁신이 전제되어야 한다. 이러한 측면에서 새 정부의 국토교통 정책 방향이 공공 및 민간의 협력을 기반으로 한 지역 거점별 도심재생이나 기존 건축물의 성능개선(Retrofit) 사업에 무게를 두고 있는 점은 매우 고무적이라 할 수 있다.

셋째, 건설산업의 건강한 생태계 구축 및 상호 협력이 필요하다. 하나의 건축물이 만들어지기 위해서는 다양한 이해당사자가 참여하는 매우 복잡한 과정을 거치게 된다. 건축주나 사용자 또는 인 · 허가 과정에서의 지방자치단체의 역할은 차치하더라도 건축자재나 기기 등의 제조사, 건축가 또는 엔지니어 및 각종 컨설턴트, 건설사, 그 밖에도 개발자, 투자자, 금융사 등의 상호의존성을 고려한 건설산업의 건강한 생태계를 구축하기 위한 실질적 변화가 필요하다. 최근 스마트폰 등장 이후 소프트웨어의 중요성을 깨닫고 새롭게 진화하고 있는 IT산업의 경우를 벤치마킹할 필요가 있다.

넷째, 새로운 요구에 부응할 수 있는 건축 전문인력의 저변확대가 절실하다. 건설산업은 근본적으로 서비스 산업이다. 전문지식과 경험을 토대로 성능과 비용을 최적화할 수 있는 양질의 서비스가 곧 건설산업의 경쟁력이기 때문이다. 다시 말해, 우리 건설산업의 인력 수준이 곧 기술 경쟁력을 결정하며, 전문인력의 경쟁력 향상이 건설산업의 경쟁력 강화를 가져올 수 있다. 이는 새로운 시대적 요구에 부응할 수 있도록 건축 전문인력의 교육훈련에 관심을 두고 건축의 실무 프로세스를 혁신하는 데 모든 노력을 기울여야 하는 이유이기도 하다.

다섯째, 정부의 정책 및 제도 시행을 통해 새로운 그린빌딩 시장을 활성화하여야 한다. 이미 「저탄소 녹색성장기본법」에 근거한 국토교통부의 「녹색건축물 조성지원법」이 제정된 바 있으며, 현재 5년 단위의 기본계획을 수립 중에 있다. 지속가능한 도시 및 친환경 건축을 통해 보다 쾌적하고 건강한 삶을 누리고, 에너지 소비와 기후변화를 유발하는 온실가스 감축을 실현하며, 나아가 지속적인 성장과 일자리를 창출할 수 있는 녹색성장 정책의 일관성 있는 추진이 미래의 지속가능한 사회를 구현하기 위한 주요 방안이 될 수 있다.

건설산업 분야의 창조경제 실현

건설산업 분야의 창조경제 실현을 위한 대안이 IT 기술과의 단순한 접목으로만 이루어져서는 안된다. 특정한 문제해결(Problem Solving)을 위한 다양한 분야간 융합(Convergence)의 대표적인 사례로서 IT 산업의 생태계 변화를 벤치마킹할 필요가 있다. 이를 통해 건설산업 분야에서도 융합을 위한 산업의 구조를 재편하고, 새로운 가치 창출 및 글로벌 건설시장에서의 경쟁력 제고를 기반으로 국가경제에 기여할 수 있어야 한다.

건설산업 분야에서 창조경제를 실현하기 위해서는 다음과 같은 기본 전제의 합의가 선행되어야 한다.

첫째, 이제까지의 사고의 틀을 완전히 바꿀 수 있는 의식의 전환이 필요하다. 둘째, 국민의 삶의 질을 향상시키고 국가경제에 기여할 수 있어야 한다. 셋째, 건설산업의 지속적인 성장과 발전에 기여할 수 있어야 한다. 넷째, 새로운 비즈니스 모델을 제시할 수 있는 건설산업의 생태계 모형을 찾아야 한다.

이러한 노력은 새 정부의 정책 비전인 경제민주화를 위한 공정한 경쟁체제 확립 및 건설산업의 상생 발전, 지속가능한 건축 · 도시 모형의 제시, 건설기술 창업의 활성화, 새로운 부가가치의 창출, 개개인의 삶의 질 향상을 통한 국민행복 구현 등을 가능하게 할 것이다.

해외건설시장에서 우리가 풀어야 할 과제는 무엇인가?

박형근 교수_충북대학교 토목공학과

해외건설시장의 동향

해외건설시장이란 세계건설시장에서 외국 건설사들에게 참여가 개방된 시장을 의미한다. 2013년 6월 기준 해외건설시장의 규모는 약 8조 5,000억 달러로, 지역별 시장규모를 살펴보면 아시아 지역이 40%, 중동 지역이 16%로 높은 점유율을 보이고 있다. 특히 중국, 인도, 멕시코, 러시아, 브라질, 터키 등 개발도상국들의 성장으로 세계건설시장은 2009년부터 2013년까지 연평균 5.6%의 성장을 기록하였으며, 2014년에는 7.4%의 성장이 예상된다. 현재까지의 성장추세를 감안하여 2020년 시장 규모를 추정해보면 연 4.5% 성장 시 약 12조 7,000억 달러에 이를 것으로 전망하고 있다.

수년간 계속된 고유가 행진에 따라 중동 산유국들의 플랜트시설 발주 물량이 증가하고 있으며, 동남아 국가를 중심으로 한 개발도상국가의 인프라 개발과 주택건설 붐은 아시아 지역의 건설 투자를 확대시키고 있다. 특히 중동을 비롯한 산유국들과 싱가포르, 태국, 인도 등 아시아 주요 국가들은 향후에도 플랜트와 인프라 투자를 확대할 전망이어서 성장세는 당분간 계속될 것으로 보인다.

세계시장을 공종별로 분석해보면, 세계 금융위기 여파로 인한 선진국들의 시장 침체로 2008년부터 2012년까지는 건축부문이 마이너스 성장을 하고 있으나 여전히 29.9%로 큰 비중을 차지하고 있다. 플랜트시장은 중동의 오일머니 덕분에 2012년에는 19.2% 증가하였으며 전체적으로 해외건설시장의 공종별 비율은 토목, 건축, 플랜트 시장이 거의 30%선을 유지하고 있다. 건설전문지 ENR(Engineering News Record)이 발표한 자료에 따르면 글로벌 225대 건설기업 중 한국기업의 수는 2010년 12개 사, 2011년 11개 사, 2012년에 14개 사로 계속 증가하고 있으며, 세계 50대 기업 내에도 6개의 한국기업이 진입해 있다.

해외건설 진출지역 및 수주공종 편중

우리나라의 해외시장 점유율은 2010년 4.4%(세계 9위), 2011년 4.8%(세계 7위), 2012년 5%로 세계 7위를 유지하고 있으며, 2014년에는 세계 5위의 해외건설 강대국 진입을 목표로 하고 있다. 2013년도 해외건설 수주 목표는 700억 달러로 목표달성에 대한 전망은 민간업체와 정부의 전망이 엇갈리고 있는 상황이다. 대형 건설회사는 플랜트 위주의 저가 수주로 손실이 발생하여 하반기에는 물량확보보다는 수익성에 비중을 둔 수주가 예상된다.

우리 기업들의 해외수주 현황을 지역별로 살펴보면 2013년 6월을 기준으로 중동지역 26.4%, 아시아지역 43%, 기타지역 30%로 아시아지역에서의 수주물량이 증가 추세에 있다. 이는 중동시장에만 편중되었던 과거 수주 패턴에 조금씩 변화가 있음을 보여주는 것으로 평가할 수도 있으나, 중동시장에 대한 우리기업의 의존도는 여전히 높은 수준이라고 할 수 있다. 공종별로는 플랜트 공종이 52%, 토목이 35%, 기타 13%로 여전히 플랜트 위주의 수주 패턴이 지속되고 있음을 알 수 있다. 최근 몇 년간 우리나라의 해외공사 공종별 비율은 플랜트 70%, 토목과 건축이 각각 10%로 플랜드 중심의 비정상적인 수주 양상이 나타나고 있다. 이는 향후 시장 수요에 대처할 인력 공급문제와 함께 토목, 건축시장 진출을 위한 공종 다변화 전략이 필요함을 의미한다. 또한 해외 수주지역 확대를 위해 중동지역 편중에서 아시아, 중남미, 아프리카 시장으로 진출하는 방안에 대한 전략 마련도 수반되어야 함을 의미한다.

아시아지역의 경우 중소 건설회사의 진출 가능성이 상대적으로 높기 때문에 기술력을 기반으로 한 시장 전략 수립이 요구되며, 중남미 시장에서는 언어와 문화차이로 인한 장애요인 극복이 관건이다. 또한 금융위기에 따른 환자로 인해 스페인 등의 유럽업체의 수주강세가 예상되기 때문에 이에 대비하여 현지 업체와의 M&A 및 전략적 컨소시엄 구성 등 적극적으로 시장을 공략할 필요가 있다. 저개발 국가, 특히 자원이 풍부한 아프리카 시장에서는 PPP(Public Private Partnership) 방식을 통해 지분참여로 인한 리스크 분담 및 분산이 가능하며, 한류 및 한국의 산업개발 모델과의 연계를 통해 건설문화를 수출하는 전략도 가능할 것으로 보인다.

압축 성장에 따른 건설제도의 미흡

한국 경제의 급격한 성장과정에서 건설산업의 구조 및 제도는 정부 주도 하에 이루어졌으며, 특히 개발시대의 압축 성장으로 인해 만연한 관 주도의 건설 제도와 관행은 글로벌 스탠다드와는 거리가 있었다. 따라서 현존하는 대부분의 건설관련 제도는 개발시대의 잔재로 우리가 글로벌 건설시장에서 경쟁력을 갖고 성장하기 위해서는 글로벌 스탠다드에 부합하는 각종 제도, 특히 입 · 낙찰제도의 변화가 절대적으로 필요하다. 현재는 자유무역협정(FTA)으로 인해 업체 간 과당경쟁에 대한 정부의 조정이 불가능한 상태이다. 그러나 해외건설 수주가 업체 간 출혈경쟁으로 이어져 수익성 악화를 초래하는 지금과 같은 상황에서는 보증제도를 마련하여 왜곡된 경쟁구도를 조정할 수 있는 시스템이 마련되어야 한다. 또한 건설관련 제도 정비와 부실기업 퇴출을 위한 시스템을 구축하여 건설 관련업체에 대한 과감한 구조조정도 이루어질 필요가 있다.

대형 건설사들의 근시안적인 경영전략 및 경영방식

일부 건설사들의 잘못된 건설 관행과 시스템은 글로벌 건설시장에서 우리기업의 경쟁력을 저해하는 요소로 작용하고 있다. 해외프로젝트의 경우 리스크와 수익률이 불확실함에도 불구하고 경영 패러다임의 변화 없이 무분별한 수주경쟁이 이어지면서 수익성을 악화시켰다. 특히 오너 경영인보다는 전문경영인이 대부분인 대형 건설사들의 경우 단기 실적 위주의 평가로 인한 무리한 저가 수주로 사업 전체 수익률을 떨어뜨리는 부작용을 낳고 있다. 단기간에 실적을 올려야 하는 부담감에 눈앞의 수주와 매출에 집중하다보니 수익률 관리에 미흡해진 탓이다. 기업의 도급 순위가 이익보다 우선시되는 수주 · 매출 중심의 기업 경영전략이 경쟁적 수주물량 확보라는 경영방식으로 이어지면서 수익성을 더욱 악화시켰다.

기업 내부 측면에서도 기술력 제고를 위한 인재양성보다는 영업위주의 인재개발에 힘을 쏟으면서 전문성 있는 엔지니어(Specialist)보다는 일반 건설기술자(Generalist)들만 양성하는 상황이 되었다. 특히 기술력과 고도의 사업관리 역량이 필요한 대형 플랜트공사에서 인력양성과 시스템에 대한 준비가 미흡했다. 경쟁력 있는 전문기술인력이 필요한 해외사업 수행에서 기술자 부족이라는 문제가 항상 등장하는 것이 바로 이러한 이유 때문이라고 하겠다.

따라서 건설업체들은 단순도급형보다는 금융을 동반한 기술 제안 또는 개발사업 제안방식의 수주전략과 기획, 설계, 시공, 유지관리 및 운영까지 가능한 역량의 개발과 인력을 보유하여야 한다. 이를 위하여 시공위주의 사업패턴에서 기획, 엔지니어링(Engineering), CM, PM, 시스템 엔지니어링(System Engineering) 등 고부가가치 소프트웨어 사업으로의 점진적인 변화가 이루어져야 한다. 또한 거점국가의 현지화 전략 지원 및 프로젝트의 수익성을 제고할 수 있는 리스크 관리시스템 구축이 필요하다. 특히 프로젝트 타당성 검토 단계의 견적인력과 계약관리 인력의 양성을 게을리해서는 안된다.

엔지니어링부문 원천기술 및 역량

고부가가치 산업인 설계, 엔지니어링, CM, PM 영역은 국내기업의 원천기술 부족으로 인해 유럽 · 미국 등 선진국 시장에 크게 의존하고 있는 상황이다. 2009년도 우리나라의 해외건설시장 내 엔지니어링부문 점유율은 0.5%에 불과하여 경쟁국인 중국(3.9%)보다도 상당히 뒤쳐져 있는 것을 알 수 있다. ENR지에 랭크된 2009년도 세계 200위 설계 · 엔지니어링업체 수 중 국내업체는 6개 사뿐이며, 특히 개념 · 기본설계(Front-End Engineering and Design) 능력은 선진국 수준을 100으로 보았을 때 60% 정도밖에 미치지 못해 선진국과 큰 격차를 보이고 있다. 때문에 고부가가치 부문인 엔지니어링의 원천기술과 플랜트 건설의 구매조달 기자재 라이센스는 선진국에서 보유하고 있어 국산기자재 사용비율이 20% 내외에 그치는 등 외화 가득률이 매우 낮은 수준이다.

이는 국내 엔지니어링업체들이 안정적인 국내발주 물량에 안주하다 보니 급변하는 세계 엔지니어링시장의 변화와 선진기업들의 경쟁력 강화에 안이하게 대응했기 때문으로 볼 수 있다. 또한 기술 변별력이 없는 엔지니어링업체의 난립으로 수주경쟁이 치열해지면서 건실한 엔지니어링업체마저도 수익성 악화로 동반몰락하고 있으며, 외국어 구사 능력, 진출 국가의 문화 이해 수준, 설계역량 부족 등으로 인해 해외진출에 어려움을 겪는 기업들도 다수 존재하는 상황이다.

공기업의 역할 및 역량

국내 건설공기업, 즉 공사 · 공단은 경제성장과정에서 필요에 의해 만들어진 기관으로 그동안 한국 건설산업의 육성과 성장에 막대한 기여를 해왔다. 또한 공사 · 공단의 높은 신용도와 다양한 국책 프로젝트 수행 경험은 해외사업 수행 시 우리 기업들과의 공동진출 기회의 폭을 넓혔다는 긍정적인 측면이 있다.

그러나 개발시대에 맞추어진 조직과 역할은 급변하는 변화에 적절히 대처하지 못하였으며, '갑'이라는 우월적 지위를 이용하여 사업 관리자로서의 역할보다는 행정 위주의 기관으로 전락한 측면도 있다. 또한 해외건설사업 수주 단계에서 민간건설사들을 리딩하는 사업수행능력을 발휘하여야 함에도 불구하고 내부 사업관리시스템과 인력의 역량 부족으로 부정적인 측면을 드러내기도 하였다.

비정상적인 인력 수급문제와 해외인력양성

2012년을 기준으로 해외건설 기술 및 관리인력은 5,000명 가량이 부족한 상태이다. 매년 무수히 많은 인력들이 건설시장에 유입되고 있지만 정작 활용가능한 인력은 매우 부족하다는 것이다. 한국 건설산업의 기술인력은 크게 두 가지 측면에서 접근할 수 있다. 공급 포화상태인 건설시장의 인력을 조절하는 측면과 경험 있는 인력을 재교육시켜 고급 기술자로 양성하는 측면이다.

현재 한국기술인협회에 등록된 기술자는 67만 명으로, 매년 2만 명씩 신규 기술자가 유입되고 있어 공급 과잉상태라 할 수 있다. 이는 건설기술자 실업률 증가와 고용 불안으로 이어져 건설기술인력의 부담을 가중시키고 있다. 또한 매년 무수히 많은 건설관련 대학 졸업자가 시장으로 유입되어 청년 실업자를 양산하는 등 사회적 문제로 대두되고 있는 상황이다. 현재의 건설기술자 수급구조를 개선하여 대학의 건설관련 학과 정원을 산업이 요구하는 적정수준으로 조정하지 못한다면 건설기술인력의 질적 향상은 기대하기 어렵다.

또한 베이비부머 세대 중 해외건설 경험을 보유하고 있는 퇴직 기술자를 활용하여 양성하는 측면에 대해 고민할 필요가 있다. 1980년~1990년대 해외건설 활황기에 중동지역에서 많은 경험을 갖고 있는 엔지니어들 중 영어나 현지 언어가 가능한 인력은 프로젝트별 계약직 전문가(Independent Special Engineer)로 육성할 수 있는 별도의 프로그램을 개발하여야 하겠다. 현재 고용노동부에서 실시하고 있는 해외건설 전문가과정은 재직자 중심의 교육으로 퇴직자나 일시적 실업상태에 있는 구직자들에게는 교육의 기회가 없다. 따라서 건설산업에서 필요로 하는 분야에 한해 퇴직자 재교육 프로그램을 가동시켜 경험 많은 인력을 적극 활용하여야 한다.

대학 교과과정의 문제

지난 40년간 건설산업의 시공기술은 눈부신 발전을 이뤘다. 그러나 건설관련 학과의 현재 교과과정은 40년 전 교과과정과 거의 달라진 것이 없다. 산업은 발전하고 외부 요구는 다양해지는데 정작 대학의 커리큘럼은 그대로인 것이다. 현재의 교과과정은 타 산업이나 분야와의 융·복합, ICT 결합, 인문·사회 분야의 연계 등 지식산업으로의 변화가 필요하다. 내수 시장 위축과 인력 과잉공급 문제가 대두되고 있는 국내 건설산업의 환경을 고려할 때 해외건설 인력 양성에 대한 투자는 보다 확대되어야 한다. 또한 언어, 문화, 그리고 기술과 사업관리 역량을 키울 수 있는 교육과정으로의 개편이 필요하다. 현재의 교육과정은 산업에서 요구하는 기술교육을 제공하지 못할뿐더러 취업을 하더라도 해외현장에 바로 투입하기 어려운 상황이다.

따라서 현재 건설관련학과 졸업자의 취업률이 평균 50% 내외임을 감안하여 관련학과 정원을 지금의 1/2 수준으로 축소하는 노력이 필요하다. 또한 대학 교과과정 개편과 실무능력 배양을 위해 건설기업에 대한 세제 및 재정지원 혜택을 확대함으로써 해외인력 양성에 대한 부담을 줄이고 고용효과와 실무 교육효과를 기대할 수 있도록 해야 한다. 결과적으로 기업은 일정수준의 임금 절감효과와 양질의 인력보유가 가능해지고, 산업차원에서는 청년 일자리 창출과 해외건설인력에 대한 수요 충당이 가능할 것이다.

해외건설의 수익성 극대화를 위한 과제

해외건설시장은 경쟁사들과의 치열한 경쟁뿐만 아니라 국가 간 보이지 않는 수주전쟁이 상존한다. 따라서 국가 간 역학적 관계를 활용한 정부의 외교력이 절대적으로 필요하다. 해외건설의 수익성 극대화를 위한 정부의 역할은 다음과 같이 요약할 수 있다.

먼저 수요국의 사회 · 문화적 환경과 다양한 요구, 정치변동과 환 리스크와 같이 발생 가능한 위기상황에 대한 정보력을 강화하기 위해 조기경보시스템을 구축하여야 한다. 특히 정보력이 취약한 중소건설사들에게는 현지정보를 신속하게 전달할 수 있는 시스템적 지원이 필수적이다.

해외 대형 프로젝트에 대한 금융조달능력을 키울 수 있는 금융기관 설립과 이에 따른 인프라 펀드(Infra Fund) 조성이 필요하다. 정부는 글로벌 인프라 펀드를 지속적으로 확충하여 정부, 공기업, 민간투자자, 건설사가 함께 투자 개발형 프로젝트를 발굴할 수 있도록 금융지원을 제공해야 한다. 또한 투자 개발형 사업의 발굴을 위해 엔지니어링사에 타당성조사를 위한 용역비를 지원하여야 하고, 해외정책금융을 통한 보증 및 정책금융을 확대하여 중소건설업체 지원체계를 구축하여야 한다.

국가의 외교력은 민간 건설사나 건설관련 공기업의 사업 수행능력이 없다면 엄청난 후유증을 겪게 되며 그 영향은 고스란히 국민의 부담으로 다가온다. 따라서 공기업이 갖고 있는 높은 신임도를 기반으로 민간건설사와 함께 기획단계부터 유지보수와 교육 등을 제공하는 토탈 패키지(Total Package) 진출 전략이 필요하다. 특히 대형 프로젝트의 경우 국가의 외교력과 공기업의 신용도를 앞세워 금융조달 및 우리기업의 참여기회 확대가 가능하다.

대형 건설사들은 해외건설시장의 불확실성과 위험에 대한 위기관리 능력과 엔지니어링 능력을 강화하여야 하며, 특히 프로젝트 발굴, 기획, 금융조달, 시공, 운영 등 업역 확대를 통한 토탈 솔루션 프로바이더(Total Solution Provider)기업으로 거듭나야 한다. 이를 위해서는 자체 엔지니어링 능력, 위기관리시스템, 계약관리, 다양한 구매조달 능력 등의 사업관리 역량 제고와 함께 신규 시장을 개척하고자 하는 도전정신으로 무장할 필요가 있다. 엔지니어링사는 핵심역량을 갖춘 기업과의 M&A, 기업 내부 구조조정을 통해 기술력과 경쟁력을 확보하고 자체 라이센스 보유에 힘을 기울여야겠다.

해외건설은 제2의 중흥기를 맞이하고 있다. 최근 10년간 급격히 성장한 해외건설 수주실적은 국가 경제에 기여한 바가 크다 하겠다. 특히 요즘과 같이 국내수주 물량 부족으로 시장이 위축된 상황에서는 고용과 건설산업의 위기 타개 측면에서 해외건설의 역할에 거는 기대가 매우 크다.

한국 건설산업이 갖고 있는 산업 내부 차원의 비효율과 불합리를 제거하고 산업 주체별 역할을 다할 때 해외건설시장에서 한국 건설의 위치를 공고히 할 수 있을 것이라 생각한다.

해외건설계약, 무엇이 문제인가?

현학봉 대표_(주)씨플러스인터내셔널

우리업체들의 해외진출은 1965년에 현대건설이 태국 고속도로 공사를 540만 달러에 수주하면서 시작되었다. 그 이후 해외건설 수주 실적은 IMF 때 일시적으로 하락했으나 꾸준하게 증가, 2007년부터는 연간 400억 달러 이상을 기록하고 있다. 특히 2010년도에는 700억 달러라는 유사이래 최대 수주 성과를 거두었다. 현재는 이러한 상승기조에 힘입어 1,000억 달러 수주시대를 바라보고 있다. 2013년 6월 현재 198개 업체들이 90개국에 진출해 있으며, 우리업체들이 그간 집중해 왔던 중동시장은 물론이고 아시아와 중남미 그리고 아프리카 지역까지 시장을 넓혀가고 있다.

일감이 부족한 국내건설 환경을 고려할 때 해외건설은 선택이 아닌 필수가 되었고, 이제는 해외건설에서의 성과가 기업의 생존을 결정하는 시대가 되었다 해도 과언이 아닐 것이다. 문제는 과연 해외공사를 통해 수익을 창출하고 있느냐 인데, 현실은 그렇지 못하다. 이미 언론보도를 통해 알려졌지만 일부업체들의 경우 수 천억 원 단위의 손실을 입고 있고 중소 건설업체들의 경우 문을 닫는 경우도 발생하고 있는 것이 현실이다. 대한건설협회의 자료에 의하면 2012년도 우리나라 종합건설업체의 매출액 대비 영업이익률은 4.3%, 매출액 대비 순이익률은 0.5%로써 거의 바닥 수준인데 이는 공사를 수행하면서 조그만 실수라도 하게되면 적자로 돌아 설 수 있다는 것을 의미하므로 국내업체들에게 시사하는 바가 크다.

최근의 수주 행태를 보면 우리 업체들끼리 이전투구(泥田鬪狗)하는 양상이 빈발하고 있다. 어떤 경우에는 우리 업체가 거의 따 놓은 공사를 터무니없는 저가로 가로채가는 상황도 발생하고 있는 것이 현실이다. 이는 실력이나 전문성으로 경쟁하는 것이 아니고 '가격 후려치기'를 유일한 수주전략으로 하고 있다는 방증이기도 하다. 이러한 상황은 향후 우리 건설산업의 경쟁력 강화를 기대할 수 없게 함은 물론이고 결국에는 모두 공멸하는 길로 내모는 것임을 인지하여야 할 것이다. 이런 상황이다 보니 우리 업체들이 중국업체와 다른 것이 무엇이냐는 의문이 해외 발주자들 사이에 회자되고 있다고 한다. 언젠가는 현재의 중국업체들처럼 해외 발주자들이 한국업체들을 기피하는 결과가 초래되지 않을까 염려된다. 지금부터라도 정신을 차리지 않으면 그간 힘들게 쌓아왔던 한국건설의 신뢰를 붕괴시킬 수 있으며 건설한국의 위상을 삼류로 떨어뜨리는 결과를 초래하지 않을까 심히 우려스럽다. 우리 업체들이 갖추어야 할 것은 가격 후려치기가 아니라 해외건설계약을 성공적으로 수행할 수 있는 전문성이고, 그러한 전문성이 확보되어야 비로소 우리가 원하는 수익을 창출해 낼 수 있으며 이를 위한 관리가 해외건설계약 리스크 관리의 핵심임을 인지하여야 한다.

해외건설계약 리스크 관리란 무엇인가?

취약한 전문성에 대한 이해

해외공사를 하든 국내공사를 하든 리스크 관리의 출발점은 공사를 통해 수익을 창출하는 것임을 명심해야 한다. 따라서 해외공사로 수익을 창출하기 위해 필요한 전문성이 무엇인지를 확인하고 그러한 전문성을 확보하는 것이 해외공사 리스크 관리의 핵심인 것이다.

해외공사를 성공적으로 수행하기 위해서는 계약관리, 품질관리, 안전 및 환경관리, 공정관리 등 여러 분야의 전문성이 필요하다. 최근 해외공사 유 경험자를 대상으로 실시한 한 설문에 의하면 계약관리 분야가 해외공사 수행 시 가장 취약한 전문분야로 조사되었다. 또한 계약조건 이해수준에 대해서는 상위 1위에서 30위 업체의 경우는 70% 정도, 전문건설업체의 경우는 48% 정도, 그리고 용역업체의 경우는 54%를 수준을 나타냄에 따라 계약관리에 대한 전문성이 상당히 취약함을 알 수 있다.

모든 비지니스의 기초는 계약이다

모든 비즈니스는 계약을 기초로 하고 있으며 건설도 예외가 아니다. 즉, 우리가 원하는 수익이라는 것도 계약을 통해 창출되는 것이며 계약을 잘못하면 업체의 기술력이나 시공능력과 무관하게 수익을 창출할 수 없다. 그럼에도 불구하고 우리 업체들은 그간 계약의 중요성을 무시하거나 외면하였고 그 결과 극단적인 계약적 불이익을 초래하는 결과를 경험하고 있는 것이다. 예를 들면, 공사비를 지급받지 못하는 경우에 대처할 수 있는 수단이 계약적으로 보장되어 있지 않아서 공사비를 지급받지 못하면서도 공사를 수행하여야 하는 경우라든지, 설계변경이 이루어지는 경우 당연히 보상을 받아야 함에도 불구하고 계약적으로 그러한 권리를 인정받지 못함으로써 금전적 불이익을 당하는 경우 등이다. 또한 발주자가 계약적으로 발생할 수 있는 모든 리스크들을 계약을 통해 시공자에게 전가하고 있음에도 불구하고 이를 수용함으로써 결국은 손실을 감수해야 하는 상황들을 수없이 목격해 왔다.

계약을 무시하고, "그냥 어떻게 되겠지, 설마 그렇게 하겠어?", "열심히만 하면 알아줄 거야." 라는 식의 인식과 태도는 마치 로또에 당첨되는 확률과 같은 요행에 목을 매는 것이며, 결코 수익을 창출할 수 없을 뿐 아니라 극단적인 경우 회사를 망하게 하는 결과를 초래할 수 있다. 해외공사를 통해 얻고자 하는 수익과 관련된 모든 리스크는 결국 계약을 통해 확정된다는 것을 인지하여 계약 관리를 리스크 관리의 최우선 요소로 하여야 한다. 입찰이나 계약과정이라는 것도 해당공사와 관련하여 발주자와 시공자가 부담하여야 할 리스크들을 계약문서들을 통해 확정해 나가는 과정이며 따라서 이러한 과정을 통해 자신이 부담하여야 할 리스크들을 확인하고 만약 받아들일 수 없는 리스크를 부담하여야 하는 경우라면 입찰이나 계약을 포기하는 결정을 하는 것이 올바른 태도이다. 해외 선진업체들의 경우 입찰 시나 계약협상 시 항상 계약전문가를 활용하여 발주자가 전가하고자 하는 많은 계약적 리스크들에 대응하도록 하고 있다는 것을 이미 경험을 통해 알고 있음에도 불구하고 왜 우리 업체들은 그러한 대응을 하지 못하는 것인지 참으로 안타까운 일이다. 발주자는 전문가를 쓰고 있는데 우리는 아마추어적인 사고로 대응을 하니 극복을 할 수 없는 문제가 발생하는 것이다.

계약 관리에 대한 후진적 사례

최근 클레임 협상을 통해 경험한 사례를 예로 들어보겠다. 개발도상국의 발주처가 한국정부의 자금지원을 받아 한국업체에게 공사를 발주한 경우였는데 계약조건을 보니 시공자가 행사할 수 있는 비용보상에 대한 권리를 모두 삭제한 상태였다. 입찰 단계나 계약 협상 과정에서 충분히 검토되고 대응할 수 있었던 상황이었음에도 불구하고 대수롭지 않게 넘김으로써 무려 천만 달러 정도의 추가비용에 대한 계약적 근거를 확보할 수 없는 상황으로 악화되었다. 그뿐만 아니라 현장에 투입된 직원들이 계약에 대해 전혀 모르는 상황에서 발주처의 전문가들을 상대하다 보니 본인들은 느끼지 못했지만 거의 희롱당하는 수준이었다고 한다. 해당업체의 CEO는 과연 그러한 상황을 인식이나 하고 있는지 모르겠다. 후진국의 발주자이건 선진국의 발주자이건 발주자는 항상 계약전문가를 고용하고 있다는 것을 명심하여야 하며, 계약내용은 장난으로 정하는 것이 아니라 모두 의도적으로 정하고 협상하는 것임을 인지하여야 한다.

혹자는 너무 계약에 대해 까다롭게 굴면 발주자가 싫어하고, 그러면 공사를 수행하는데 지장을 초래하여 결국 손해를 보는 측은 시공자라고 주장한다. 한마디로 웃기는 이야기이다. 아무런 이유 없이 대가를 지불하는 발주자가 있을리 만무하고 가급적이면 보다 저렴한 가격에 원하는 품질을 갖고자 하는 것이 발주자의 생리이다보니 계약에 대해 꼼꼼한 시공자를 좋아할 리 없는 것은 당연한 것이다. 그렇다고 수 천만 불 또는 수 억 원에 달하는 계약적 권리를 포기해서는 안된다. 그러한 사람들은 자신의 직무를 유기하고 있다고 밖에 생각되지 않는다. 이런 사고를 가지고 언제 선진 건설업체를 따라 잡겠는가? 이제는 회사의 의사결정권을 가지고 있는 CEO나 임원들의 의식 전환과 과감한 결단이 필요한 때이다. 철저한 계약적 사고로 무장하여 공사를 수주 및 수행해 나가야만 성공적인 공사로 이어질 수 있으며, 이는 곧 해외건설시장에서 국내업체들의 경쟁력을 높이는 길이 될 것이다.

어떻게 리스크 관리를 통해 수익을 낼 수 있는가?

우리 업체들의 계약적 전문성에 대한 문제는 첫째, 우리 건설제도의 후진성에서 찾을 수 있다. 후진적인 계약제도와 계약을 무시하는 관행으로 인해 국내에서부터 건설계약을 다룰 수 있는 훈련을 하지 못하였을 뿐만 아니라 이것이 마치 선진화된 것으로 착각하여 해외건설공사도 국내에서 하던 방식대로 해결할 수 있다는 착각이 문제가 아닌가 한다. 이를 해결하기 위해서는 우선 국내 건설제도를 하루빨리 선진화하여 국내에서의 경험이 곧바로 해외건설공사에서도 통할 수 있도록 해야 한다.

둘째는 건설업체를 운영하고 있는 CEO들의 건설 전문성에 대한 문제이다. 건설업체의 CEO들이 건설에 대한 전문성을 갖추고 있지 못한 경우가 허다하고 그로인해 건설계약을 CEO 자신의 잘못된 상식으로 판단하고 결정함으로써 결과적으로 회사에 큰 손실을 야기하는 경우들이 발생하고 있다. 건설에 대해 무지하니 계약의 내용을 알 수 없고, 그러다 보니 가격을 흥정하는 것 외에는 판단과 결정을 할 수 없는 것이 건설 전문성이 부족한 CEO들의 일반적인 태도이다. 이와 더불어 단기 실적을 강요하고, 실적으로 성과를 평가하는 국내 건설업체들의 시스템에도 문제가 있다. 1년짜리 또는 2년짜리 대표나 임원들이 무엇을 하겠는가? 자기의 자리를 조금이라도 더 연명하기 위해서는 무슨 수를 쓰더라도 실적을 올려야 한다고 생각하고 있는 것이 현실이며 그것이 결국 저가투찰을 만연케 하는 요인이 아닌가 생각한다. 우리 건설업체들에게 과연 10년,

20년의 안목이 있는가를 묻고 싶다. 건설을 1년, 2년 할 것이 아니라면 보다 장기적인 안목에서 준비하여 경쟁력을 갖추는 것이 시급한 과제임을 인지하여야 할 것이다. 우리 업체들이 열심히 하여 해외매출 1,000억 불 시대를 연다 하여도 세계건설시장에서의 점유율은 기껏해야 10% 미만이다. 즉, 해외건설시장은 우리에게 무한하게 열려있다 하여도 과언이 아니며 1년, 2년 안에 죽는 시장도 아니다. 천천히 기본기부터 준비하여 진출한다 하여도 뒤쳐지지 않으며 오히려 강한 경쟁력을 무기로 세계건설시장을 지배할 수 있다는 믿음을 가져야 한다.

마지막으로 건설계약의 전문성을 인정하는 인식과 제도적인 뒷받침이 필요하다. 건설계약은 아무나 쉽게 다룰 수 있는 것이 아니라는 인식이 절대적으로 필요하며, 전문성을 인정하는 정부나 업계의 인식과 전문가를 육성하는 정부정책이 필요하다. 우리나라에는 자문 문화가 거의 존재하지 않는다고 해도 과언이 아닐 것이다. 특히 건설업의 전문 분야별 분류에서도 자문은 빠져 있다. 업체의 생사를 결정하는 전문성에 대한 자문을 받으면서도 그에 대한 대가지급에 대해서는 매우 인색하거나 아니면 아예 공짜라는 인식이 전문성을 키우지 못하는 요인 중 하나이다. 10억 불짜리 계약을 하면서 계약금액의 0.001%인 10,000불을 쓰는 것도 아까워하는 현실에서 전문성을 기대한다는 것 자체가 어불성설이다. 지난 30여 년간 해외건설계약을 다루어 오면서 몇 푼 안되는 돈을 쓰지 않으려고 작게는 몇 천만 불에서 심하게는 몇 억 불의 손실을 겪는 경우들을 수없이 보아 왔다. 참으로 안타깝고 답답한 현실이 아닌가 한다. 일부 협회의 자문조직을 통해 무료자문을 제공하고 있기는 하나, 그러한 자문을 통해 전문성이 있는 자문이 얼마나 가능할까에 대한 고민이 필요하다. 전문가는 하루아침에 만들어지는 것이 아니다. 어떠한 분야가 되었건 전문가로 성장하기 위해서는 남들과는 다른 노력이 필요하고 건설의 경우에는 또한 수많은 현장경험과 실무경험이 동반되어야 비로소 한 분야의 전문성이 탄생할 수 있다. 계약관리 전문가도 다르지 않다. 따라서 이러한 현실을 극복하기 위해서는 자문업체에 대한 정부의 제도적인 고려와 적극적인 육성책이 필요하며, 특히 자체적으로 계약전문성을 확보할 수 없는 중소건설업체나 전문건설업체들을 위해서는 일정부분 자문비용을 보조해 줌으로써 관련 자문업을 육성함과 동시에 중소건설업체나 전문건설업체들이 계약적 리스크에 노출되지 않도록 하는 정책개발이 시급하다.

글로벌 선도기업의 생존과 성장전략을 배우자

이상호 소장_GS건설 경제연구소

저성장 경제, 성숙단계 건설시장과 글로벌 건설업체

건설시장 규모가 축소된 것은 한국만의 현상이 아니다. 일본은 1991년 버블 붕괴 이후 지금까지 무려 20년이 넘는 기간 동안 지속적으로 건설투자 규모가 줄었다. 미국은 2006년, 유럽은 2007년을 정점으로 침체양상이 지속되고 있다. 저성장 경제와 성숙단계 건설시장에서 선진국 건설업체들도 생존을 위한 구조조정 및 지속성장 전략을 가다듬고 있다. 건설경영 환경이 전반적으로 악화되었기 때문에 대다수 글로벌 건설업체의 실적도 우리와 사실상 큰 차이를 발견하기 힘들다. 하지만 일부 글로벌 건설업체들은 여전히 높은 수익성과 매출성장률을 기록하고 있다. 글로벌 건설업체의 경영실적과 전략방향에 대한 이해는 우리 건설업체의 생존과 지속성장을 위해서도 필요하다. 먼저 미국, 유럽, 일본 건설시장의 최근 추이와 전반적인 건설업계 현황부터 개괄적으로 살펴보자.

선진국 건설시장의 추이와 건설업계 동향

글로벌 금융위기의 진원지였던 미국 건설시장 규모는 2006년 1조 1,670억 달러를 정점으로 지속적인 감소세를 기록하고 있다. 특히 주택부문을 비롯한 민간건설부문은 2006년(9,120억 달러) 대비 2011년(4,890억 달러)에 47%나 줄었다. 오바마 정부의 적극적인 건설경기 활성화 대책에 힘입어 공공부문이 연간 3~5%씩 성장했지만, 민간부문의 감소세를 메꾸기는 역부족이다. 미국의 건설전문지 ENR(Engineering News Records)에서 선정한 400대 미국 건설업체의 매출실적도 2008년 3,384억 달러를 기록한 이후 감소세가 지속되고 있다. 특히 2005년 전체 매출액에서 차지하는 비중이 58.3%에 달했던 건축공사 매출액은 2011년에 42.1%로 감소했다. 하지만 석유화학/산업, 발전, 교통 등 인프라부문의 비중은 계속 증가했다. 미국 내와 해외 매출을 비교해 보면 과거 10년간 미국 내 매출액의 연평균 증가율(CAGR)이 2.6%였던 반면, 해외매출 증가율은 13.6%를 기록했다. 그만큼 미국 건설업체들도 해외진출을 확대했던 것이다. 특히 과거 10년간 연간 매출증가율이 가장 높았던 지역은 중동(35%), 아시아/호주(22.6%), 캐나다(21.9%) 순이었다. 유럽에서의 매출액 비중은 한 때 27%(2002년)였지만, 최근에는 9.4%(2011년)까지 떨어졌다.

유럽 건설시장은 2007년에 정점을 기록한 이후 계속 침체국면에서 벗어나지 못하고 있다. 2013년 내에 건설시장 규모가 증가세로 반전할 것이라는 전망도 있었지만, 지금은 전반적인 경기회복 지연 등으로 2014년 이후에나 회복될 것이라는 전망이 더 우세한 것 같다. 유럽 경제와 건설시장의 장기침체로 유럽 건설업체들도 심각한 생존위기를 겪고 있다. 유럽 건설업체들은 시장축소, 가격경쟁 심화, 자금조달환경 악화 등으로 인해 심각한 재무위기 상황에 처했고, 타 업종에 비해 도산하는 사례도 가장 많았다. 대형 프로젝트 급감으로 대형 건설사가 소규모 프로젝트에도 참여함으로써 시장은 더욱 왜곡되었다. 이 같은 상황에서 유럽 건설업체들은 생존을 위한 구조조정과 부채축소(Deleveraging)에 주력하고 있다. 투자 및 영업활동을 위해 사용된 부채가 기업의 부도 위험을 높이고, 금융기관의 리스크 관리가 강화되면서 유럽 건설업체들은 자산 및 비핵심사업과 지분 매각 등 구조조정을 추진해 왔다. 이러한 과정에서 유럽의 많은 건설업체들은 지속적이고 장기적인 수익성 확보를 위해 타 지역 및 타 산업 기업과의 M&A에 많은 관심을 두고 있다. 주요 인수대상 영역은 부가가치가 높거나 기존 핵심사업을 보완할 수 있는 통신, 그린 에너지 및 도로 운영과 같은 서비스 사업들이다. 또한 도급 · 시공 이외에 운영 · 유지사업 등으로 사업영역의 확대를 추진하고 있다.

일본의 건설투자 규모나 신규 주택 착공 호수는 1990년대 초반에 비하여 50%나 줄었다. 일본 건설업체의 매출액은 2/3 수준으로 감소했고, 영업이익은 1/4 수준으로 급감했다. 이처럼 일본 국내 건설시장의 침체기가 20년 넘게 지속되었지만 일본의 해외건설은 특별한 증가세를 보이지 않았다. 일본 해외건설협회 48개 회원사의 수주액은 1983년에 1조 엔을 달성한 뒤 1990년대 중반에 1.6조 엔을 기록했다가 등락을 반복한 뒤 2007~2008년간 1.6조 엔을 다소 상회하기도 했다. 국내 건설시장의 지속적인 축소에도 불구하고 일본 건설업체들은 내수시장 중시, 안정 위주 경영에서 탈피하지 못했다. 그 결과 글로벌 건설시장에서 일본 건설업체들의 순위는 계속 뒤처졌다. 예컨대, 2002년 ENR 선정 글로벌 Top 10 건설업체 중 5개 사(카지마, 타이세이, 오바야시, 시미즈, 다케나카)가 일본의 대형 건설사였지만, 지금은 그 자리를 중국 건설업체들이 차지하고 있다. 해외건설시장으로 활발한 진출을 못해서인지 미국 · 유럽 건설업체들처럼 글로벌 M&A 실적도 별로 없다. 일본인 스스로도 일본 건설업계는 진화를 거부하는 '갈라파고스 현상'을 보이고 있다고 한다. 그러나 눈여겨 볼 것이 있다. 일본 건설시장의 규모는 50%나 줄었지만, 건설업체가 50% 준 것도 아니고 매출액이 50% 준 것도 아니다. 특히 일본의 5대 대형 건설업체들은 국내 시장점유율 확대, 도시개발 및 운영 · 관리 등으로 사업 다각화 등을 추구해왔고, 상대적으로 나은 성과를 보였다는 평가를 할 수도 있다. 기술 중시, 시공을 핵심으로 하는 본업경쟁력 강화 등이 일본 건설업체의 생존전략이었다. 하지만 해외시장, 플랜트 등 성장시장으로의 진출실적이 미미했고, 지속적인 침체상태를 벗어나지 못한 것은 분명하다고 본다.

글로벌 Top-tier 건설업체 동향과 전략방향

2012년 ENR 선정 해외건설 상위 30위 이내에 속한 미국 · 유럽 건설업체와 일본 대형 건설업체의 5년간에 걸친 연평균 매출액 성장률과 영업이익률을 비교해 보았다. 성장률과 수익률을 모두 성취한 글로벌 건설업체로는 페트로팩(Petrofac), 사이펨(Saipem), 빈치(Vinci), 에이씨에스(ACS) 등을 꼽을 수 있다. 매출성장률은 지난 5년간 축소되었지만, 수익성이 향상된 글로벌 건설업체로는 포스터(Foster), 테크닙(Technip), 스칸스카(Skanska) 등을 꼽을 수 있다. 비교적 안정적인 성장성과 수익성을 유지하고 있는 글로벌 건설업체로는 플루어(Flour), 케이비알(KBR), 브이그(Bouygues) 등을 꼽을 수 있다. 반면에 일본의 대형 제네콘은 성장성과 수익성이 모두 저조하다.

글로벌 Top-tier 건설업체들의 전략방향은 몇 가지 공통점이 있다.

지속성장을 위해 해외건설시장, 특히 신흥시장으로의 진출을 확대했다는 것이다. 미국 건설업체들은 유럽시장 진출 비중을 줄인 대신 중동시장 비중을 확대했고, 유럽 건설업체들도 북미나 중남미, 중동시장으로의 진출비중을 늘렸다. 특히 최근 들어 중동시장에서의 수주경쟁이 격화되자, 아시아 · 아프리카시장 등으로 지역 다변화를 추진하는 사례가 많았다. 도급 및 시공 외에 개발(투자), 운영, 유지 보수, 제조 등 공종다각화도 글로벌 건설업체들의 성장전략 방향이다. 예컨대 빈치(Vinci)는 건설사업과 양허사업(Concession)간, 스칸스카(Skanska)는 도급사업 및 공공사업과 개발사업간의 상호보완 등을 전략적으로 추진해왔다. 주력사업으로 선정한 공종의 수직계열화도 글로벌 건설업체들의 중요한 성장전략 중 하나였다. 대표적인 사례가 테크닙(Technip)이나 페트로팩(Petrofac) 등 플랜트 중심기업들이다.

지역다변화, 공종다각화 및 주력사업이 수지계열화를 통한 글로벌 Top-tier 건설업체들의 핵심적인 성장전략 수단이 M&A라는 것은 널리 알려진 사실이다. 성장성과 수익성 확보를 위해 해외건설업체(Cross-Border) M&A, 연관산업 내지 타 산업 분야 업체(Cross-Sector) M&A 등이 널리 이루어졌다. 최근 들어서는 글로벌 금융위기의 여파로 전체 M&A 거래 건수 및 규모가 감소했지만, 초대형 거래(Mega Deal)가 줄어들면서 평균 거래규모도 위축되었다. 과거 글로벌 M&A 시장을 주도해 온 선진 유럽시장 비중은 다소 감소했고, 막대한 자금력을 보유한 중국과 인도 등 신흥 아시아 국가의 건설업체들이 적극 M&A시장에 참여하고 있다. 유럽 건설업체들은 지속적인 수익성 확보를 위해 연관산업 및 타 산업 분야 업체 M&A에 더 많은 관심을 보이고 있다.

글로벌 금융위기 이후 전반적인 경제와 건설시장의 침체 장기화 추세를 반영하여 글로벌 Top-tier 건설업체들도 수익성 제고 및 리스크 관리 강화에 주력하고 있다. 수주나 매출 확대와 같은 양적 성장목표를 부과하지 않는 대신 영업이익률과 같은 수익목표를 전면에 내세우는 사례가 늘어나고 있다. 리스크 관리 소홀에 따른 실적 악화를 경험했던 글로벌 건설업체들은 체계적인 리스크 관리 시스템을 구축하여 운영하고 있다. 아울러 수주사업의 선별이 중요하다는 인식 아래 해외건설시장에서 무분별한 가격경쟁을 지양하고 있다. 내부적으로는 사업수행의 효율화를 위한 관리시스템 개선을 추진하고 있다. 글로벌 Top-tier 건설업체들도 성장성과 수익성 악화에 직면하고 있다. 그러다 보니 모두가 구조조정에 나서고 있는 것이 현실이다. 비핵심사업 매각, 인력 축소, 비용 절감 등은 어디에서나 공통적으로 볼 수 있다.

글로벌 Top-tier 건설업체의 성공과 실패 사례

2013년 1분기 실적발표 자료를 보면, 글로벌 Top-tier 건설업체들도 우리와 유사한 문제를 안고 있음을 알 수 있다. 플랜트 중심 기업들은 운영상의 문제를 안고 있고, 토목 · 건축 · 주택 중심 기업들은 수요 위축 등으로 실적 및 수익성이 악화된 상태다. 이런 상황에서 글로벌 Top-tier 건설업체들도 재무건전성 확보와 핵심사업 집중을 위한 구조조정 작업을 진행하고 있다.

2013년 1분기 실적을 보면, 테크닙(Technip, 2012년 ENR 선정 해외건설업체 순위 11위)은 여전히 8.6%에 달하는 놀라운 영업이익률을 보이고 있다. 특히 해양플랜트(Subsea) 사업의 영업이익률은 2012년 14.9%를 기록했고, 2013년에도 15.0%를 달성할 전망이다. 2005년까지만 해도 영업이익률이 4~5%에 불과했던 기업이 2006년부터 수익성 중심의 경영방침을 선언하면서 2010년 이후 10%가 넘는 영업이익률을 기록하고 있는 것이다. 테크닙은 지역 다변화와 수익성 중심의 수주잔고, 현지화, 수직통합, 수행역량, 기술력, 차별화된 핵심자산 등 여섯 가지를 경영전략의 틀로 제시하고 있다. 이 중 수주잔고의 변화를 보면 놀라운 사실을 알게 된다. 지역적으로 2006년에만 해도 수주잔고의 48%를 차지했던 중동시장 비중이 2013년 1분기에는 10%로 줄었다. 공종을 보면 Gas/LNG/FLNG 등 수주경쟁이 심한 영역의 수주잔고가 37%에서 10%로 줄었다. 특히 영업이익률이 15%나 되는 핵심수익사업 영역인 해양플랜트 분야는 수직통합을 통해 설계, 엔지니어링, 구매 뿐만 아니라 제조와 설치도 함께 수행하고 있어 경쟁력을 확보했고, 수주잔고 비중도 2013년 1분기에 전체 사업의 63%를 차지하였다. 지역 다변화, 공종 다각화와 수직통합으로 차별화된 성과를 보여주고 있는 것이다.

2013년 상반기에 가장 크게 추락한 것으로 평가되고 있는 글로벌 Top-tier 건설업체는 사이펨(Saipem, 2012년 ENR 선정 해외건설업체 순위 6위)일 것이다. 사이펨도 테크닙과 마찬가지로 플랜트 중심 기업이다. 사이펨은 2013년 1월과 6월, 2차례에 걸쳐 실적 가이던스(Guidance)를 하향조정했다. 2013년 1분기 영업이익률은 6.5%를 기록했지만, 연말까지 순이익률은 (-)3억~3.5억 유로를 기록할 전망이라고 한다. 이같은 실적악화를 반영하여 주가도 1/3 수준으로 떨어졌다. 이미 2012년 말에 CEO, COO를 비롯한 주요 경영진들도 교체되었다. 최근 들어 사이펨은 구조조정과 수행력 강화 등 일련의 쇄신방안을 공개하면서 시장신뢰 회복을 위해 노력하고 있다. 2012년 까지만 해도 높은 성장률과 수익률을 자랑했던 사이펨이 어쩌다 이렇게 되었을까? 조직, 영업 및 수행 측면에서 많은 문제를 안고 있었다는 것이 사이펨의 자체분석 결과다. 조직 측면에서는 책임소재 불명확, 의사소통 미흡, 특정인에 대한 지나친 집중화 등이 지적되었다. 영업 측면에서는 마이너스 현금흐름과 부채 증가를 수반하는 문제 프로젝트가 과다했고, 발주처와의 관계도 원만하지 않았다고 한다. 수행 측면에서는 공기지연, 부실 파트너사와 하도급업체 의존도 과다 등으로 최적화에 실패했다고 한다. 이 같은 자기반성을 토대로 사이펨은 엔지니어링과 건설사업(E&C)부문의 대대적인 구조조정, 프로젝트 선별수주와 수익성 중시, 수행 효율성 강화 등 대책을 발표했고 개선을 위한 노력을 하고 있다.

전통적인 토목 · 건축 · 주택 중심 기업들의 상황은 아직도 회복이나 성공사례를 논하기에는 시기상조인 듯하다. 비교적 이른 시기에 수익성 중심으로 방향을 전환한 스칸스카만 해도 2013년 1분기 영업이익률은 1.7%에 불과하다. 브이그는 적자기업으로 전락했다. 그나마 나은 것이 플랜트 중심 기업들이지만, 그 중에서도 테크닙과 사이펨의 사례가 보여주듯이 성과의 극심한 차이가 존재한다. 그 원인은 경제와 건설시장의 미래에 대한 예측, 시장 다변화와 공종 다각화를 위한 전략적 선택, 조직 · 영업 · 수행 등 운영적 측면에서의 차이 등이 복합적으로 작용한 데 있을 것이다.

글로벌 건설업계가 한국 건설산업에 주는 시사점

글로벌 건설시장과 건설업계 동향은 우리와 별로 달라 보이지 않는다. 미국과 유럽의 글로벌 Top-tier 건설업체들도 낮은 성장률과 수익성 저하로 어려움을 겪고 있다. 향후 몇 년간에 걸쳐 전 세계적인 건설산업 구조조정이 진행될 것으로 보인다.

글로벌 건설업체들의 동향과 전략방향이 주는 시사점은 다음과 같다. 선진국 경제와 건설시장의 회복시기는 아직 오지 않았기 때문에 성장세가 높은 신흥국의 건설시장으로 적극 진출을 확대해야 한다. 이때 수주지역 다변화와 공종 다각화를 통한 안정적인 사업 포트폴리오를 구축해야 한다. 이를테면 우리 건설업체들도 중동 · 플랜트 중심의 수주구조를 바꾸어 아시아 · 중남미 · 아프리카 시장과 인프라 및 고부가가치 플랜트사업으로 진출 확대를 도모해야 한다.

수주물량 확대보다 수익성 중심으로 경영패러다임을 확립해야 하고, 이를 위해서는 리스크 관리의 체계화와 고도화가 필요하다. 국내외 시장을 막론하고 최근 우리 건설업체들의 부실화는 수익성보다 수주물량 확보를 위한 가격경쟁의 결과이자, 리스크 감수에만 급급한 체계적 리스크 관리 부재의 결과이기도 하다.

사이펨의 자가진단과 같이 우리 건설업체들도 조직 · 영업 · 수행 측면에서 총체적인 운영실태를 점검해 보고 새로운 전략을 수립해야 한다. 구조조정을 통한 비핵심사업의 매각과 성장사업과 주력사업에의 집중 또한 중요한 과제다. 장기적인 안목에서 수익성에 기반한 지속가능한 성장을 추구하고, 이를 위해 글로벌 건설업체들의 동향과 전략방향을 벤치마킹하면서 우리 건설시장과 법 · 제도 및 건설업체의 글로벌화를 도모해야 한다.

PART

3

타 산업의 성공방정식이 건설산업에 주는 시사점

미래 지향적 투자가 지금의 한국 IT산업을 있게 했다

안중호 교수_서울대학교 경영대학 시스템경영전공

한국 IT 산업의 글로벌 경쟁력은 어디서 오는가?

우리 IT 산업의 글로벌 경쟁력을 진단하기에 앞서 한국경제 발전사를 돌아볼 필요가 있다. 1950년대 전쟁의 폐허 속에 가난과 절망에 허덕이던 우리나라는 노동인구의 25%가 실업자인데다 1인당 국민소득이 100달러 이하에 그칠 정도로 전형적인 후진국이었다. 당시 우리 경제는 미국으로부터의 대외원조에 크게 의존하는 한편 제분, 제당, 면방 등 삼백(三白)산업을 중심으로 한 대내지향적 수입대체 공업화 전략으로 경제 재건에 나서게 된다.

그러나 자본과 기술, 인력 등에서 내세울 것이 없고 경제 기적의 가능성은 전혀 없을 것 같았던 우리 경제는 1960~1970년대 정부 주도의 경제개발 5개년 계획의 수립을 시작으로 반전의 계기를 마련하게 된다. 당시 정부는 철강, 석유, 기계, 조선, 전자산업 등을 주축으로 한 대외지향적 중화학공업 육성 정책을 추진하면서 가난한 후진국으로부터 탈피하여 이후 급격한 경제성장을 이루게 된다.

IT 산업의 모태라 할 수 있는 우리나라 전자산업은 당시 최초의 첨단 전자산업단지가 구미에 조성되면서 세계가 '한강의 기적'이라고 칭송받게 되는 한국의 경제발전에 크게 일조하게 된다. 1960~1970년대 정부 주도의 대외지향적 중화학 공업 육성 정책의 결과 1962년 라디오, 1971년 TV 등의 처녀 수출을 시작으로 우리 IT 산업 발전의 기틀이 마련되게 된다.

한편 우리 정부는 21세기 IT 산업의 중요성을 인식하고 1994년 정부조직법을 개정해 정부 수립 이후 우편, 전기통신, 전파관리 등의 행정을 주로 담당하던 체신부를 확대 · 개편하여 정보통신부를 신설함으로써 IT 산업을 중심으로 한 신 성장동력 발굴에 적극 나서게 된다. IT 중심의 첨단기술산업 및 정보통신산업 육성을 기치로 신설된 정보통신부가 우리 경제의 IT 컨트롤 타워 역할을 주도하고 우리 IT 기업들의 혁신 능력이 더해진 결과 1990~2000년대에는 반도체, 휴대폰, 디스플레이, 컴퓨터, 백색가전 등 첨단 IT 제품들이 주력 수출상품으로 부상하여 바야흐로 한국 IT 산업의 전성시대를 구가하게 된다.

최근 우리나라의 IT 산업과 이를 둘러싼 기술혁신능력은 세계적인 경쟁력을 갖고 있는 것으로 평가되고 있으며 이제 IT 산업은 한국경제 성장에서 중요한 역할을 담당하게 되었다. 2011년 기획재정부가 발간한 국가경쟁력 보고서에 따르면 우리나라는 각종 IT 관련 지표에서 대부분 최상위에 랭크되고 있는 것으로 나타났다.

IT 인프라 및 활용수준 측면에서 인터넷 접속가구 비율 1위, 무선초고속인터넷 가입건수 1위(100명당), 인터넷이용자수 10위(100명당), 스마트폰 보급률 1위 등으로 나타났으며, 기술혁신 역량이라고 할 수 있는 인구 백만 명당 특허출원건수(1위), GDP 대비 R&D 지출(3위) 등에서도 세계적인 경쟁력을 갖고 있는 것으로 나타났다.

특히 IT 제조업 측면의 경쟁력이 높게 평가되고 있다. 경제협력개발기구(OECD)가 2004년 발표한 IT 분야의 국제화 보고서에서 한국은 30개 회원국 중 IT 제조업 경쟁력에서 1위로 조사된 바 있으며 한국의 IT 제조업 경쟁력이 OECD 평균보다 2배 이상 높은 것으로 나타났다. 최근 한국은행이 발표한 2012년 국민계정에 따르면 정보통신산업의 성장률은 5.2%로, 전체 GDP 성장률 2.0%를 크게 상회하고 있으며 정보통신산업의 대 GDP 비중도 8.4%에 이르는 것으로 나타났다.

IT 제조업의 경쟁력을 바탕으로 최근 우리나라의 수출 주력품목에서도 IT 제품이 두각을 나타내고 있다. 2008년을 기준으로 하이테크제품의 수출비중이 전체 수출의 32%를 차지하여 전체 OECD 국가 중 1위를 차지하고 있는 가운데 휴대전화, 반도체, 디스플레이, 컴퓨터, 가전 등을 중심으로 한 IT 제품의 수출도 전체 수출의 23% 정도를 차지하여 IT 산업이 우리나라의 무역수지 흑자에도 크게 기여하고 있는 것으로 나타나고 있다. 이제 세계 어디를 가든지 우리 업체들의 IT 제품을 볼 수 있게 되었을 뿐만 아니라 'Made in Korea' 브랜드가 우수한 IT 제품을 상징하게 되었다.

그렇다면 한국 IT 산업이 이처럼 글로벌 경쟁력을 확보하게 된 원천에는 어떤 것들이 있을까?

정부의 강력한 의지와 이를 뒷받침하는 정책이 주효했다

먼저, IT 산업의 경쟁력 원천으로 정부 차원의 IT 산업 육성 의지와 정책적 지원을 들 수 있다. 우리나라를 휴대폰 강국의 반열에 올려놓은 계기가 된 CDMA 상용화와 관련한 정부의 역할을 예로 들 수 있다.

1990년대 디지털 CDMA를 상용화하기 이전까지 우리나라는 세계 IT 시장의 변방에 불과했다. 그러나 정부는 물론 민간 기업체, 연구기관이 하나가 돼 노력한 결과 CDMA 개발 성공신화를 이뤄냈다. 이를 계기로 우리나라는 단숨에 IT 선진국 반열에 올라설 수 있었고 단기간에 이동통신 가입자가 급증하였으며 삼성, LG, 펜텍 등 휴대폰 업체들은 국내뿐만 아니라 세계 휴대폰 시장을 호령하는 메이저 업체로 급부상할 수 있었다.

또 하나의 정부 주도 IT 산업 육성의 성공사례로 초고속 인터넷망 확산을 들 수 있다. 1998년 출범한 김대중 정부는 IMF 외환위기 탈출을 위한 성장 동력으로 국가 차원의 초고속 인터넷과 PC 보급을 추진하여 단기간에 우리나라가 초고속 인터넷 강국으로 성장할 수 있는 계기를 마련했다. 정부 차원의 IT 산업 육성정책을 바탕으로 인터넷 이용인구가 1997년 163만 명에서 현재 2,627만 명으로 증가하는 한편 초고속 인터넷 가입자수도 1998년 1만 4천 명에서 2002년 1,040만 명으로 급증한 가운데 IT 분야의 총생산액도 1998년 76조 원에서 2002년 189조 원으로 증가하면서 국내 총생산의 14.9%로 확대되었다.

이러한 사례에서도 알 수 있듯이 IT 컨트롤 타워로서의 정부의 역할이 주효했음을 상기할 필요가 있다. 그러나 지난 정부에서 IT 산업을 총괄하는 정보통신부의 폐지와 더불어 IT를 둘러싼 글로벌 경쟁이 가속화되면서 일각에서는 'IT 코리아'의 경쟁력이 예전만 못하다는 평가도 나오고 있다.

세계경제포럼(WEF)이 각국의 정보통신기술(ICT) 발전 및 활용도와 잠재 경쟁력을 평가하여 발표한 2013년 네트워크준비지수(NRI) 보고서에 따르면 ICT 관련 우리나라 정부정책의 경쟁력이 현저히 떨어지고 있는 것으로 평가됐다. 전자정부와 같은 대국민 서비스에서는 비교적 높은 점수를 받았으나 '정부 비전에서 ICT의 중요성', '정부 ICT 진흥 성공성' 등에서 낮은 점수를 받았기 때문이다.

일부에서는 정부가 주도하는 IT 산업정책이 개발 시대에서나 적용 가능한 패러다임이라는 지적도 있으나 이는 정부 정책의 부정적인 면만을 부각한 견해라 할 수 있다. 공공재 및 인프라로서의 IT 산업 특성을 고려할 때 단순히 산업을 규제하는 역할이 아니라 거시적인 안목에서 IT 산업의 나아갈 방향을 제시할 수 있는 컨트롤 타워로서의 정부의 역할은 글로벌 경쟁이 가속화되고 있는 지금의 현실에서 여전히 요구되고 있다는 것에 주목할 필요가 있다.

최근 새로이 출범한 정부는 '창조경제'를 정부정책의 핵심과제로 천명하고 있다. 비록 창조경제에 대한 의견이 분분하긴 하지만 정부가 창의성을 경제의 핵심가치로 두면서 과학기술과 정보통신기술(ICT)의 융합을 통해 산업과 산업의 융합, 산업과 문화의 융합을 실현하고, 이를 통해 부가가치를 창출하려는 의지를 천명했다는 점에서 긍정적으로 평가받아야 한다. 급변하는 지식경제 시대에 경제주체들이 창의력을 구현할 수 있도록 건설적인 생태계를 구축하는데 정부의 역량을 집중할 필요가 있다.

기업은 IT 트렌드에 신속하게 대응했다

IT 트렌드를 읽고 발 빠르게 대응할 수 있었던 우리 기업들의 경영능력도 높이 평가되어야 한다. 미래를 내다본 최고 경영자들의 혜안과 우리나라 기업 특유의 '빨리빨리' 문화가 결합하여 시너지를 만들어 내면서 우리는 세계에서 유래를 찾아볼 수 없을 만큼 빠른 속도로 미국, 일본 등과 같은 선진 경제대국들을 따라 잡을 수 있었다.

황창규 전 삼성전자 반도체총괄 사장은 '미국은 창의성', '일본은 장인정신', '중국은 기초과학'에 강점이 있다면 '한국은 상용화 기술'이 뛰어나다고 한 바 있다. 우리나라의 대표 수출상품 중의 하나인 반도체 개발사례에서도 알 수 있듯이 삼성전자는 "일본이 미국을 앞설 수 있다면 우리도 할 수 있다"는 최고 경영자의 신념 하에 1992년 세계 최초로 16MD램 개발에 성공한 것을 시작으로 우수한 인재유치와 공격적인 설비투자를 통해 반도체 신화를 일구어냈다. 그 결과 우리나라는 미국, 일본, 독일, 대만 등 경쟁 국가들이 따라올 수 없을 정도로 이 분야에서 강력한 시장 주도권을 확보하게 되었다.

반면, 와해성(Disruptive) 혁신 사례라 할 수 있는 애플 아이폰(iPhone)의 등장과 함께 피처폰에 안주하고 있던 국내 휴대폰 제조사들은 한때 큰 위기에 직면하기도 하였다. 국내 단말 제조사들은 스마트폰이 주도하게 될 혁신에 대해 미리 내다보지 못하고 잠시 글로벌 경쟁에서 뒤쳐지기도 했다. 그러나 애플 쇼크를 계기로 스마트폰 개발에 사활을 걸고 매진한 끝에 이제는 애플의 강력한 대항마로 글로벌 시장에서 주목받고 있다.

시장조사기관인 가트너의 자료에 따르면 삼성전자의 전세계 스마트폰 점유율은 2009년 3분기에 3.2%에 불과했으나 2013년 1분기 30.8%로 18.2%를 기록한 애플을 제치고 세계 1위를 차지했고, LG전자도 2013년 1분기 4.8%를 기록하며 세계 3위에 랭크되어 있다. 무엇보다 스마트폰으로부터 촉발된 스마트 혁명이 통신, 단말, 콘텐츠 등 IT 산업 전반에 큰 변화를 몰고오고 있는 와중에 우리 기업들이 시장 주도권을 다시금 확보할 수 있는 계기가 마련되었다는 것에 큰 의미를 부여할 수 있을 것이다.

우수한 인적자원이 큰 몫을 했다

IT 산업의 경쟁력 원천으로 높은 교육열을 기반으로 한 우수한 인적자원 양성과 기술혁신 역량을 들 수 있다. 별다른 자원이 없는 우리나라가 전쟁의 참화를 딛고 외환위기를 넘어 세계 15위의 경제대국과 세계무역 8강에 진입할 수 있었던 것도 우수한 인적자원이 있었기에 가능한 것이었다. OECD 자료에 따르면 우리나라 IT 산업의 노동생산성은 미국, 독일, 프랑스 등 선진국과 비교할 때 높은 것으로 조사된 바 있다. 특히 높은 교육열을 바탕으로 한 우수한 인적자원은 IT 산업의 노동생산성 향상과 기술혁신 역량 획득에 중요한 밑거름이 되었다.

과거 산업발전 단계에서 양질의 풍부한 저임금 노동력은 우리나라가 지속적인 경제성장을 달성하는데 원동력이 되었다. 당시 정부는 중화학공업 육성에 필수적인 기술자들을 확보하기 위해 1975년 국가기술자격검정제도를 시행하여 기술자격취득자에 대한 우대조치를 확대하는 한편 기술인의 사회적, 경제적 지위 향상을 도모한 결과 최근까지 국제기능올림픽에서 18번이나 우승할 수 있는 기술한국의 기반을 마련했다.

정부 차원의 인력양성뿐만 아니라 버락 오바마(Barack Obama) 미국 대통령이 한국의 교육열에 대해 언급할 정도로 무엇보다 우리나라의 교육열은 가히 세계 최고 수준이라고 할 수 있다. 1999~2009년 기준으로 우리나라의 대학 졸업자 증가율이 연평균 5%대에 육박하여 OECD 국가 중 다섯 번째로 높을 뿐만 아니라 미국 내 유학생수 측면에서도 중국, 인도에 이어 우리나라의 유학생이 세 번째로 많은 것으로 조사되고 있다.

특히 산업발전 초기 저기술 위주에 머물러 있던 IT 산업이 반도체, 휴대폰, 컴퓨터, 디스플레이 등 고기술의 IT 산업으로 발전하는 데에는 고등교육을 중심으로 한 남다른 교육열이 크게 기여했다고 할 수 있다. 우리나라의 우수한 인적자원은 기술혁신 역량을 나타내는 각종 지표에서도 잘 나타나고 있는데 OECD 국가 중 인구 백만 명당 특허출원건수 1위, 근로자 1,000명 당 연구인력 8위, GDP 대비 R&D 지출 3위, 이공계 대학 졸업자 비율 2위 등으로 상위에 랭크되어 있다.

IT 신제품에 열광하는 열정적인 소비자들이 있었기에 가능했다

다른 어느 나라에서도 찾아보기 어려운 열정적인 소비자들이 우리나라 IT 산업의 경쟁력 확보에 일조했다고 평가할 수 있다. 한국은 해외시장에서 까다롭기로 소문난 소비자 덕분에 이미 휴대폰, LCD 등 IT 제품 분야에서는 세계적인 테스트 베드(신제품 시험무대)로 확실한 이미지를 구축했을 뿐 아니라 아시아 및 글로벌 시장을 공략하기 위한 테스트 마켓으로서도 확고히 자리잡고 있다.

마케팅 관점에서는 소비자가 직접 상품개발을 요구하거나 아이디어를 제안하게 하여 신제품을 개발하고 고객만족을 극대화하는 전략을 '프로슈머(Prosumer)' 마케팅이라고 한다. IT 업계에서는 프로슈머 마케팅을 적극 활용하여 최신 기술과 신제품에 민감한 얼리어답터 고객을 중심으로 베타 버전을 배포한 후 사용후기 등을 통해 소비자들의 의견을 수렴하고 제품개발에 반영함으로써 경쟁력을 확보할 수 있었다.

스마트 시대의 경영 환경에서는 더욱더 까다로워지는 고객 니즈 충족을 위한 제품과 서비스의 다양화 요구와 더불어 점차 산업간 경계가 모호해 지면서 변화의 속도가 가속화되고 경영의 불확실성은 증폭되고 있다. 이제 기업들은 프로슈머 마케팅에서 한걸음 더 나아가 개방형 혁신인 '오픈 이노베이션(Open Innovation)'을 통해 다양한 고객채널 확보 및 외부와의 네트워크를 형성해야 할 필요성이 커지고 있다.

원래 오픈 이노베이션은 기업이 연구, 개발, 상업화 과정에서 기업, 정부, 대학 등 외부 파트너의 기술 혹은 아이디어를 공유 · 활용해 융합과 혁신의 시너지를 창출하는 전략을 지칭하는데 최근에는 소셜네트워크서비스(SNS) 활성화로 오픈 이노베이션 채널이 소비자에게까지 확장되면서 소비자가 기업에 창조적인 아이디어 및 의견을 제안하는 문화가 형성되고 있다.

한국 IT 산업이 건설산업에 주는 시사점

앞서 우리나라 IT 산업이 경쟁력을 갖게 된 원천으로 정부의 IT 산업 육성의지 및 정책지원, 트렌드에 발 빠르게 대응한 기업들의 경영능력, 높은 교육열에 기반한 우수한 인적자원과 기술혁신 역량, 그리고 열정적인 소비자들의 힘 등으로 압축하여 설명하였다. 이러한 IT 산업의 글로벌 경쟁력 원천들은 다른 산업들이 벤치마킹할만한 중요한 시사점들을 던져주고 있다고 할 수 있다. 그렇다면, IT 산업이 건설산업에 주는 시사점이라면 어떤 것들이 있을까?

첫째, 정부는 건설산업이 지향해야 하는 방향과 비전을 제시해야 한다. IT 산업과 마찬가지로 공공재, 인프라로서의 특성이 강한 건설산업의 경우 앞서 언급한 바와 같이 정부가 단순히 산업을 규제하는 것이 아니라 보다 넓은 시각에서 건설산업의 나아갈 방향을 선도해야 할 필요가 있다. 특히 글로벌 경쟁이 가속화되고 있는 지금의 현실에서 건설산업을 선도할 수 있는 컨트롤 타워로서의 정부의 역할이 어느 때보다 중요하다고 할 수 있다. 즉, 시대를 내다보고 급변하는 미래를 주도할 수 있는 국가차원의 비전을 제시하고 전략을 마련하는 것이 시급하다. 정부의 역할이 기업 및 산업 규제에만 머물 것이 아니라 우리 기업들이 글로벌 리더십을 확보할 수 있도록 지원하는 선제적인 역할이 요구되고 있으며 민간 영역에서도 이러한 정부의 역할을 적극적으로 요구할 필요가 있다.

둘째, 건설기업은 건설 트렌드에 신속하게 대응해야 한다. 우리 기업들도 기업하기 좋은 환경을 구축하기 위해 정부의 역할을 적극적으로 요구하고 공동의 노력을 경주하는 한편 세계 유수의 글로벌 기업들과 어깨를 나란히 하여 경쟁할 수 있도록 자생적인 경영능력을 확보하는데 기업의 사활을 걸 수 있어야 한다. 특히 최근의 기술 및 경영 트렌드가 빠르게 변화하고 있는 만큼 이러한 변화에 신속히 대응할 수 있는 경영능력이 요구되고 있다. 무엇보다 글로벌 경쟁력을 획득하기 위해서는 선도기업들의 성공사례를 단순 분석하는 것에 그치는 것이 아니라 잠재되어 있는 고객의 니즈를 파악하여 기존의 선도기업을 넘어설 수 있는 새로운 부가가치를 창출할 수 있어야 한다.

셋째, 우수한 인력을 확보하고 기술개발을 강화해야 한다. 과거 IT 산업을 주도했던 선도기업들이 어려운 환경 속에서도 할 수 있다는 신념과 우수한 인재 유치, 과감한 투자, 기술혁신 역량 확보를 통해 IT Korea의 기적을 이루어낸 성공사례들을 참고할 필요가 있다. 특히 우리나라의 IT 산업이 지금의 글로벌 경쟁력을 갖춘 데에는 우수한 인재 유치 및 기술 역량 확보를 통해 초기 라디오, 브라운관 TV 등의 저기술 제품에서부터 반도체, 휴대폰, LCD, 컴퓨터 등 첨단 고기술 IT 제품으로의 고도화를 이루는데 성공했기 때문이라는 점을 주목할 필요가 있다.

끝으로, 고객을 감동시키고 그들의 의견을 상품개발에 적극 반영해야 한다. 한 기업이 급변하는 시대적 흐름을 신속히 포착하는 한편 유연하게 대응할 수 있는 역량과 솔루션을 모두 갖추는 것은 불가능에 가깝다고 할 수 있다. 또한 지식 원천이 다양해지고 있을 뿐만 아니라 혁신 사이클이 가파르게 단축되면서 다양한 분야간 융·복합이 요구되고 있다. 이에 시장 선도기업들은 상품 기획에서 마케팅에 이르기까지 고객의 힘을 적극적으로 활용할 필요가 있으며 외부 네트워크를 활용한 오픈 이노베이션을 통해 다양한 소비자들의 니즈와 혁신에 대한 요구를 만족시킬 수 있는 준비가 되어 있어야 한다. 최근 IT 기술 및 인터넷 환경이 발달하면서 소셜 미디어와 소셜 네트워크 서비스가 활성화되어 과거 어느 때보다 소비자들의 의견을 수렴하고 이를 제품 및 서비스에 반영할 수 있는 기회가 확대되고 있으며, 우리 기업들은 이를 적극적으로 활용할 필요가 있을 것이다.

혁신이 한국 반도체와 휴대폰산업을 이끌었다

박정호 교수_고려대학교 전기전자전파공학부

한국 반도체와 휴대폰산업의 글로벌 경쟁력 포지션

우리나라는 반도체, 정보통신 및 디스플레이 분야에서 세계 최고의 기술력을 보유함으로써 명실공히 세계 속의 IT 강국으로 자리잡고 있다. 특히 메모리 반도체, 스마트폰, 디스플레이 3대 주요 품목은 전체 수출의 70%를 차지하는 등 세계 최고 수준의 글로벌 지배력을 입증하고 있다. 오늘날 우리나라가 반도체 및 정보통신 분야에서 세계 정상의 기술력을 과시할 정도로 성장할 수 있게 된 이유는 정부의 정책적 지원, 기업의 과감한 연구 개발 투자, 그리고 근면하고 우수한 인력들의 지속적인 선행 연구 및 생산 활동에서 기인한 것이라 할 수 있다.

우리나라 반도체 산업이 글로벌 경쟁력을 갖게 된 배경을 살펴보기로 하자. 1960년대까지는 주로 중화학공업 및 조선산업이 국가의 지원을 받으며 성장해 나갔으나, 1960년대 후반에 들어서면서 박정희대통령이 과학기술 발전의 중요성에 대해 역설하면서 한국과학기술연구소(現 한국과학기술연구원(KIST))가 최초로 설립되었다. 이로써 본격적인 반도체 산업에 대한 연구개발이 시작된 것이다. 당시의 반도체 산업은 미국과 일본이 주로 장악하고 있었기 때문에 국내의 기업들은 반도체라는 굉장한 고부가가치의 제품에 관심이 많았으면서도 워낙 생소한 분야이기에 투자에 반신반의 하는 실정이었다.

그 와중에도 당시 반도체 패키징 사업은 성공적이었는데, 이는 국내 반도체 사업 정착의 신호탄을 쏘아올린 중요한 계기가 되었다. 즉, 각 기업들의 반도체 사업 참여를 유도하게 된 시발점이었다고 할 수 있다. 중화학공업 및 섬유 산업이 주를 이루었던 그 시절 반도체 산업을 국내에 정착하게 할 수 있었던 가장 큰 이유는 바로 정부의 강력한 전자 산업 육성 정책과 더불어 기업들의 반도체 시장으로의 과감한 도전과 투자가 있었기 때문이라 할 수 있다.

한국의 글로벌 챔피언 산업으로 등장하기까지

1980년대부터 사회적으로 전기, 전자 분야가 미래의 고 수익원으로 꼽히면서 삼성, 금성(현 LG), 현대, 대우 등의 대기업들이 본격적으로 고부가가치의 반도체 사업에 뛰어들기 시작했다. 이들은 인구밀도가 비교적 높고 천연 자원이 극히 부족한 우리나라 여건상 풍부한 인적 자원은 반도체 제품 대량 생산에 적격이라고 판단했다.

반도체 산업은 그 특성상 과학기술 분야의 최첨단을 달리는 지식 집약적 산업이라 할 수 있다. 따라서 이 시기에 반도체 사업에 뛰어든 기업들이 반도체 사업의 기반을 닦기 위해 가장 먼저 했던 일은 바로 우수한 해외 연구인력들을 앞 다투어 확보하는 것이었다. 반도체 산업은 기술 혁신이 매우 빠르게 이루어지기 때문에 더욱 그러하다. 결국 장기적인 안목으로 해외 유학생 및 박사급 인재 확보에 투자하여 연구 및 개발 역량 강화에 집중하자는 의도였으며, 이는 곧 선진국 수준의 초고집적 회로 기술 보유국으로의 진입을 이끌어낸 64KD램 메모리 반도체 개발 성과로 증명되었다.

64KD램 메모리 반도체의 자체 기술 개발은 대한민국 반도체 역사상 가장 큰 전환점이자 중요한 의미를 지닌다. 미국과 일본 같은 반도체 선진국에서는 이미 상용화되고 있는 기술이었지만 우리나라는 자체적인 기술력 확보를 위해 개발을 시작한지 5~6년만에 이뤄낸 쾌거이며, 반도체 기술 선진국으로의 첫 발을 내딛는 중요한 사건이었던 것이다. 이렇듯 미국과 일본보다 훨씬 늦게 뛰어든 반도체 사업 분야였음에도 불구하고 기술 격차를 크게 앞당길 수 있었던 것은 우수한 기술 인력 확보와 기업의 과감한 투자가 뒷받침되었기에 가능한 것이라 할 수 있다.

이와 더불어 향후 대한민국 경제 발전의 중추적 역할을 담당할 분야는 전자 산업임을 확신한 정부의 적극적인 반도체 산업 육성정책이 있었기에 메모리 반도체 자체 기술 개발의 시기를 더욱 앞당길 수 있었다고 할 수 있다. 대기업의 반도체 공장 증설에 대한 정부의 아낌없는 지원 및 다양한 국책 연구과제의 실행이 좋은 사례이다. 이것은 많은 일자리 창출과 반도체 산업 전문 인력 양성이라는 긍정적 효과를 가져다주었다.

이후 한국의 메모리 반도체 기술력은 승승장구하며 미, 일 반도체 선진국의 기술을 급속도로 따라붙었고 급기야 1996년도에는 기가바이트급의 메모리 시장의 시대를 한국이 선도하게 되었다. 64KD램에서 기가바이트급 메모리까지 불과 13여 년만에 일구어낸 눈부신 성과는 당시 개인용 컴퓨터 보급의 확대 및 각종 전자 기기의 발전 등으로 인한 전 세계적인 반도체 수요 증가와 시기가 잘 맞아떨어진 것도 한 몫 했다고 할 수 있다. 이 메모리 반도체 분야에서의 엄청난 성과는 이후 한국이 디스플레이 패널 및 휴대폰 시장에서 주도권을 잡을 수 있게 한 기폭제가 되었다고 해도 과언이 아닐 것이다.

한국이 독자적으로 메모리 반도체 기술을 개발하기 시작한지 10여년이 조금 지난 1990년대 중반 이후부터 현재까지 우리나라는 세계 1위의 반도체 기술 강국이 되어 있었다. 물론 한국의 반도체 산업은 몇 차례 위기를 겪기도 했다.

첫 번째 사례로, 1990년대 초반 미국의 우리나라 반도체에 대한 반덤핑 소송을 들 수 있다. 당시 한국 반도체 수출 가격이 상대적으로 미국과 일본에 비해 무척 낮았고 이를 견제하기 위해 미국이 카드를 들고 나온 것인데, 당시 우리 정부의 적극적인 노력으로 한국의 반도체 산업의 상승 분위기를 다시 이어갈 수 있었다.

두 번째로는, 1997년 찾아온 IMF 경제 위기의 한파 속에서 기업들 간 구조조정이 한창 진행될 당시 현대전자와 LG반도체의 통합 과정이 그 예이다. 우리 정부는 수출에서의 가장 큰 효자 업종인 반도체 산업을 항상 주시하고 있었고, 적자 폭이 큰 두 대기업 간 반도체 사업의 통합에 적극적인 의지를 천명했다. 두 기업 모두 고부가가치 사업인 반도체 사업에서 손을 완전히 떼는 것은 쉬운 결정이 아니었으나 정부의 조율에 의해 현대전자(現 하이닉스 반도체)에 의해 통합되는 것으로 결론을 지었다. 대기업 간 과열된 국내 반도체 사업 조정의 일환으로 실시한 정부의 적극적 개입은 외환 위기라는 당시 상황의 특수성이 있었기 때문이었으나 결과적으로 세계 메모리 반도체 시장 점유율 1, 2위를 우리나라가 차지할 수 있는 기반을 만들어 준 요인이라 할 수 있다. 그 이유는 통합 과정을 거치면서 각 기업에 흩어져있던 우수한 연구 및 개발 인력들이 한 곳에 모여 신제품을 개발하는 시간을 훨씬 앞당길 수 있었기 때문이다.

부가가치 창출을 높인 반도체와 휴대폰산업

우리나라 D램 메모리 반도체 산업의 독보적인 기술력 확보는 타 IT 기기 산업에서의 글로벌 경쟁력을 갖추는 데 큰 자신감을 불어 넣어주었다. 이는 세계시장에서 최고의 시장 점유율을 보유하고 있는 스마트폰 및 액정 디스플레이 표시장치 사업에서도 마찬가지이다.

스마트폰 산업에서 성공한 사례를 살펴보자. 21세기에 진입하면서 점차 PC에서 휴대용 단말기로 정보 이용 방식이 변화했으며, 정보량의 급격한 증가와 급속도로 발전하는 IT 제품들의 성능에 대한 요구에 의해 정보통신 기기 산업이 새로운 고 수익 창출 산업으로 각광받게 되었다. 삼성전자 갤럭시S 시리즈의 경우 2012년 3, 4분기 세계시장의 약 33%를 점유하여 애플 사와의 격차를 약 18%까지 벌려놓았다. 앞서 설명한 D램 메모리 반도체 성공과 더불어 우리나라는 스마트폰 산업 분야를 통해 IT 산업 분야에서의 성공 신화를 한번 더 이룩하고 있는 셈이다.

본격적인 스마트폰의 역사는 2007년 애플 사의 아이폰 출시로 보고 있지만 일각에서는 2008년 응용프로그램시장인 '앱 스토어'의 등장으로 보는 이들도 있다. 어쨌든 2009년에 이르러 스마트폰의 열풍이 전 세계적으로 불기 시작했고, 기존의 피쳐 폰(Feature Phone : 스마트폰이 아닌 저 성능 휴대폰을 통칭)의 열기는 빠르게 식어가기 시작했다. 전 세계 휴대폰 시장의 규모는 약 15억 대 이상으로 추정되며, 2009년 당시 전체 휴대폰 시장에서 스마트폰이 차지하는 비중은 약 10% 초반에서 2013년 현재 50%에 육박하며 가파른 성장세를 보이고 있다. 현재 한국의 삼성전자는 스마트폰 시장에서 점유율이 애플에 1.8배 이상 앞서고 있으며, 메모리 반도체에 이어 스마트폰 사업에서도 세계 1위의 위상을 이어나가고 있다.

반도체와 휴대폰산업의 글로벌 경쟁력의 핵심

우리는 스마트폰 시장에서 삼성의 빠른 성공과 노키아의 쇠퇴과정을 통해 몇 가지 교훈을 얻을 수가 있다.

첫째, 현재의 사업 수익 구조가 안정화 되어 있다고 해서 안주하지 말며 고수익의 신 사업 분야를 꾸준히 개척하고 미리 대비할 수 있어야 한다. 삼성의 스마트폰 사업의 경우 2009년 초기 점유율이 4위에 그쳤으나 불과 2~3년만에 시장 점유율 1위에 등극할 수 있었던 것은 신 사업 분야에 대한 신속한 대응과 사전 대비가 있었기 때문이다. 또한 스마트폰 보급율이 급속히 증가할 것으로 예상되는 중국, 인도와 같은 신흥 대규모 시장을 발 빠르게 개척해나가는 혜안을 갖춘 점도 성공요인 중의 하나로 들 수 있다. 이것은 시장의 흐름을 정확히 예측하고 발빠르게 대응하는 능력에 달려있다고 볼 수 있다. 노키아의 사례에서 이 증거를 찾아 볼 수 있는데, 노키아는 피처 폰 사업 구조의 사고에서 쉽게 탈피하지 못하고 향후 전개될 스마트폰 시장 대응력 부족으로 휴대폰 사업 분야에서 큰 손실을 맞아야 했다. 한 때 휴대폰 시장 1위였던 노키아는 현재 브랜드 가치의 몰락뿐만 아니라 직원 1만 명 정리해고의 구조 조정 등 회사의 전반적인 기둥마저 흔들리고 있는 실정이다.

둘째로, 경영 주체의 과감한 도전 의지와 투자, 그리고 신속한 제품 개발 능력을 들 수가 있다. 역량을 집중할 가치가 큰 시장의 흐름을 정확히 예측 · 판단하였다면 그 분야의 기술을 가장 먼저 선점하여 시장을 항상 리드할 수 있어야 한다. 이를 위해 우수한 연구 및 개발 인력들의 확보와 이를 기꺼이 지원할 수 있는 투자 능력이 뒷받침되어야 할 것이다. 또한 기술 경쟁이 극심한 IT기기에서 신기술이 적용된 제품을 단기간 내에 개발하여 양산 · 공급할 수 있는 신속한 제품 개발과 대량 생산 능력을 구비해야 글로벌 경쟁사의 추격을 따돌릴 수 있을 것이다.

셋째로, 끊임없는 인적 · 물적 혁신의 자세가 무엇보다 필요하다. 세계 1위 휴대폰 기업이었던 노키아가 급격히 쇠퇴하게 된 이유 중 하나는 기존의 휴대폰 시장 1위 기업으로서의 브랜드 명성에 기대고자 했던 자세와 구매자의 시대적 요구에 귀를 기울이지 않았던 탓도 있을 것이다. 반면, 삼성의 경우 제품의 공학적 기술력 이외에 스마트폰 사용자의 생활 스타일 변화와 요구에 끊임없이 대응하여 신제품에 적용하는 자세가 세계 휴대폰시장 1위를 탈환한 원동력 중 하나라 할 수 있다.

반도체와 휴대폰산업이 타 산업에 주는 시사점

우리나라 메모리 반도체 산업과 스마트폰 산업이 짧은 기간에 세계 최고 수준의 글로벌 경쟁력을 가질 수 있었던 요인들 중에서 몇 가지 공통점을 발견할 수 있다.

첫째, 호황기와 불황기의 사이클을 정확히 예측하고 대비할 수 있는 현명한 자세를 갖추어야 한다. 즉, 사업을 지휘하는 경영 주체의 시장 예측 안목과 그에 걸맞는 과감한 결단과 투자가 사업의 흥망에 영향을 미칠 수 있다는 사실이다. 또한 시대가 요구하는 제품의 시기와 추진하고자 하는 사업과도 적절하게 맞아떨어져야 큰 효과를 볼 수 있다.

둘째, 우수한 기술 개발 인력의 확보가 중요하다. 예를 들어, 다양한 산업 분야에서 1위를 차지하고 있는 국내외 기업들을 살펴보면 연구 및 개발에 대한 투자 비중을 중요시하는 것을 볼 수가 있다. 이것은 우수 개발 인력 확보를 통한 연구 및 개발에 대한 투자가 사업의 성패에서 얼마나 큰 비중을 차지하는지를 말해준다. 따라서 우수한 인재 확보에 대한 투자를 결코 지체해서는 안 될 것이다. 항상 구매자의 요구를 읽을 줄 알고, 다음 세대의 제품을 한 발 앞서 개발해 낼 수 있는 기술 개발 능력을 갖춰야 한다는 뜻이다.

셋째, 우리나라 IT 산업이 단기간 내에 세계 최고 수준의 기술력을 보유할 수 있었던 것은 정부의 적극적인 관심과 육성정책이 있었기에 가능할 수 있었다. 앞서 설명했던 것처럼 정부의 적극적인 과학기술 육성 정책이 반도체 선진국과의 반도체 기술 격차를 단기간에 극복하는 발판을 마련해 주었다고 해도 과언이 아니다.

이처럼 국가의 적극적인 관심과 지원이 특정 산업 분야의 글로벌 경쟁력을 갖추는데 얼마나 큰 영향을 미치는지 알 수 있다. 결국 특정 산업 분야를 활성화 시키고 동시에 글로벌 경쟁력을 갖추게 할 수 있는 바탕은 기업 경영 주체의 정확한 시장 예측 능력을 토대로 한 과감한 도전, 우수 인재 확보 및 연구 및 개발에 대한 적극적인 투자, 더불어 국가의 정책적 지원과 적극적인 의지가 조화를 이루어야 가능하다고 할 수 있다.

미래에 대한 확신이 한국 조선산업을 키웠다

신종계 교수_서울대학교 조선해양공학과
최길선 회장_한국플랜트산업협회

한국 조선산업의 글로벌 경쟁력 포지션

1970년 초부터 세계 조선산업에 뛰어든 한국 조선산업의 글로벌 경쟁력 포지션은 '국내 1등=세계 1등'으로 인식될 만큼 세계 최고 수준에 올라있다. 10년 전부터 건조량 기준으로 세계 1위로 올라선 이후 현재까지 세계 10대 조선사 가운데 5위까지가 한국 조선사들이 차지할 만큼 막강하다.

국내 조선산업이 세계 1등 산업으로 자리매김한 것은 기술력(질)과 건조량(양), 그리고 원자재의 국산화율이 85% 이상이라는 점에서 가장 바람직한 산업 모델을 보여주고 있다(삼성경제연구소 2009). 조선산업의 기술력 척도를 나타내는 설계기술, 생산기술 및 관리기술력에서 건조량 기준 세계 2위인 중국보다는 월등하게 높고 한때 세계 조선 최강국으로 불렸던 일본보다 생산기술력에서 앞서 있다. 건조량과 톤당 가격을 표시하는 부가가치 지수($/ton)에서도 평균 값 1.00 이상인 선박건조에 집중되어 있으며, 부가가치가 높은 LNG선, 해양플랜트 등에서 세계 2위인 중국조선보다 앞서 있다.

세계적인 조선건조 전망기관(Clarkson 2009)의 조사에 따르면 성장성을 나타내는 수주잔량과 인적자원 기반 확보에서도 외국에 비해 우위를 가지고 있어 한국 조선산업의 글로벌 경쟁력 위상은 향후에도 상당기간 지속될 것으로 예상된다. 건조량 기준 세계시장 잔량도 한국이 36.1%로 중국의 29.4%, 일본의 17%보다 많다. 국내 중대형 조선사가 고용하고 있는 11만 3,000명 중 대졸 이상의 설계인력이 12.8%로 일본보다 4배 이상 많을 뿐만 아니라 국내 16개 대학에서 매년 900명 이상의 전문인력을 배출하고 있어 향후에도 양질의 인적 기반은 지속될 것으로 예측된다.

한국 조선산업의 경영전략

글로벌 시장에서 세계 최고의 경쟁력을 유지하고 있는 국내 조선사들의 경영전략이 현재의 한국 조선산업을 가능케 한 이유는 다음과 같이 요약할 수 있다.

첫 번째로 지목할 수 있는 경영전략의 핵심은 글로벌 시장에서 한국 조선사들이 택하고 있는 경쟁력 포지션이다. 한국 조선산업보다 훨씬 앞선 유럽과 일본 조선사와 후발주자인 중국 조선사 사이에서 택해야 할 경쟁의 차별화 전략이 그것이다. 선진 조선사들과 품질과 기술력은 대등하게 갖추되 가격은 낮거나 같게, 납기일은 보다 짧게하여 경쟁력 차이를 벌리는 전략이다. 또한 신흥국 조선사들과의 경쟁에서는 기술력과 품질은 더욱 높게, 가격은 같거나 높게, 납기일은 보다 짧게 함으로써 고난도 기술력을 필요로 하는 높은 부가가치의 LNG선이나 해상플랜트시설 등을 주력 상품으로 선택하는 전략을 펼쳤다.

두 번째 전략은 글로벌 시장에 대한 수요와 새로운 상품 개발이다. 한국 조선산업은 초기부터 내수시장보다는 해외시장, 국내 선주들보다는 글로벌 선주들의 수요에 눈높이를 맞췄다. 다시 말해 글로벌 선주들의 입맛에 맞춘 기준을 국내시장에도 그대로 적용하여 상품과 선주들의 수요에 대응함으로써 국내외 차이를 없애는 전략을 펼쳤다.

경영전략의 세 번째 특징은 인재를 중시하는 인재기반 구축 경영전략이다. 글로벌 시장의 증감과 관계없이 양질의 인력을 그대로 유지할 뿐만 아니라 지속적인 교육과 현장 학습을 통해 지식의 숙련도와 완성도를 높여갈 수 있는 조직 및 인적 양성 기반을 유지하는 경영이다. 인재 중심 경영은 일본이 경영난을 이유로 신규 인력을 양성하지 않아 세계시장에서 한국 조선산업에 추월당한 것과 대조적이라는 점에서 상당한 설득력을 가진다.

네 번째 전략은 선박 수요 부침에 대응하는 상품과 사업모델 선택의 유연성 확보다. 한국 조선사들은 선박 중심에서 부가가치가 높은 육상플랜트는 물론 해양플랜트, 발전에너지와 신재생에너지 생산설비까지 상품 생산에 대한 포트폴리오를 확대해가고 있다. 1970년대 중반 세계 해운업 불경기로 완성된 선박 인수를 거부하는 사태에서도 인도가 거부된 선박을 활용하여 해운업에 진출하는 사업모델을 창출한 것은 한국 조선기업 경영전략의 유연성과 신속성을 보여주는 단면이라고 하겠다.

다섯 번째로 지목할 수 있는 경영전략의 특징은 상품과 기술의 차별화 전략이다. 양질의 인력을 저임금으로 활용했던 성장기에는 고급기술을 필요로 하는 높은 부가가치의 선박보다는 벌크선, 유조선 그리고 컨테이너선 등을 중심으로 일감을 확보하여 경험과 실적을 쌓아갔던 것이다. 이후 경제성장으로 소득이 높아짐에 따라 임금 상승이 불가피한 상황을 미리 인식하여 선진국 조선사들의 독무대였던 LNG선박이나 해양플랜트로 상품시장을 옮겨가기 위해 기술격차 해소를 위한 전략을 선택했다. 세계 조선산업의 규격과 품질, 성능 등을 좌우하는 영국으로부터 기술기준과 품질관리, 검사기술을 도입했고 선박건조기술 강국이었던 독일, 덴마크 등 서유럽 조선사로부터는 기술교육과 선진기술을 도입한 것이 현재 한국 조선사들의 기술경쟁력 기반을 다지게 된 배경인 것이다.

여섯 번째 경영전략은 노사간 상생을 바탕으로 한 건강한 노사문화 정착 전략을 꼽을 수 있다. 근로자들을 선박 생산을 위한 투입 요소로 보기보다 생존과 성장을 위한 경영의 파트너로 본 것이다. 고용자와 피고용자라는 수직적 고용구조보다 수평적인 동반자로 보는 시각에서 경영정보를 공개하고 공유함과 동시에 작업장의 생산근로자(Blue-Collar)와 사무직(White-Collar)간 급여 차이도 생산성과 연계시켜 줄여감으로써 근로자가 직업 자체를 만족할 수 있도록 하였다. 이는 직업에는 귀천이 없음을 보여주는 모범적 사례로 꼽을 수 있겠다.

일곱 번째 경영전략은 시장 부침에 대한 리스크 분산과 신속하고 과감한 대응전략 수립이다. 어느 상품이나 시장이 항상 성장만 하는 것은 아니다. 선박 주문은 당연히 해운업의 부침에 영향을 받는다. 주문생산인 산업은 절대 안정된 시장을 보장받지 못한다. 이에 한국 조선산업은 구조조정을 반복함으로써 피로감을 누적시켜 종업원들의 회사에 대한 충성도를 저하시키는 보편적인 경영기술과는 반대로 인력의 구조조정보다 상품과 시장의 구조조정, 즉 다양화 전략을 통해 새로운 사업과 일감을 확보하는 전략을 선택한 것이다. 안정된 수입이 보장되지 않는 시장 상황에서도 새로운 일감 확보를 위해 비용을 줄이기보다 시장의 파이를 키우는 투자 전략은 과감한 결단과 신속한 경영적 판단이 없으면 불가능한 전략이라는 점에서 차별화가 눈에 띈다.

마지막으로 여덟 번째 전략은 관련 산업과의 동반자적 협력 관계를 맺어 상생의 효과를 극대화하는 것이다. 프로펠러, 방향타(러더) 등 선박에 들어가는 각종 기자재산업의 국산화율을 높이고, 강재산업과는 TMCP(Thermo-Mechanical Control Process)강, 극지용 강 등 다양한 선박용 후판 강재의 지속적인 개선을 위해 다양한 산 · 학 · 연 기관과 공동연구개발에 참여하기도 하였다. 또한 한국선급과의 협업을 통해 선박 규정 개선과 사용자 소프트웨어 개발, 정보기술업체와는 새로운 정보기술을 선박과 조선소에 접목하는 등 창의적 신개념을 선도하고 있다.

한국 조선산업 경쟁력의 원천 진단

한국 조선산업이 글루벌 시장 최강자로 자리매김한 배경에는 여러 가지 요소들이 복합적으로 작용한 결과로 보인다. 선진국의 조선산업을 추월한 경쟁력의 원천은 아래에 기술한 바와 같이 일곱 가지 정도로 정리가 가능하다.

첫째, 경영전략이 구호성 혹은 일회성이 아닌 포괄성과 연속성을 유지하고 있다. 경영전략에서 수립된 목표가 실행 가능해지기 위해서는 기술전략 및 기술개발이 뒷받침되지 않으면 의미가 없다. 경영전략에 따라 수립된 목표를 실현시킬 수 있는 기술전략에 의한 기술개발은 '선 목표 후 실행 전략'이라는 경영전략에 가장 적합한 방법이다. 경영과 기술의 융합에 의한 시너지가 제대로 작동된 결과다.

둘째, 기술전략의 실행 및 성과측정 목표를 분명히 했다는 점이다. 아무리 좋은 기술이라고 해도 주문자의 눈높이와 산업의 수준을 뛰어 넘을 수 없다는 점에서 실행과 성과측정은 상당한 파괴력을 가진다. 새로운 상품(선박) 개발보다 이미 상용화된 상품을 생산해내는 데 소요되는 시간과 비용, 그리고 완성된 후 상품의 품질과 성능 등 계량가능한 생산성을 기술 경쟁력 확보의 최종 측정 잣대로 사용했다는 점은 눈여겨 볼 부분이다.

셋째, 조선산업은 선박을 건조하는 특성과 주력 상품이 대규모 선박이라는 점에서 상품기획에서부터 인도까지 전(全) 과정을 한 회사가 한 자리에서 독자 생산하기가 어렵다. 당연히 아웃소싱과 생산 장소의 광역화는 불가피하다. 아웃소싱관리의 핵심은 공급망 관리(SCM) 혹은 공급 네트워크 구축 및 관리, 그리고 아웃소싱기업들의 생산 장소 분할에 따른 효율적인 관리라고 할 수 있다. 한국 조선산업은 유럽이나 일본 등과 달리 동해남부해안을 따라 거제도까지를 잇는 조선산업의 생산집단지(Cluster)를 형성하여 물류 관리와 재고 관리에서 선진국 조선산업과의 경쟁력을 크게 벌릴 수 있는 협력체계를 구축하였다.

넷째, 양질의 풍부한 인적 기반과 지속적인 양성체계 구축이다. 글로벌 시장 부침에 따라 어려운 상황에서도 인재를 미래에 대한 투자로 인식하여 양질의 인력 보유는 물론 기존 인력의 질적 향상을 위해 끊임없는 기술교육을 병행하고 있다. 바로 이러한 투자 덕분에 시장이 활황이 될 때 다른 나라의 조선산업보다 우리 기업의 인력 동원능력과 생산 소화력이 상대적으로 월등히 높다는 평가를 받고 있다.

다섯 째, 세계 최강의 경쟁력을 가진 위치에 있지만 한국 조선산업의 눈높이는 언제나 시장과 선주들의 눈높이에 맞춰 변화의 흐름을 주시하고, 자기 만족보다는 주문자 만족에 보다 우선권을 두고 있다. 즉, 만족의 한계선을 자신이 아닌 주문자 눈높이에 두고 있다는 점은 지속적인 기술개발과 생산성 혁신을 추진할 수밖에 없는 상태를 유지하고 있음을 의미하는 것이기도 하다.

여섯 째, 조선사들의 경영전략과 국가전략이 일치했다. 규모의 경제성을 감안한 산업의 생산구조의 구축이다. 국내시장 수요보다 전 세계시장에서 선진 조선사들과 경쟁하기 위해서는 일정 규모 이상의 '스타 기업'이 필요했다. 모든 조선사들이 균등한 성장이나 크기로는 국제시장에서 경쟁하기가 어렵다는 점을 인식했기 때문에 경쟁 상대별로 대응하기 위한 피라미드형 산업체 조직을 구축했다는 점에서 높은 평가를 받고 있다.

일곱 째, 조선산업의 경기 부침에 대응하기 위해 상품 및 시장의 포토폴리오 전략을 적절하게 구사하고 있다. 세계 10위권 내 국내 조선사들의 출발은 '선박 건조'를 대표하는 '조선소 혹은 조선사'였다. 현재는 대부분 '○○중공업'이란 기업명을 쓸 만큼 상품과 시장의 다양화를 꾀하고 있다. 매출 비중도 해상 및 육상플랜트 상품군이 50% 이상을 넘는다. 선박건조기술과 가치를 공유할 수 있는 중공업 분야, 그리고 물류와 연계할 수 있는 해운업 등으로 사업모델을 다양화시켜 조선산업이 가진 장점과 가치를 확대한 가치사슬(Value Chain) 체계를 구축하여 경쟁력을 높였다.

세계 1등 산업이 가능했던 이유

불모지나 다름없었던 한국에서 조선산업이 국제무대에 등장한 지 30년만에 세계 최고 수준으로 올라 설 수 있었던 것은 기업가적 도전정신과 정부의 정책 지원이 큰 몫을 했다. 거의 바닥 수준에서 출발했지만 선박건조장이 완성되기도 전에 초대형 유조선을 수주했던 것은 기업가적 도전정신이 없었다면 불가능했던 역사적 사건이기도 했다. 아무리 기업가적 도전정신이 있었다고 하더라도 정부의 적극적인 지원이 없었다면 기업의 노력만으로 세계적인 산업으로 성장하기가 어렵다. 정부는 국민들의 일자리와 국가경쟁성장 동력의 한 축으로 조선산업을 지목했다. 정부는 제3차 경제개발 5개년 계획(1972~1976)에 조선산업을 국가의 전략산업으로 지정하여 집중적으로 육성하는 정책을 폈다. '장기 조선진흥계획' 수립을 통해 장기간에 걸쳐 수출산업화 시키는 목표를 설정한 것이다. 분산되어 있었던 중형 조선소를 통합하여 대형화시키고 국가예산으로 선박연구소까지 설립하여 기술지원을 한 결과가 오늘날 한국 조선산업의 위치를 결정하는 데 결정적인 역할을 한 것이다.

정부와 기업의 노력과 함께 기업 내 임직원들의 열린 기술전략 실천 또한 빼놓을 수 없다. 박근혜 정부가 내세우는 창조경제는 'ICT 융합을 통한 새로운 생산'으로 요약된다. 한국 조선산업이 세계 제1의 생산성 경쟁력과 정밀도를 보유할 수 있었던 것은 조선의 건조기술과 ICT 융합을 통해 초대형 블럭공법화(메가에서 기가블럭으로 거대화)함으로써 조선 건조기술이라는 울타리를 벗어났기 때문에 가능했던 것이다. ICT 융합기술을 개발하기 위해 기존에 익숙해져 있던 전통적인 조선 건조프로세스를 혁신했기 때문에 기가블럭공법이 탄생한 것이다. 또한 조선소 내 정보를 통합하는 조선소의 디지털화, 조선공정을 사이버 공간에서 시뮬레이션하는 디지털 건조시스템, 조선 생산관리시스템, 선박의 디지털화 등도 ICT 융합기술이 적용된 사례이다.

한국 조선산업이 국내 타 제조산업과 다른 점이 있다면 내적으로 경영진, 직원, 기능원이 회사 경영방침과 정보를 공유하는 동반자적 분위기를 만들어 모범적인 노사관계를 구축했다는 점이다. 외적으로는 아웃소싱 대상인 협력업체들과 생산 클러스터를 형성하여 주문과 제작, 보관과 운반 등에 소요되는 시간과 재고 누적으로 인한 손실을 최소화시켜 '다른 회사, 같은 배'라는 상생체계를 갖췄기 때문에 세계 1등이 가능했다.

타 산업에 주는 시사점

한국 조선산업이 개별 기업의 영리를 떠나 한국을 대표하는 국민경제 기간산업으로 올라서서 고용 창출은 물론 소요 원자재를 85%까지 국산화시켜 타 산업의 모범이 되고 있다는 점은 타 산업에 여러 면에서 시사해 주는 바가 크다. 한국 조선산업이 국내 타 산업에 주는 시사점을 정리하면 다음과 같다.

첫째, 한국의 경제 규모는 정책이나 정부 지원에 의존하는 시대는 이미 지나갔음을 인식해야 한다. 세계 조선 및 해양 플랜트시장은 살아 움직이는 생물시장이다. 조선산업 자체가 수주산업이라는 점에서 후방산업 성격이 강하다. 신 시장과 신 상품 개발은 경영진 및 직원들의 기업가적 도전정신으로 무장되어 있지 않으면 불가능한 것들이다. 세계시장 흐름에 언제든 대응할 수 있는 기업가적 도전정신은 타 산업에 줄 수 있는 오늘날의 가장 의미 있는 시사점이기도 하다.

둘째, 기업주와 경영진, 경영진과 종업원, 종업원과 종업원 사이의 신뢰 구축은 건강한 노사관계를 형성하는 데 필수적인 요소다. 폐쇄적 혹은 독단적인 기업주와 경영진에 의해 훼손되는 신뢰도는 결과적으로 기업과 산업의 건강한 발전을 가로막는 방해꾼이 될 수밖에 없다는 점에서 노사간 신뢰를 기반으로 한 경영은 타 산업에도 모범적 사례로 평가받을 만하다.

셋째, 주문생산이라는 점에서 기업이나 종업원의 눈높이가 아닌 주문자(선주) 혹은 시장 수준에 맞추고 있다는 점이다. 세계 1등 산업이지만 그 위치에 만족하기보다 시장과 주문자의 눈높이 변화를 상시 모니터링하고 선제대응한 점은 타 산업에도 중요한 시사점을 주기에 충분하다.

넷째, 시장의 수요와 타국의 경쟁 상대를 주시하면서 한국 조선산업이 가야할 진로와 현재 위치를 정확하게 평가하고 필요한 기술력을 개발하는 '선택과 집중' 전략을 들 수 있다. '짚신 장사가 잘 된다고 짚신 장사로, 망건 장사가 잘 된다고 망건 장사로 나서서는 절대로 위기를 극복 할 수 없다'는 고(故)정주영 창업주의 발언은 현재 타 산업에 줄 수 있는 중요한 교훈이다.

다섯째, 새로운 기술과 상품 생산을 위한 열린 기술전략이다. 다가올 미래는 융합이 주도할 것이라는 견해에 대해서는 누구도 의심하지 않을 것이다. 우리나라 정부가 내세우는 창조경제도 융합기술에 바탕을 두고 있을 만큼 영향력이 큰 화두다. 세계 제일을 자랑하는 한국 조선산업의 생산성을 혁신적으로 증가시키는 다양한 생산관리시스템과 새 공법인 '육상 건조', '기가블럭공법'은 ICT기술과 조선산업의 건조기술프로세스를 융합시켰기 때문에 가능했다.

여섯째, 아웃소싱업체들과 협력의 시너지를 공유하는 공급망 구축과 함께 생산단지 집단화를 통한 효율성 극대화 체계를 구축하여 손실은 적게, 이윤은 많게 할 수 있는 기반을 가능케 한 동반자적 관계 구축이다. 협력업체를 1회성 협력이나 하도급자로 보기보다 함께 생존하고 성장하는 동반적 관계를 구축함으로써 한국은 물론 전 세계 산업체들이 가야할 길을 보여주고 있다고 하겠다.

일곱째, 세계시장에서 경쟁하기 위해 산업의 생산구조를 '강한 기업은 더 강하게, 약한 기업은 집단화를 통해 체력 보강'하는 전략이다. 내수시장에서 물량배분을 통한 하향평준화보다 세계시장에서 경쟁해야 할 기업의 규모를 초대형화시켜 경쟁하게 만드는 체제인 피라미드식 구조는 타 산업에도 그대로 적용될 수 있다. 한국의 경제성장이 중소기업 중심의 단계적 성장보다 대기업과 그룹사로 대변되는 기업집단에 의해 주도되어 왔다는 점에서 불가피한 선택이었다. 즉, 글로벌 최고 기업들과의 경쟁을 위해서는 정부와 산업의 생산구조 선택이 필요하고 또 공유되어야 가능하다는 점이다.

여덟째, 정부의 정책과 제도에 의존하기보다 산업과 기업 스스로의 노력에 더욱 비중을 두어야 시장 위기를 극복할 수 있는 역량이 커진다는 점이다. 경제발전이 일정 단계에 도달하기까지는 정부 재정과 정책이 산업을 주도하는 게 불가피하다. 어느 국가든 정부 재정은 한계가 있게 마련이다. 특히 우리나라의 경우 정부 스스로 경제력을 창출하여 재정을 확충할 수 있는 방법이나 기회가 전무했다. 천연자원이나 관광자원 등 정부가 보유할 수 있는 재산권이 없다는 의미다. 과거 개발 단계에서 정부가 주도할 수 있었던 것은 재정여력이 있었기 때문이다. 재정여력이 소진된 현재와 미래는 한국경제에서 산업과 기업들이 생존하기 위해서 스스로의 노력이 생존과 성장의 필수조건임을 깨달아야 할 것이다.

한국 자동차산업은 건설산업의 성장모델이 될 수 있다

김현철 교수_서울대학교 국제대학원

자동차산업과 한국경제

세계적인 경기침체와 내수 부진 등의 여파로 많은 산업들이 극심한 불황에 시달리고 있다. 불황을 벗어나기 위한 산업 차원의 다양한 노력들이 이어지고 있고, 국가적으로도 경기 진작을 위한 여러 방면의 지원책을 내놓고 있다. 그러나 경기 불황에도 아랑곳하지 않고 승승장구하고 있는 산업도 있다. 자동차산업이 그 중 하나다. 한국의 자동차산업은 그간 수많은 위기를 현명하게 극복하면서 짧은 기간에도 불구하고 눈부신 발전을 이뤄왔다. 그리고 지금은 한국 경제를 떠받들고 있는 중추적인 산업으로 성장하였다.

자동차산업은 산업 특성상 건설산업과 유사점이 많다. 수많은 일자리를 창출하면서 연관 산업 분야 또한 넓어 전후방산업에 대한 파급 효과가 크며, 고용유발 효과나 부가가치 창출 능력이 매우 뛰어난 산업이기 때문이다. 한국의 자동차산업에는 현대자동차와 기아자동차, 르노삼성, GM대우와 같은 완성차 메이커뿐만 아니라 외산 메이커, 부품소재

기업 등 수많은 기업들이 존재한다. 한국 자동차산업이 글로벌 챔피언 위치로 성장할 수 있었던 배경에는 국내 자동차 시장의 80% 가까이를 점유하고 있는 국내 자동차 2개 사(현대자동차와 기아자동차)가 있다. 여기서 우리는 한국 자동차산업의 대표적인 성장모델로 꼽히는 두 기업의 성공과정을 살펴봄으로써 자동차산업이 한국 건설산업에 주는 시사점을 살펴보기로 하겠다.

위기를 기회로 활용한 한국의 자동차산업

IMF 경제위기 속에서의 도약

국내 자동차산업의 선두 업체인 현대자동차가 도약하는데 있어 큰 시발점이 된 것은 1998년에 경영난에 빠졌던 기아자동차를 인수하면서부터이다. 한국경제는 이 시기에 IMF 경제위기를 겪으면서 상위 30대 기업 중 14개 업체가 도산하거나 인수 · 합병되는 어려움을 겪었다. 당시 모든 기업이 경제위기 속에서 초 감량경영을 내세우던 시기였기 때문에 기아자동차 인수는 매우 파격적인 결단이었다. 결과적으로는 최고의 선택이었다고 할 수 있지만, 내부의 반대 목소리와 투자대상의 리스크 요인들로 인해 당시에는 대단히 어려운 결정이었다.

기업 인수 이후 강성노조의 반발 등으로 인해 이렇다 할 효과를 보지 못하던 현대자동차는 자동차 플랫폼의 통합을 계기로 한 단계 성장하는 기회를 얻게 된다. 플랫폼이란 자동차의 기본 골격을 말한다. 이 골격 위에 시트도 놓고 핸들도 달아 하나의 자동차를 완성하게 되는데, 이 플랫폼을 두 자동차회사가 공유하게 된 것이다. 2002년 당시 양사가 운영하던 전체 플랫폼이 총 22개였는데 2013년에는 이를 서로 통합하여 6개의 플랫폼만을 운영하고 있다. 이 기간 중 전체 생산 차량 종류는 28개 모델에서 40개 모델로 증가했지만, 같은 플랫폼을 서로 공유함으로써 적은 수의 플랫폼으로도 큰 효과를 내게 된 것이다.

플랫폼을 공유하게 되면 신차 개발비와 신차 개발기간이 대폭 줄어들게 된다. 신차 개발비 중 플랫폼 개발비가 60~70% 수준이기 때문에 신차 한대 당 약 3,000억 원 정도의 개발비를 절약할 수 있다. 또한 플랫폼을 공유함으로써 부품구매 비용이 큰 폭으로 감소하게 되었으며 부품의 성능이 향상되면서 차량의 품질 또한 크게 개선되었다.

기아자동차 인수에 따른 또다른 시너지 효과는 통합구매 효과이다. 당시만해도 자동차 부품 구매는 투명하지 못한 구매 프로세스로 인해 원가상승의 주범으로 꼽혔다. 하지만 인수과정을 통해 부품을 공용화하고 함께 구매함으로써 구매 원가를 대폭 인하할 수 있었다. 특히 전자구매 시스템인 바츠(VAATZ)를 함께 사용함으로써 구매 작업을 효율화시켰다. 이처럼 IMF 경제위기라는 어려운 시기에도 불구하고 인수 기업과 피인수 기업이 힘을 모아 시너지 효과를 만들어내면서 한국 자동차산업은 품질 향상과 원가 절감이라는 큰 수확을 올리게 되었다.

품질 향상과 원가 절감은 소비자 입장에서는 최고의 가치이다. 지불하는 비용이 낮아짐과 동시에 얻는 효용은 커지기 때문이다. 이를 가치혁신(Value Creation)이라고 하는데, 한국 자동차산업은 경제위기라는 외부적 요인에도 불구하고 도전적이고 과감한 전략을 통해 가치혁신을 위한 첫 단추를 성공적으로 끼우게 되었다.

생산방식과 생산구조의 혁신

두 번째 가치혁신의 기회도 위기상황 속에서 찾아왔다. 2000년대 초

현대그룹의 계열사 분리 과정에서 현대자동차의 부품 업체(現 모비스, 舊 정공)가 현대자동차그룹의 핵심 기업이 된다. 세계 유수의 자동차 기업들은 통상적으로 완성차 기업의 산하에 핵심 부품기업들을 거느리고 있다. 반면 현대자동차그룹의 경우는 핵심 부품기업이 완성차 메이커를 산하에 두고 운영하는 구조가 된 것이다. 이러한 상황은 부품업체가 주도권을 가지고 핵심 부품의 모듈화를 적극적으로 추진하는 계기가 되었고, 한국 자동차산업을 변화시킬 또다른 가치혁신의 토대를 구축하게 되었다.

모듈화란 자동차 부품의 일부를 선 조립하여 하나의 세트로 만든 뒤 이를 완성차 메이커에 납품하는 방식을 말한다. 모듈화 방식으로 생산하게 되면 생산작업과 생산라인을 줄일 수 있기 때문에 시간당 생산성이 크게 향상된다. 또한 부품업체에서 미리 조립 부품 수를 줄이고 품질검사도 실시하면서 완성제품의 품질 또한 향상시킬 수 있다. 이러한 장점은 한국 자동차기업이 일본 자동차기업을 따라잡는데 결정적인 역할을 하였다. 일본 자동차기업들은 이미 수많은 부품 협력회사를 보유하고 있었기 때문에 이들 간의 모듈화를 추진하기가 매우 어려웠다. 또한 완성차 조립라인도 개별 작업자의 숙련도에 의존한 수작업이 주를 이뤘기 때문에 후발주자인 한국 업체가 혁신을 통해 시장을 선점하는데 보다 유리했다고 볼 수 있다.

이가 없으면 잇몸으로 대신하는 전략

한국 자동차산업은 강성 노조로 악명이 높은 산업이다. 원만치 못한 노사관계는 기업 활동에 큰 장애요인이 될 뿐만 아니라 산업 발전에 큰 걸림돌이 된다. 기업 측에서도 이를 개선하기 위하여 그간 많은 노력을 기울여 왔지만 기대한 만큼의 성과를 내지 못하였다.

이러한 문제를 극복하기 위해 현대 · 기아자동차에서는 '이가 없으면 잇몸으로'라는 의지를 가지고 생산체계 혁신에 착수했다. 생산 · 조립단계에는 많은 장애요인이 있기 때문에 선행단계인 제품기획 및 개발단계와 후속단계인 판매단계에서의 혁신을 이룬 것이다. 그리고 이 과정에서 제품기획 및 개발을 위한 자동차 연구소를 설립하면서 본격적인 기술개발에 돌입하게 된다.

이후 자동차에 관한 연구개발의 거점이 된 현대자동차 연구소는 자동차의 핵심인 엔진기술을 집중적으로 연구하여 독자적인 엔진을 개발하였다. 특히 소형차 엔진에서 대형차 엔진까지 차례로 개발하면서 풀라인체제를 구축하게 되었다. 2001년의 DOHC 디젤엔진 개발을 시작으로 2004년의 세타엔진, 2005년의 람다엔진을 독자적으로 개발하였으며 2008년에는 타우V8엔진 개발로 세계 10대 엔진상을 2년 연속으로 수상하기도 하였다. 또한 성능과 품질, 연비, 안전성 등을 획기적으로 개선하여 히트 모델을 연속하여 출시하였다. 2000년에는 연간 20만 대 이상 판매되는 글로벌 히트 모델이 2개 차종에 불과했으나 2012년에는 글로벌 히트 모델을 13개 차종이나 만들면서 세계 최고 수준의 기술력을 인정받은 것이다. 뿐만 아니라 생산공장에서 이루어지는 신규 조립라인 테스트를 연구소에서 사전에 작업하여 공장 생산과정을 크게 단축시키는 성과를 내기도 하였다. 특히 공장 작업자들의 숙련도에 따라 차이가 발생할 수 있는 품질문제까지도 연구소에서 미리 연구하고 대책을 강구함으로써 한국 자동차의 품질 수준을 세계적으로 끌어올리는데 선도적인 역할을 하였다.

고객 중심의 마케팅 혁신과 차별화된 영업

마케팅 과정에서도 연구소와 상호 협력하면서 글로벌 히트 모델을 만들어냈다. 진출 지역별로 고객의 취향과 선호도를 면밀히 조사하여 현지에 특화된 제품을 출시하기도 하였으며 하나의 모델을 미국에서는 엘란트라로, 중국에서는 위에둥으로, 유럽에서는 i30로 차별화하여 출시하기도 하였다. 소비자들에게 혼란을 줄 수 있는 디자인도 차별화하여 현대자동차는 유연하고 역동적인 이미지를, 기아자동차는 직선적이고 절제된 이미지를 주게끔 하였다.

특히 회사의 위기 때에는 소비자들의 마음을 정확히 읽어 획기적인 마케팅 프로그램을 전개하기도 하였다. 현대 · 기아자동차가 미국시장에 재진입한 1999년에는 10년 10만 마일 보증수리 프로그램을 내 놓아 선풍적인 인기를 끌었다. 리먼브라더스 쇼크 후, 금융위기가 한창이던 2009년 1월에는 실직을 하면 판매한 자동차를 되사주는 보증 프로그램을 전개하여 미국시장 내 점유율을 2배 가까이 끌어올리기도 하였다.

적극적인 영업활동을 펼치며 현지 대리점 판매원들과 협력하여 판매를 증대시키는데 혁혁한 공을 세운 측면도 크다. 특히 시장기반이 충분히 갖춰지지 않은 신흥국 시장에서는 적극적인 도전정신과 불굴의 의지로 시장을 개척해 나갔다. 그 결과 현대자동차는 현재 신흥국 시장에서는 빅(Big) 3에 꼽히는 최고의 자동차 메이커로 자리매김하였다.

실패와 시행착오 속의 성공

현재 현대 · 기아자동차는 전 세계에 10여 개의 완성차 공장을 보유하고 있다. 그것도 인도와 중국, 미국, 유럽, 러시아, 브라질 등 세계 주요 시장별로 생산 거점을 보유하고 있으며 각 공장은 연간 15만 대 내지

30만 대 수준의 자동차를 생산할 수 있는 규모이며 생산성 또한 세계 최고 수준이다. 뿐만 아니라 해외 모든 공장을 CCTV를 통해 전체적으로 총괄하는 글로벌 종합상황실을 운영하고 있다. 이 상황실을 통하여 실시간으로 해외 현장의 문제점을 발견하여 신속하게 대응하고 있으며, 글로벌 생산과 판매, 물류를 유기적으로 통합 관리하고 있다.

현대 · 기아자동차는 1986년에 고유모델을 처음 미국에 수출하였다. 초기에는 싼 가격 때문에 인기를 끌었지만 곧 품질 문제가 불거져 수출이 격감하는 수모를 겪었다. 품질 문제를 해결하기 위하여 10여년에 걸쳐 노력한 끝에 1999년, 10년 10만 마일 보증이라는 획기적인 마케팅 프로그램을 실시하게 되었다. 이러한 마케팅 전략은 품질에 자신이 없으면 쉽게 추진할 수 없는 하이 리스크 전략이었고, 그만큼 기업 입장에서는 부담이 큰 도전이었다. 그러나 배수의 진을 치고 도전한 끝에 큰 성공을 거둘 수 있게 되었다.

해외 공장 건설도 수많은 시행착오를 거쳤다. 1989년에 처음 해외조립 공장으로 진출한 캐나다 브르몽 공장이 참담한 실패로 끝났다. 하지만 곧 실패를 거울삼아 터키와 인도에 진출하여 큰 성공을 거두게 된다. 특히 인도에서는 브르몽 공장의 설비를 그대로 이전하여 공기를 대폭 단축하였을 뿐만 아니라 투자비용 또한 크게 절약하였다. 이곳에서의 성공을 바탕으로 이후 중국과 유럽, 미국 등에도 생산 공장을 건설함으로써 글로벌 생산–판매 네트워크를 성공적으로 구축하게 되었다.

불굴의 의지와 도전

현대 · 기아자동차가 세계적인 자동차 메이커로 도약할 수 있었던 데에는 수많은 사람들의 피와 땀이 있었다. 특히 제품 혁신을 위해 불철주야 연구개발에 몰두한 연구원들과 50℃가 오르내리는 무더위 속에서 문도 없는 화장실을 사용하며 인도 공장을 건설한 작업자들, 브라질 오지에서 기관단총을 장착한 보디가드의 도움을 받아가며 자동차를 판매한 영업팀장들까지 수많은 사람들의 노력 끝에 이룬 성과이다.

물론 이들을 이끌고 지휘한 최고 경영자의 리더십 또한 중요했다. 특히 창업주의 경영철학을 물려받은 최고 경영자는 품질경영을 화두로 제품의 품질을 글로벌 최고 수준으로 끌어올리기 위해 지난 10여 년간 자동차 품질 비교회의를 꾸준히 주재하면서 최고 품질을 구현할 수 있는 시스템을 체계적으로 만들어 나갔다. 또한 2008년 세계 금융위기가 발생하자 "위기는 곧 기회다, 판매만이 유일한 살길이다"고 외치며 직접 전 세계시장을 돌면서 독려하였다. 최고 경영자가 솔선수범하며 난국을 헤치고 나가니 전 사원들이 함께 분발하며 위기를 돌파할 수 있었던 것이다. 그 결과, 세계적인 금융위기 속에서 수많은 자동차 기업들이 어려움을 겪는 동안에도 현대 · 기아자동차는 성장세를 이어나갈 수 있었다.

세계적인 경기침체와 내수 부진 속에서 극심한 침체에 빠진 산업들이 많다. 그 중에서도 한국의 건설산업이 미증유의 위기에 빠져 있다고 한다. 이 때문에 정부에 "SOC 예산을 더 늘려 달라, 주택규제를 완화해 달라"는 등의 다양한 요구를 하고 있다. 하지만 정부는 재정여력 부족을 들어 난색을 표명하고 있다. "국내시장이 어려우면 해외시장이라도 개척하자"고 나가 보지만 저가 수주와 대규모 손실이라는 부담만 잔뜩 안고 있는 실정이다. 진퇴양난의 어려움 속에서 한국의 글로벌 챔피언 산업들은 어떻게 위기를 극복하였는지를 살펴볼 필요가 있다.

한국 자동차산업을 대표하는 1위의 자동차그룹만 보더라도 어려움과 시행착오의 연속이었음을 알 수 있다. 하지만 "위기는 곧 기회다"를 외치며 선두에 서서 솔선수범한 최고 경영자가 있었고, 실패를 교훈 삼아 다시 도전하며 가치혁신을 이룬 수많은 사원들이 있었다. "이가 없으면 잇몸으로라도 씹어야 한다"며 연구개발은 물론 생산 공장의 업무까지도 마다하지 않은 연구원들이 있었고, 10년 10만 마일이라는 획기적인 마케팅 프로그램을 만들고 아프리카 오지에서도 자동차를 판매하는 영업직원들이 있었다. 이들이 있었기에 오늘날의 한국 자동차산업이 있는 것이다. 이들의 피땀 어린 노력과 위기상황에서의 기회 창출 요인들을 분석하면서 지금의 한국 건설산업이 겪고 있는 장기 침체를 하루빨리 극복하고, 부활의 날개 짓을 펼치길 바란다.

융합기술로 한국 건설산업을 재탄생시키자

이경수 연구위원_前 국가핵융합연구소장

과학기술 R&D 정책을 '창조-선도형'으로 바꿔야

2012년 6월, 우리나라는 1인당 국내총생산(GDP) 2만 달러 이상, 인구 5천만 명 이상인 국가를 의미하는 2050클럽에 세계에서 7번째로 가입한 국가가 되었다. 당시 국내 일부 언론에서는 우리나라도 이제 미국, 일본, 독일, 영국, 프랑스와 같은 프리미어리그 국가 대열에 합류하게 되었다며 들뜬 분위기를 전했다. 그러나 현재 우리나라의 사회 · 경제적 변화 추이를 살펴보면 이러한 기대는 시기상조가 아닌가 하는 생각이 든다. 먼저 1인당 국민소득 2만 달러를 달성한 이후 수십 년째 제자리걸음을 면치 못하고 있으며, 인구동향도 지금까지의 추세를 살펴볼 때 2030년경 5천 2백만 명을 정점으로 2045년에는 다시 5천만 명 이하로 감소할 것이라 예상하고 있기 때문이다. 이러한 현실 속에서 우리나라가 진정한 경제선진국의 척도 중 하나인 4050클럽에 도달할 수 있을 것인지 걱정스런 우려가 나오고 있다.

과학기술 측면에서 이 점을 논의해보기 위해 먼저 우리나라가 과학

입국을 기치로 경제개발에 나선 1960년대 이후 오늘날까지 지난 50여 년간 과학기술부문의 연구개발(R&D) 정책을 평가해 보자. 우리나라는 부족한 부존자원 문제를 대체하기 위해 우수한 인적자원을 바탕으로 응용 · 개발연구, 즉 산업적 응용이 가능한 핵심기술과 파생기술 개발에 투자하여 성공을 거두었다. 그 결과 단기간 내에 선진국을 추격하는 패스트 팔로어(Fast Follower) 정책을 집중 구사하여 2050클럽에 가입할 수 있었다. 또한 최근 5년간 정부 R&D 투자 증가율이 연평균 9.7%에 이르는 등 지속적인 연구개발 투자를 확대하면서 OECD 국가 중 연구개발 투자 절대규모 5위와 GDP대비 연구개발 투자 비율 2위라는 세계 최고 수준에 도달한 것이다. 그러나 선진국 진입을 위해서는 모방 · 추격형 R&D 투자전략으로는 더 이상 실효성이 없으며, 이제는 퍼스트 무버(First Mover) 전략, 즉 창조 · 선도형 R&D 투자전략으로 바뀌어야 한다는 인식이 정부와 과학기술계 리더들 사이에 확산되고 있다.

이러한 패러다임 전환의 시급성은 G2 강대국인 중국의 R&D 투자전략을 관찰하고 평가해보면 잘 알 수 있다. 과거에만 해도 과학기술 선진국들은 중국에 대해 '중국기술=산자이(山寨, 가짜 혹은 모방)'라며 폄하했지만, 시진핑 시대가 열리면서 중국발 R&D 빅뱅이 시작됐다며 긴장하고 있다. 이는 R&D 투자 확대가 곧바로 글로벌 경쟁력 강화로 이어지고 있다는 사실을 깨달은 중국 정부와 기업들이 산자이(山寨)라는 오명을 벗어나야 한다고 판단했기 때문일 것이다.

중국은 이제 '첨단으로 또 창조 · 선도형으로' 변화를 시작했다. 이런 빅뱅 현상은 중국의 R&D 규모 측면을 보면 더욱 실감할 수 있다. 중국의 R&D 투자는 지난 12년간 1,100% 급증하여 2012년 국내 총생산의 2%에 이르는 총 1조 위안(약 1,600억 달러) 규모가 되었고, 2022년이면 투자규모 면에서는 미국을 추월하게 될 것으로 예상된다. 또한 R&D에 투입되는 인력규모 면에서도 지난 10년간 2.5배 이상이 증가하여 230만 명을 넘어섰고, 이공계 대학의 석 · 박사 졸업자도 매년 17만 명으로 세계 최대 규모로 성장하였다.

중국의 과학기술 경쟁력의 현재를 보면 투자규모 외에도 고속철도 기술, 우주항공 기술, 국방군사 기술에서 이미 세계 최고 수준에 도달했다는 평가를 받고있으며, 우리와 경쟁을 시작한 반도체, 디스플레이, 스마트폰 등 ICT 분야에서도 격차를 1년 이내로 좁히고 있다. 중국 과학기술의 미래를 볼 수 있는 "국가 중대 과학기술 기반 건설 중장기 계획(2012~2030년)"을 살펴보면, 핵융합에너지의 세계 최초 상용화를 위한 실증로 계획을 포함하는 새로운 에너지 개발과 2020년대 유인 우주정거장 건설 등의 우주개발, 그 밖에 생명, 지구환경, 소재, 핵물리, 공학 등 기초기반을 이루는 7개 부문의 R&D를 집중 육성하기로 결정하였음을 알 수 있다. 고급인력 육성측면에서도 2008년 시작한 '천인(千人)계획', 즉 해외 고급 인재들을 유인하는 정책을 가속화시켜 2012년 7월까지 2,300여명을 영입하였으며, 여기에 대규모 연구개발비도 함께 투입하고 있다는 것은 우리에게 시사하는 바가 크다.

이제는 우리의 과학기술 경쟁력을 강화하고 중국과 같은 신흥강대국의 무서운 성장세에 대비하기 위해 하루빨리 창조 · 선도형 R&D 전략의 실천과 투자에 집중하여 과학기술 분야뿐만 아니라 경제 체질 자체를 바꾸어 나가는데 주력해야 할 것이다.

융합기술에 방점을…

1960년대 이후 우리나라의 경제발전은 서구의 경제이론으로는 설명이 어려울 정도로 다이나믹하게 진행되었으며, 산업구조 자체가 10년을 주기로 변화하면서 10년마다 새로운 산업이 국가경제를 견인했다. 이 중 대표적인 사례로는 삼성전자의 반도체, 디스플레이, 스마트폰 등 ICT산업과 포스코의 철강산업, 현대중공업의 조선산업, 현대자동차 5천만 대 생산의 자동차산업 등이 있다. 이는 지금까지 우리나라의 건설산업 발전 평가에 있어서 회자되어오던 성장신화와 유사성을 많이 갖고 있다.

우리 산업의 경쟁력 원천 중 몇 가지를 되짚어 보면 첫째는 속도 경쟁력이라 할 수 있을 것이다. '빨리빨리'로 전 세계에 알려진 우리의 속도 경쟁력은 기술수준 및 경쟁력 부족에도 불구하고 중동 건설 붐과 같은 성공의 견인차 역할을 해왔다고 평가된다. 그러나 과거 '만만디'라고 일컬어지던 중국이 이제는 우리보다 더 빠른 속도전을 구사하고 있다. 이는 상하이를 위시한 중국 신도시 건설을 통해 이미 잘 알려진 것으로 속도 경쟁력이 더 이상 우리만의 전유물이 아님을 알 수 있다.

둘째는 우리 근로자들의 성실성에 힘입은 바가 크다. 그러나 최근에는 이러한 장점조차도 신세대로부터 구시대의 잔재이자 청산되어야 할 화석 정도로 치부되고 있어, 4050클럽 사회 진입의 주요 경쟁력으로 보기에는 미흡하다고 할 것이다.

그러나 잘 알려진 위의 두 가지 강점 이외에도 미래에 적용할 수 있는 우리의 중요한 강점 중 하나는 모방과 혼합에 의한 추격 능력이라고 평가된다. 혹자는 스마트 무버(Smart Mover)전략이라고 부르기도 하는 우리의 강점은 모방에 플러스 알파를 더하고 혼합에 시너지를 더해 융합(Fusion)으로 창조시켜 나가는 것으로, 우리는 이를 더욱 승화 · 발전시켜 우리의 새로운 경쟁력 원천으로 삼아야 할 것이라 판단된다.

여기서 이러한 강점의 적용 사례를 들어보자. 우리 산업도 얼마 전까지 중국의 '산자이(山寨)'라는 오명과 같이 선진 산업국으로부터 '카피 캣(Copycat)'이라는 비난을 들어왔고, 우리 가요도 일본의 연가를 모방한 것이라는 비웃음을 받았다. 그러나 이제는 스마트폰을 위시한 ICT기술제품이 세계 최고 경쟁력을 보이고 있고, 또한 '한류'와 '강남 스타일'로 대변되는 문화 경쟁력도 모방과 혼합이라는 과거의 경쟁력을 융합을 통해 새로운 창조의 길로 승화 시켜나간 사례라 할 수 있다.

융합기술을 통한 산업의 가치혁신과 비교를 통한 시사점

21세기의 창조 · 선도형 기술의 한 축을 이루는 융합기술이 발전하게 된 이면에는 과학과 기술 분야 지식의 축적과 보급, 확산의 빅뱅이 이루어지게 된 것에서 기인한다. 이제는 전통적인 과학기술 분야별 지식의 깊이가 최고 수준에 달하면서 전통적인 과학기술의 분야별 구분이 의미를 상실하였고, 새로운 창조형태의 융합기술이 대세를 이루면서 첨단산업도 융합이 선도하기에 이르렀다.

먼저 '퓨전(Fusion)'이라는 의미에서의 융합에 관해 알아보기로 하자. 주의할 점은 지난날의 '혼합(Mix)'이 바로 융합(Fusion)은 아니라는 점이다. 이해를 돕기 위해 예를 들면, 우리나라 대표 음식인 비빔밥이 명품이 되기 위해서 각각의 구성요소들이 최고여야 하고, 또한 함께 어울리면서 상호간에 시너지가 생겨야 진정한 명품 전주비빔밥이 탄생하는 이치와 같다. 즉, 각각의 기술들이 최첨단 기술이어야 하며, 이를 융합함으로써 시너지에 의해 새로운 창조물이 발명되도록 하는 것이 '혼합'과 '융합'의 차이점이다.

그러나 산업 차원의 융합을 보는 관점은 조금 다르다. 자동차의 왕이라 불리는 헨리 포드(Henry Ford)가 남긴 "나는 어떤 새로운 것도 창조해

내지 않았다. 다만 다른 사람들이 발견한 것을 모아 놓았을 뿐이다"라고 한 말에서처럼 산업에서 의미하는 융합은 시너지가 생긴 '혼합'의 형태로 볼 수 있다. 따라서 창조적인 것이 '융합'이라는 개념까지 포함한다고 할 수 있다.

최근 세계적인 기업의 중요한 트렌드를 보면 퓨전 융합기술의 적용 외에도 이종 산업에서 신 산업과 새로운 비즈니스 모델을 발굴해 성장동력을 찾는 '모색(Exploration)'과 이종 혹은 동종 산업 간 새로운 유형의 진영을 형성하여 역량을 보강하거나 경쟁력 강화를 위해 협력관계를 맺는 '연합(Coalition)', 그리고 기술–제품 간, 또는 경영기능 간 융합으로 창조 동력을 확보해 나가는 '컨버전스(Convergence)' 등도 산업에 적용되는 큰 범주의 융합기술이라고 볼 수 있을 것이다.

융합기술을 적용한 기존 산업의 가치혁신의 예로는 미래도시, 스마트 교통, 스마트 홈, 디지털 병원 등을 꼽을 수 있는데 이 모든 신 수종 사업들은 특히 건설산업의 새로운 붐을 조성해 나가는데 큰 시사점을 준다. 또한 이러한 가치혁신 사례들은 모두 기존 산업의 제품–서비스–솔루션을 융합적으로 접근하여 시너지를 창출함으로써 창조적 사업을 만든 것이라는 점을 간과하여서는 안 된다.

융합의 또 다른 형태인 '모색'의 새로운 산업적 시도를 스웨덴의 글로벌 가구업체인 '이케아(Ikea)'의 유럽 중저가 호텔 체인의 건설사례에서 찾을 수 있다. 이케아는 유럽 내 보유 부동산들과 부동산 투자 노하우를 접목하여 가구를 조립하듯 객실을 외부 공장에서 사전 제작하여 현장에서 조립하는 방식을 도입하는데 성공하였다. 또한 호텔운영은 세계적 호텔기업인 메리어트(Marriott)와 공동으로 운영하는 방식을 택함으로써 성공을 거두었다.

두 번째로 산업 간 협업 접근법인 '연합'은 각 기술 분야 혹은 산업 분야 별로 홀로 경쟁하기보다는 이종, 동종 구분 없이 기업 간 연합전선을 형성하여 자사의 역량을 보완하거나 강화한 형태의 진영을 구축한 후 각 진영 간 새로운 경쟁구도를 형성하는 것을 의미한다. 그 중 독특한 사례는 IT산업과 의류 · 신발류 등 패션산업이 연합하여 'IT+헬스 웨어러블(Health Wearable)' 진영 대결을 벌이는 사례를 들 수 있는데, iOS기반의 애플 아이폰과 나이키가 연합한 '나이키+(플러스)'와 구글의 안드로이드 OS를 기반으로 '아디다스'가 연합한 '토킹 슈즈(Talking Shoes)'의 사례가 있다. 이처럼 향후에는 창조적 상상력을 가진 첨단기업과 기존산업이 연합한 형태의 융합사례가 증가할 것으로 전망된다.

'컨버전스(Convergence)' 방식의 사례로는 실리콘벨리의 중심에 있는 세계 최대기업 애플의 제2 캠퍼스 건설에서 찾을 수 있을 것이다. 이 프로제트는 100% 프리페브리게이션(Prefabrication)과 프리캐스트(Precast)방식을 적용하여 전천후 현장시공 목표를 달성하고 있고, 100% 에너지 자립 등 기술달성 목표의 확보 등을 통해 건설을 '제조(Fabrication and Assembly)'로 전환하는 혁신을 일으키고 있다. 이는 스마트폰의 혁명과 스마트 패드, 스마트 TV, 스마트 자동차에 이은 기존 산업에 던지는 스마트한 융합적 접근의 시사점이라 볼 수 있을 것이다.

따라서 한국 건설산업도 우리의 최강 경쟁력 산업인 ICT와 융합하고, 세계 최고의 제조업의 경쟁력으로 건설을 제품화하는 융합의 노력이 필요하다. 이케아나 선박산업에서와 같이 모듈화 접근법을 적용하여 건설산업을 제조업화하고, 세계시장, 특히 선진국 최고급 건설시장과 중동과 아프리카 등 신흥국 시장에 진출할 수 있는 기반을 조성해야 한다. 그렇게 한다면 새로운 건설산업의 붐을 이루어 나갈 수 있을 것이다.

경쟁력 혁신을 위한 정부 지원정책에 관한 제언

과학기술 분야의 정부 지원정책을 논하려면 먼저 모방 · 추격형 R&D 전략으로부터 창조 · 선도형 R&D전략으로 패러다임을 전환하기 위해 필요한 구체적인 정책방향에 관해 논의해봐야 한다. 여기서 중요한 점은 과학기술을 창조 · 선도형으로 전환하기 위해서는 과학기술정책 자체가 모방과 추격형이 아닌 창조 · 선도형으로 전환할 필요가 있다는 것이고, 그러려면 정책 주체와의 공감대 형성이 필요하다는 것이다. 따라서 중복방지 중심의 과거 정책이 다양성 중심으로, 관리 중심의 과거 정책이 자율성 중심 정책으로 변모해야 한다. 또한 기초과학에서 발원하여 기초기반공학을 거쳐 원천기술을 창출하고 관련 산업의 핵심기술과 파생기술을 만들어가는 과학기술 혁신 생태계를 완성하여 선순환 주기의 혁신을 이루어 내는 과학기술 정책이 연구자들이 체감할 수 있는 방식으로 확립되어야 할 것이다.

또한 융합에 의한 혁신 생태계 형성을 위해 정부규제를 철폐하여야 한다. 즉, 융합기술의 발전을 위해서는 정부가 먼저 기술 분야별 칸막이를 걷어내야 한다는 의미다. 융합이 중요하다고 모두가 말하고 지원을 논하지만 대학 내 학과도, 연구 분야의 분류도 모두 기성 분야의 기득권을 보호하고 있는 장벽을 그대로 갖고 있다. 즉, 산업 분야의 융합을 저해하는 네가티브 방식에 의한 규제철폐의 혁명적 발상 전환이 필요하다고 하겠다.

우리의 과학기술과 첨단산업 정책이 오늘날과 같이 발전할 수 있었던 것은 고무적인 현상이지만, 이제는 아무도 가본 적이 없는 새로운 길을 발굴하고 헤쳐나가야 한다. 승패는 결국 구체적인 정책 방향의 설정과 지속적인 실천에 있다고 생각한다. 과학기술의 발전, 그 중에서도 21

세기 기술발전의 중요한 축인 융합기술의 발전을 위해서는 정부정책의 마인드가 바뀌고 접근법 자체가 새로 구상되고 변화하여야 한다. 국가의 산업정책도 과학기술에 바탕을 두고 상상력과 융합능력을 기초로 하는 창조경제로의 진입을 촉진해야 할 것이다.

끝으로 건설산업도 21세기 산업구조에 적합한 창조적 '건설제조업'으로 거듭나도록 지원하여야 할 것이다.

한국의 글로벌 챔피언 산업이 건설의 생존전략에 주는 시사점

이복남 연구위원_한국건설산업연구원

건설산업이 글로벌 챔피언 그룹이 될 수 있는 가능성

한국 건설산업은 압축 성장과정에서 비약적인 발전을 이루었다. 최근 건설산업의 장기화된 침체로 위기론이 대두되고 있지만, 한국 건설산업이 갖고 있는 내재된 가치를 어떻게 활용하느냐에 따라 글로벌 챔피언 수준에 오를 수 있는 가능성은 얼마든지 열려 있다. 세계 최고 수준인 한국의 조선산업은 1970년대 건설산업을 벤치마킹하여 지금의 위치에 올랐다. IT산업이 세계 최고 수준에 오르기까지 걸린 시간은 30년 이하다.

한국건설의 가치와 수준은 이미 주변국들에 잘 알려져 있다. 이제는 그동안 내수시장의 물량 소화에만 집중했던 시야를 전 세계시장으로 넓혀야 한다. 한국건설의 경제 영토를 전 세계로 넓혀갈 역량은 이미 충분하며, 기업가적 도전정신만 뒷받침된다면 세계 최고 수준에 오를 수 있다는 것도 경험적 판단이다. 세계 제일의 건설은 아니어도 최고 수준에 이를 수 있는 가능성은 충분하다는 것이다. 이미 세계 최고 수준에 올라와 있는 조선과 IT, 그리고 자동차산업 등은 한국건설이 세계 최고가 되기 위한 충분한 토양을 갖고 있음을 역설적으로 보여주고 있다.

울타리 밖에서 본 한국 건설산업이 극복해야 할 현안

한국 건설산업이 느끼고 있는 위기감의 본질은 건설산업 울타리 안과 밖에 상당한 시각 차이가 있다. 울타리 밖에서 본 한국 건설산업의 위기 원인은 크게 세 가지로 요약된다.

첫째, 건설산업만이 '선 수요, 후 공급'이라는 특성을 잘못 이해하고 있다. 선 수요는 거시적으로 경제 · 사회적인 것과 서비스 상품 구매자(발주자)의 수요로 나누어 볼 수 있다. 국내 건설은 전통적으로 정부나 공공기관 등 발주자가 주문하는 수요에만 집중해 왔었다. 반면에 경제 · 사회적 수요는 철저하게 외면해 왔다. 발주자의 주문 감소가 곧 시장의 축소로 연결된 이유가 바로 여기에 있다.

둘째, 한국 건설산업은 산업 내부 울타리를 지나치게 높게 치고 있었다. 이 울타리는 외부적으로는 산업 간 소통을 차단하는 장애물이었을 뿐 아니라 내부적으로는 업종 · 업역 간 장벽을 쌓게 하였다. 건설산업의 울타리가 지금까지 나름의 역할을 할 수 있었던 배경에는 압축 경제성장 과정에서 발생한 대규모 건설투자가 있었기 때문이다. 그러나 경제성장이 숨고르기에 들어선 지금은 울타리를 더 이상 유지할 수 없는 상황이 되어버렸다.

셋째, 건설산업의 자생력 부족을 위기의 주요 원인으로 지목할 수 있다. 경기침체나 시장이 어려울 때마다 업계는 정부 정책이나 공공재정 투자 확대를 요구해 왔다. 스스로의 힘으로 돌파구를 찾기보다 정부나 외부 산업에 의존하려는 자세로 일관해 온 것이다. 결국 정부의 재정 여력 소진과 경기침체로 민간자본 유입이 감소하게 되자 국내 건설은 필연적으로 생존의 위기에 몰리게 되었다.

한국의 글로벌 챔피언 산업이 건설의 생존전략에 주는 공통 시사점

한국의 건설기업들이 내수시장 중심에서 글로벌 최고 수준으로 올라서려면 정부의 정책과 제도에 의존하는 수동적 자세로는 어렵다. 글로벌 시장은 다양한 국가와 발주기관으로 구성되어 있다. 어느 국가든 정책과 제도는 특정 국가의 소득수준과 사회 · 문화의 영향을 받기 마련이다. 한국적 정책과 제도로는 글로벌 시장에서 경쟁할 수 없다. 세계 최고 수준에 오른 국내 산업의 공통점은 글로벌 시장과 소비자의 눈높이를 정확하게 읽고, 시장 수요에 적절히 대응했다는 점이다.

국내는 물론 세계 최고 수준에 도달한 한국의 글로벌 챔피언 산업이 가진 공통점은 핵심 상품과 상품을 생산할 수 있는 기술, 그리고 지속적인 기술혁신 등이다. 기술 없는 상품이 없듯이 시장 없는 상품도 생존할 수 없다는 마인드는 한국의 글로벌 챔피언 산업들의 몸에 밴 경영 철학이다. 서비스 산업만으로는 세계 최고 수준을 유지할 수 없다는 판단에 따라 미국 애플사(Apple Inc.)는 역외 생산전략 대신 핵심 상품과 기술을 자국에서 생산하도록 체계를 갖추었다. 기술력의 차별화와 생산성 혁신, 그리고 미래 수요를 예측한 기존 기술의 지속적인 혁신은 한국건설에 시사점을 주기에 충분하다. 기술력이 부족한 상태에서 선진기술을 모방하거나 벤치마킹하는 것은 한 단계 더 성장하기 위해 신흥국들이 반드시 거치는 과정이다. IT나 조선산업 등은 복제와 모방, 타사와의 생산 네트워크 구축을 통해 한국만의 고유기술과 생산체계를 갖췄고, 그 결과 글로벌 최고 수준에 올랐다. 국내 건설기업들이 신기술 개발보다는 기존 기술에 안주하거나 선진기업의 기술을 필요에 따라 도입하는 단기경영전략에 머물고 있는 현실을 볼 때 미래 생존과 성장 측면에서 의미하는 바가 크다. 또한 정상에 도달했다고 만족하기보다 시장과 소비자들의 변화하는 수요를 사전에 예측하여 새로운 기술을 개발하는 기술경영의 지속성은 한국 건설이 반드시 배워야 할 부분이다.

한정된 국내시장을 넘어 전 세계시장으로 경제영토를 확장시킨 한국의 글로벌 챔피언 산업이 건설산업에 주는 또 다른 시사점으로 기업가적인 도전정신으로 무장된 경영전략을 꼽을 수 있다. 기술 및 시장 개발을 위한 경영전략은 현재에 머물기보다 미래의 변화 흐름을 끊임없이 읽고 대응해가는 기업가적 도전정신이 있었기에 가능했다. 끊임없는 환경변화와 불확실성이 더해가는 미래는 세계 어느 국가, 어느 산업도 정확한 예측이 어렵다. 그러나 불확실하고 예측이 어려운 미래 상황에도 불구하고 생존하고 성장하기 위해서는 현재에 머물러서는 안 되며 미래 기술과 시장에 끊임없이 도전해야 한다. 한국의 글로벌 챔피언 산업이 세계 최고 수준에 올라 설 수 있었던 배경에는 불확실한 미래에 대한 과감한 기업가적 도전정신이 있었고, 선택과 집중 경영전략이 뒷받침되었다. 연간 약 8조 달러에 달하는 세계건설시장의 존재를 외면하거나, 불확실성 때문에 국내 시장에 안주하려는 소극적인 경영전략으로는 산업의 생존 가능 시기만을 단축시킬 뿐이다.

글로벌 최고 수준에 오른 국내 산업들의 또 다른 공통점은 인재 중시와 건강한 노사문화, 그리고 호혜원칙의 협력을 기반으로 한 공급가치 네트워크 구축이다. 기술과 생산성의 기반은 인재로부터 출발한다는 경영 원칙을 바탕으로 직원들에 대한 끊임없는 교육과 정보 공유, 생산성과 연결된 기업 내 복지 경영을 실천함으로써 글로벌 산업으로 성장하기 위한 기반을 공고히 하였다. 인건비에 의존하여 경쟁력을 확보하기보다

기업과 개인이 함께할 수 있는 인력 및 조직경영 원칙을 고수하였다. 세계적인 경영전문지 포춘지에 의해 미국에서 가장 일하고 싶은 최고의 직장(www.greatplacetowork.com, 2013)으로 몇 년째 선정되고 있는 종합건설사 CH2M HiLL은 건설기업도 한국의 최고기업이 될 수 있음을 보여주는 좋은 사례이다. 조직 구성원 누구나 새로운 기술, 신상품에 대한 아이디어, 개인과 조직을 위한 요구사항 등을 자유롭게 제시하여 경영진과 공유하고 공감하도록 하는 기업 문화는 모든 협력 기업과도 동반성장하는 모범적 모델을 제시해주는 것이다. 현재는 물론 미래 역시 홀로 가기보다는 함께 가야 생존하고 성장할 수 있기 때문에 독식과 성장에만 익숙해 있던 한국건설이 글로벌 최고 수준에 가기 위해서 상생의 협력문화는 반드시 받아들여야 하는 경영 철학이다.

IT산업이 건설산업 생존에 던지는 길의 방향

세계 최고 수준이면서 미국, 일본 등과 대등한 위치에 오른 한국의 글로벌 챔피언 IT산업이 한국의 건설산업 생존전략에 주는 시사점은 크게 세 가지로 요약된다.

첫째, 현재시장에 만족하기보다 미래의 변화를 읽고 일관된 경영전략을 유지하면서 관련기관들과 협력체계를 유지한 점이다. 정부 및 공공주도의 연구 및 기술개발에 참여하여 상품화를 실현할 수 있도록 구축한 협력체계는 건설산업의 생존전략에 중요한 시사점을 던져 주고 있다. 국가가 IT산업 육성에 대한 비전을 수립하고, 출연연구소는 시제품 연구개발(예, CDMA)에 집중하며, 내수는 물론 글로벌 상품화는 기업의 몫으로 전환시킨 것은 정부 정책과 민간 시장이 어떻게 협력해야 하는지를 모범적으로 보여준 좋은 사례이다.

둘째, 미래 변화를 읽고 정부가 수립한 국가비전에 맞춰 발 빠르게 대응한 기업들의 경영전략이다. 특정 상품과 사업모델에 집착하기보다 항상 새로운 것을 개발하려 노력한 시도, 특히 실패를 용인하는 문화는 기업가적 도전 경영전략이 뒷받침되지 않고서는 어렵다. 기업의 오너십과 상품과 시장의 오너십, 그리고 기술개발자들의 상품과 기술의 오너십이 함께 할 수 있는 경영환경이 구축되었기에 가능했던 것이다.

셋째, 한국 특유의 교육열에 힘입은 우수한 인재 확보와 인적 기반 구축도 해외건설시장에서 필요로 하는 글로벌 인재 찾기에 부심하고 있는 한국건설의 생존전략에 많은 교훈을 준다. 특정 기술과 산업에서 우수한 인재를 선발하기보다 융합인재를 영입하여 융합기술과 상품을 생산하는 체계는 완전함보다 즉시성(Timing)을 중시한 결과로 보인다. 준비된 후 출발보다 출발과 인재 영입을 병행하거나, 혹은 선 인재 영입을 더 중시했다는 측면은 '선 시장, 후 인재' 일색인 한국건설의 생존전략 수립에도 시사하는 바가 크다.

글로벌 챔피언 반도체 · 휴대폰산업이 건설산업 생존전략에 주는 시사점

반도체와 휴대폰산업은 선진국에 비해 출발은 늦었지만 2013년 현재 세계 1등에 올라 있는 한국 대표산업이다. 따라서 위기감에 빠져 있는 국내 건설산업에 주는 시사점이 많다.

첫째, 현재보다 미래시장의 성장 가능성에 도전하는 적극적이고 긍정적인 자세이다. 기술력 측면에서 미국이나 일본 등 선진국과는 비교조차도 어려운 상황에서도 시장의 성장 가능성을 예측한 정부는 반도체산업 육성 정책과 함께 대기업군의 반도체공장 증설에 대한 과감한 지원책을 펼쳤다. 정부와 산업계는 후발주자임을 분명하게 인식했고, 한국의 기술수준이 극히 초보단계임을 인정했다. 그 결과 정부와 산업계가 상호 공감대를 형성하여 기술개발과 설비투자에 대한 역할 분담을 명확히 하였고, 오늘날 세계 최고 수준의 반도체 강국으로 성장할 수 있었다.

둘째, 정부의 적극적인 산업 육성 외교전략이다. 글로벌 시장의 수요에 초점을 맞춘 수출주도 정부 정책과 산업체 전략은 필연적으로 미국과 일본 등 선진국가의 견제를 피할 수 없다. 이때 정부가 전면에 나서서 외교력을 펼침으로써 국내 산업의 상승세를 이어갈 수 있도록 하였다. 정부가 외교력을 통해 후방에서 산업체의 수출 경쟁력을 지원했다는 점에서 산업을 육성하는 전방위 역할보다 더욱 큰 힘을 발휘하게 만든 것이다.

셋째, 한국경제가 당면한 외환위기 상황에서 기업이 아닌 산업이 생존하기 위한 정책을 펼쳤다는 점이다. 주력시장이 해외라는 점을 인식한 정부가 위기 돌파전략의 일환으로 각 기업의 힘을 결집시켜 산업의 국제경쟁력을 강화시켰다. 개별 기업체의 이해득실보다 산업을 부흥시키는 것이 정부에게 요구된 역할이라는 점에서 한국 건설산업에도 시사하는 바가 크다.

넷째, 반도체산업의 성공 사례를 휴대폰산업으로 연결시킨 기업들의 미래에 대한 전망과 경영적 판단의 과감성, 시의성을 들 수 있다. 반도체산업과 마찬가지로 휴대폰산업도 미국이나 일본 등에 비해 시장은 물론 기술 수준이 매우 뒤쳐진 상태였다. 당시 시장의 성장 가능성을 확신한 기업들은 연구 및 개발에 과감한 투자를 하기 시작했고, 시장이 있는 곳에 기업이 있다는 지극히 간단한 원칙으로 기술 및 인재개발에 주력함으로써 휴대폰산업을 성장시켰다.

다섯째, 사회 · 경제 · 기술 등의 변화를 보는 거시적인 안목이다. 개인의 수요 성향이나 변화 읽기에 집중하기보다 거시적 변화 흐름을 읽고 새로운 상품을 끊임없이 생산함으로써 '공급이 신 수요 창출'이라는 세계적인 분위기 조성을 주도했다는 점이다. 신상품이 신 수요자를 만들어낸다는 분위기는 한국 스마트폰의 생존력을 더욱 강하게 만들었다. 즉, 외부 환경에 지배받기보다 산업체가 외부 환경을 지배할 수 있도록 만듦으로서 산업체의 생존력을 스스로 결정할 수 있는 수준까지 끌어올린 것이다.

글로벌 챔피언 한국 조선산업이 건설의 생존전략에 던지는 시사점

한국이 자랑하는 조선은 건설산업을 모태로 하여 세계 최고 수준에 오른 산업이다. 조선과 건설은 생산과정에서 많은 유사성이 있다. 바로 이점에 주목한 한국 조선산업은 건설에서 익힌 지식을 바탕으로 빠르게 성장했다. 건설보다 출발은 훨씬 늦었으나, 지금은 세계 1등의 자리에 오른 조선산업이 위기감에 빠져 있는 건설산업의 생존전략에 주는 시사점을 요약하면 다음과 같다.

첫째, 한국건설도 세계 최고 수준까지 갈 수 있다는 자신감과 확신이다. 조선산업은 불모지에서 출발했지만 할 수 있다는 자신감과 기업가적 도전정신으로 세계 최고의 자리에 올랐다. 성공할 수 있다는 도전적 확신의 가치가 빛을 발한 경영이다. 선진 기업의 성공사례는 참고하되 한국식 전략으로 내재화함으로써 선진 기업을 넘어서는 차별화된 한국적 비즈니스 모델을 개발한 조선산업의 사례는 건설산업의 생존전략에도 긍정적 마인드가 기반이 되어야 함을 일깨워 주고 있다.

둘째, 시장을 보는 정확한 눈이다. 한국 조선산업은 한정된 내수시장에 집중하기보다 무한한 글로벌 시장을 공략함으로써 과감한 기술개발과 인재 양성을 가능케 했다. 선진기업을 뛰어넘어야 시장을 장악할 수 있다는 확신을 바탕으로 선진기업과 차별화된 전략을 수립하고 실행에 집중한 결과 시장을 선점할 수 있었던 것이다. 차별화된 역량 개발을 위해 글로벌 시장에서의 역량 포지션을 객관적인 시각에서 냉철하게 판단했고, 그 결과 기술 개발의 선택과 집중 영역이 구분될 수 있었다.

셋째, 정부가 국가의 부를 창출하기 위해 시장성 있는 상품을 선정하는 과정에서 국내시장이 공급 가능한 인력과 기술, 그리고 시장 경제를 지원할 수 있는 부문을 일관되게 추진했다는 점이다. 선진기업과 경쟁하기 위해 국내 조선산업을 하향 평준화시키기보다는 규모의 경제를 갖추기 위해 큰 기업은 더욱 크게, 작은 기업은 인수 · 합병을 통해 규모를 키울 수 있도록 지원했다는 점은 건설산업도 글로벌 시장에서 경쟁력을 갖춰야 할 한국의 대표 기업군을 양성해야 함을 일깨워 주는 부분이다.

넷째, 조선산업이 파악한 발주자 눈높이에 대한 이해다. 글로벌 시장에서의 경쟁은 철저하게 고객의 수요와 선호도에 눈을 맞춰야 한다는 점을 인식한 결과다. 한국건설이 내 몸에 맞는 시장 환경(예 : 입 · 낙찰제도)을 정부 측에 끊임없이 요구하는 반면 조선산업은 내수시장이 아닌 글로벌 시장에서 주문자들의 수요를 지속적으로 파악하여 전략적인 기술개발 및 경영전략을 펼치고 있는 점에서 차이가 있다. 이는 주문 환경을 바꿀 수 없다면 내가 주문환경에 적응할 수밖에 없다는 사실을 일깨워준다. 조선이 처음부터 전략적으로 글로벌화에 역점을 둔데 반해 건설은 '겉 주장은 글로벌화, 속내는 토착화'에 너무 익숙해져 있는 것이다.

다섯째, 경쟁력은 기술력과 생산성이 뒷받침되지 않으면 글로벌 수준에 올라서기 어렵다는 사실이다. 기술력과 생산성을 동시에 제고시키기에 조선산업이 선택했던 것은 박근혜 정부가 화두로 내세우고 있는 '창조경제'와 맥을 같이 한다. 조선산업이 세계적으로 자랑하는 초대형 블럭공법(기가블럭)은 조선산업의 설계와 제작 프로세스를 ICT 기술과 융합시켰기 때문에 가능했던 한국만의 고유 생산모델이다. 조선산업의 울타리를 벗어나 타 산업과의 융합의 길로 들어섰다는 점에서 건설의 현재와 미래 생존전략 수립에 많은 시사점을 준다.

마지막으로 안으로는 인재중시, 밖으로는 호혜원칙에 기반을 둔 공급사슬(SCM) 구축 경영전략이다. 인재 중시 경영원칙은 시장과 기업의 경영정보 공유를 통해 조직 구성원과 기업이 상호협력하고 공감하는 노사문화를 자연스럽게 구축하는 것으로, 사업단위로 움직이는 건설산업의 분산 경영철학에 시사하는 바가 크다. 건강한 노사문화는 종업원과 기업이 상호 신뢰를 통해 기술개발과 상품시장 확대를 위한 협력을 강화하여 기업의 경쟁력을 높이는 시너지 효과를 낳는다. 개인의 목표와 기업의 목표가 불일치함으로 인해 발생하는 역량 분산 낭비를 막고 구성원 스스로가 새로운 기술과 시장을 만들어가려는 의지를 향상시키는 것이다. 이러한 경영전략은 어려운 시장 상황에서도 새로운 일감 확보를 위한 사업 포트폴리오 확대 전략을 펼치면서 종업원은 물론 협력사까지 응집력을 높이는 효과를 유발시켰다.

세계 5위권의 한국 자동차산업이 건설에게 알려주는 생존의 길

가내 공업 혹은 수공업 수준에 머물고 있던 자동차 수리공장에서 승용차 생산 기준 세계 5위권까지 오른 한국의 자동차산업은 건설과 조선을 모태로 출범했다. 출범할 당시 국내의 자동차 생산 수준은 수출은 고사하고 내수도 감당하지 못하는 거의 밑바닥 수준이었다. 전문가는 물론 기술과 자본, 생산시설 등 모든 것이 부족한 상태로 출발했지만 2013년 현재 한국을 대표하는 글로벌 챔피언 산업 위치에 올라섰다.

자동차산업이 한국 건설에 던져 주는 시사점 중 주목할 만한 부분은 '처음부터 세계 1등은 없으며 완전한 시장도 없다'는 마인드이다. 글로벌 챔피언이 되기 위해서는 기술과 상품의 실패를 수없이 반복해야 한다. 거듭된 실패에도 불구하고 세계적인 상품과 시장을 확보하고자 하는 창업주, 오너 경영층의 믿음, 그리고 기업가적 도전정신이 있었기에 세계적인 기술과 상품을 만들어 낼 수 있었던 것이다.

또한 한국 자동차산업은 "국내시장은 물론 세계시장은 만들어지는 것이 아니라 만들어가는 것이다"는 적극적인 자세로 사업에 임했다. 실패에 좌절하여 외부 도움만을 기다리는 수동적인 경영보다 새로운 상품, 시장을 다변화시켜 새로운 기회로 만들어가는 적극적인 기업과 산업은 절대 후퇴하지 않는다. 경영층의 기업가적인 도전적 리더십은 임직원들이 경쟁시장에서 어떻게 생존해야 하는 지에 대한 목표 의식을 분명히 각인시켜 주었다. 제3자가 시장을 만들어주길 기다리기보다 생존하기 위한 시장을 끊임없이 창출해내는 적극성은 많은 건설인들에게 시사점을 던져주고 있다.

세계 챔피언 산업 혹은 기업은 기술력이 바탕이 된 상품을 반드시 가지고 있다. 기술력 없는 세계 1등은 존재하기도 어려우며, 외부 환경에 의해 1등이 되었다고 하더라도 생존의 지속성은 없다. 오늘날과 같이 급변하는 시대에는 기술개발도 정적이기보다 동적이라야 생명력을 가진다. 전통적인 기술에만 집착하는 한국 건설산업과 달리 ICT와의 융합을 통해 끊임없이 성능을 진화시키고 있는 한국 자동차산업의 기술발전 과정을 교훈삼아 건설산업의 기술력 향상 방안에 대해 깊이 있는 고민이 필요하다.

기술 및 상품개발과 병행하여 수요자의 눈높이에 맞춘 마케팅 경영도 시장 침체에 빠진 국내 건설산업에 많은 시사점을 주고 있다. 그들은 아무리 뛰어난 기술과 상품이라도 수요자가 인식하는 가치에 비해 가격이 높을 경우 시장의 외면을 받는다는 것을 잘 알고 있었다. 따라서 소비자에게 보다 다가서기 위해 상품의 생산 원가를 낮추는 전략으로 공유와 분산 생산방식을 채택하였다. 이는 1개 라인에서 1개의 상품모델을 생산해내는 전통적인 방식에 비해 다품종의 모델을 동시에 생산하는 방식을 이용한 것으로, 결과적으로 생산가격을 낮추는 효과를 가져왔다.

현대 · 기아자동차의 '품질보증 10년' 전략프로그램은 소비시장 침체기에도 차별화에 성공할 수 있다는 가능성을 보여주었다. 완성상품이 주도하는 세계 자동차산업에서 부품기업이 완성차 산업을 주도한다는 역발상 전략은 큰 기업이 반드시 시장을 선도한다는 고정관념을 탈피시키기에 충분했다. 덩치 큰 건설기업만이 시장을 선도한다는 생각에서 벗어나 작지만 강한 기업도 세계 1등의 위치에 올라 설 수 있음을 한국 건설산업도 의미 있게 받아들여야 할 것이다.

융합기술이 건설산업 생존전략에 주는 시사점

인류가 당면한 에너지 부족과 지구 온난화 문제를 해결하기 위해 전 세계 과학기술자들은 끊임없이 연구 · 개발에 임하고 있다. 오늘날 우리는 화석에너지에 지나치게 의존해온 결과 온실가스 배출문제가 심각한 상황이다. 원자력에너지는 그 경제성에도 불구하고 체르노빌 및 후쿠시마 등에서 대형 사고를 일으켜 잠재적 위험성 때문에 지구촌의 공감대를 얻지 못하고 있다.

인공태양이라는 별명이 붙여진 핵융합에너지는 과학기술이 융합된 창조형 미래 에너지다. '퓨전(Fusion)' 혹은 '융합(Convergence)'에너지로 불리는 핵융합기술은 에너지의 97%를 수입하는 한국경제에 새로운 희망을 줄 수 있는 대안이다. 과거 핵융합에너지산업은 미국, 유럽 및 일본 등에 비해 연구 및 기술인력 모두 초보단계에 머물렀지만, 정부와 과학기술계의 합작으로 전 세계의 주목을 받는 위치까지 올라설 수 있었다. 짧은 기간에도 불구하고 전 세계로부터 주목을 받고 있는 한국의 핵융합에너지기술이 국내 건설산업에 주는 시사점은 다음과 같다.

첫째, 에너지 자립 요구와 지구 온난화 문제로 새로운 에너지 공급원에 대한 요구가 증가함에 따라 한국 과학기술계를 대표하는 오피니언 리더그룹과 과학기술정책을 총괄하는 정부기관은 한국이 처한 문제를 정확하게 인식하고 새로운 대안을 찾기 위한 공감대 형성에 힘을 모았다. 이러한 노력의 결과 국내에도 핵융합에너지 실험연구소를 건설하게 되었다. 늦었지만 에너지 위기로부터 한국이 벗어날 수 있는 방법을 찾아야 한다는 공감대가 새로운 시장을 창출한 것이다.

두 번째 시사점은 새로운 기회 창출은 위기상황에서 만들어진다는 것이다. 한국이 처한 에너지 부족 문제를 기존 에너지시설 확대에서 찾지 않고, 전혀 새로운 차원의 에너지원을 만드는 과학기술에 의존한 결과 새로운 가능성을 확인할 수 있었다. 에너지 부족 문제와 함께 변방에 머물 것으로 여겼던 중국 경제와 과학기술의 무서운 성장은 한국의 과학기술과 경제를 위협하기에 충분했다. 그러나 핵융합기술에 의한 창조에너지기술은 새로운 가치를 창출하였고, 우리의 과학기술 수준은 한 단계 더 성장하였다.

세 번째 시사점은 한국이 처한 상황을 정확히 파악하고, 동시에 잠재된 강점을 활용함으로써 혁신적인 기술과 상품을 만들어내도록 과학계와 정부가 함께 노력한 점이다. 선진국에 비해 뒤쳐진 현실을 비관하기보다 한국인의 강점인 '빨리 빨리'를 '빠른 추격'과 '창조 및 선도'로 발전시키면서 긍정적인 도전 전략을 펼쳤다. 상황에 대한 빠른 판단과 신속한 대응, 그리고 미래에 대한 투자가 뒷받침되었기에 지금의 한국 핵융합에너지기술 발전이 가능했다고 본다.

네 번째로는 신 시장 발굴 및 상품 개발에 있어 기존 기술을 접목시킨 융합형 개발에 중점을 두었다는 점이다. 상품개발이나 기술개발의 속도를 높이기 위해서는 이종기술 간의 융합이 큰 힘을 발휘할 수 있다. 이처럼 건설산업이 기존의 높은 울타리를 방패삼아 전통적인 기술개발에만 매달린다면 미래사회의 한국 건설산업과 기술은 더 이상 생존하기 힘들 것이다. 스마트 시티와 교통, 스마트 홈과 디지털 병원 등과 같이 전혀 다른 건설상품이 등장하고 있다는 점에서 이종 기술과 산업 간의 융합은 건설에서도 예외일 수 없다고 본다.

다섯 번째는 국내 건설산업이 글로벌 시장에서 생존하고 성장하기 위해서는 한국 건설만이 내세울 수 있는 생산성 혁신 무기가 필요하다는 사실이다. 건설이라는 울타리를 벗어나 조선이나 제조업, 그리고 ICT산업과 융합을 통해 글로벌 시장에서 경쟁할 수 있는 강력한 생산성 혁신이 반드시 필요하다. 첨단기술이나 신상품도 생산성이 뒷받침되지 않으면 시장성을 잃어버리기 마련이다. 건설산업이 생존하고 성장하기 위해서는 지속가능한 강력한 한국만의 생산성 무기를 반드시 확보해야 할 것이다.

마지막으로는 이종기술과 산업 간 융합이 가능해지기 위해서는 밖으로는 건설산업의 울타리를 걷어내는 법과 제도의 파괴, 안으로는 업종·

업역 간 배타적인 법과 제도의 파괴가 이루어져야 한다. 내수시장과 기득권 중심의 울타리 산업으로는 융합기술이 지배하는 글로벌 시장에서 생명력을 지속하기 어렵다는 사실을 인지해야 한다. 전통적인 기술이나 상품으로 승부하기 어려운 것이 글로벌 시장의 보편적 추세라면 창조적인 기술과 상품, 그리고 산업 자체를 창조산업으로 변모시킬 수 있는 법과 제도의 혁신이 필요함을 다시 한 번 확인할 수 있다.

PART

4

새로운 건설 수요 창출 전략

도시재생사업은 건설시장의 새로운 돌파구다

주택 및 부동산 시장, 과잉공급의 늪에서 벗어나야 한다

미래 건설기술은 메타기술로 변신한다

기존 시장에서 추가 일감을 찾고, 미래 틈새시장을 공략하라

창조경제시대에 맞는 시장창출 전략을 세우자

도시재생사업은 건설시장의 새로운 돌파구다

안건혁 교수_서울대학교 건설환경공학부

국가 간 경쟁에서 도시 간 경쟁으로

유엔인구기금(UNFPA)이 발표한 전 세계 인구는 2013년 6월 기준 약 72억 명에 달하고 있으며, 이의 절반(53%)에 해당하는 약 38억 명의 인구가 도시에 거주하고 있다. 세계인구 추계에 따르면 앞으로도 도시인구는 개발도상국을 중심으로 급격히 증가해 2050년이 되면 약 64억 명(예상되는 세계 총인구 96억 명의 67%)에 이를 것으로 전망되고 있다. 이처럼 급격한 도시화는 개발도상국의 산업화 결과이기도 한데, 한국에서는 이미 1960년대부터 시작되어 1990년대까지 지속적으로 이루어졌다. 한국의 경우 1950년 21%에 불과했던 도시화율은 2050년 90%를 육박할 것으로 예측되고 있다.

산업화 이전까지만 해도 국가의 경쟁력을 평가하는 데 있어 1차 산업(농수산업) 생산량이 큰 비중을 차지했다. 따라서 자연스럽게 도시지역뿐만 아니라 농촌지역 또한 국가경제에 있어 중요한 역할을 담당했다. 그러나 산업화 이후에는 주로 도시 내에서 이루어지는 3, 4차 산업이 국가

경제의 대부분을 차지하게 되었다. 그런 까닭에 전 세계적으로 도시지역은 그 지역이 갖는 인구 비율에 비해 더 많은 양의 GDP를 담당하고 있으며, 이러한 경향은 한국을 비롯한 아시아 지역에서 더욱 두드러지게 나타난다. 이것은 국가경제에 있어서 도시지역의 역할과 중요성이 더욱 커지고 있음을 말해주고 있다. 즉, 도시산업의 경쟁력이 곧 국가 산업경쟁력이며, 도시 간 경쟁이 곧 국가 간 경쟁이 된 것이다. 국경 없는 글로벌 경쟁시대에 국가 간 경쟁구도가 도시 간 경쟁구도로 이양되고 있는 것이다.

도시가 경쟁력을 갖기 위해서는 다양한 요건을 갖추어야 한다. 세계적인 경제지 이코노미스트(Economist)에서 개발한 세계 도시 경쟁력 평가 기준에 따르면, 도시의 경쟁력은 경제력(Economic Strength), 물적 자본(Physical Capital), 재정 성숙도(Financial Maturity), 조직 효율성(Institutional Effectiveness), 사회 · 문화적 특성(Social and Cultural Character), 인적 자본(Human Capital), 환경 및 자연재해(Environment and Natural Hazards), 국제적 인식(Global Appeal) 등 다양한 세부항목에 의해 결정된다. 따라서 동아시아권에서 한국의 대도시가 동경, 상하이, 베이징 등과 같은 주변국 대도시와의 경쟁에서 앞서 나가고 국제적 경쟁력을 갖기 위해서는 우수한 인재와 경제적 효율성 확보는 물론 안전하고 편리한 기반시설, 도시의 문화성과 역사성, 고유성과 정체성, 도시 경관미 등 선진적 도시 환경 여건이 갖춰져야 한다.

도시 경쟁력의 향상은 건설부문을 중심으로 한 도시 물적환경 개선을 통해 가능하다. 이를 위해 교통, 통신, 에너지, 상하수도 등 기초 인프라시설의 선진화가 필요하며 도시의 역사 · 문화성을 나타내는 고유성, 경관미를 제고시키는 노력이 요구된다.

우리나라 도시의 현주소 : 도심부 쇠퇴와 지방도시 활력의 상실

그러나 우리나라 도시의 현실은 다양한 측면에서 이러한 시대적 요구에 부응하지 못하고 있다. 과거에 비해 개선되기는 했지만 여전히 소득수준에 비해 도시환경과 사회간접자본 수준은 선진국에 비해 많이 뒤처져 있다. 2011년 말 기준 1인당 도시공원 면적(도시공원 조성면적/도시지역 인구수)은 8.3㎡로 주요 선진국의 1/3~1/2 수준(미국 뉴욕 18.6㎡, 영국 런던 26.9㎡, 프랑스 파리 11.6㎡)에 불과하다. 2011년 기준 국토계수당 도로연장 지표도 아직까지 G7 선진국의 1/4~1/3 수준에 불과한 실정이며, OECD 국가 중에서도 최하위에 해당한다. 또한 고질적인 도시교통체증의 발생으로 간선도로망의 1/6이 혼잡구간으로 평가되고 있으며, 이에 따른 교통혼잡비용이 연간 23.7조 원에 달한다. 그 밖에도 규제되지 않은 건축물 형태와 무질서한 상업용 간판의 난립으로 인해 도시경관 및 역사자원이 훼손되고, 도시 정체성이 해체되는 등 다양한 문제를 보이고 있다.

최근에는 각 도시의 구도심 쇠퇴, 특히 지방도시 활력 저하가 새로운 도시문제로 대두되고 있다. 도심 쇠퇴의 원인 중 하나로 양적 성장시기에 도시 내부의 재생보다는 교외의 미개발지 중심의 신도시 개발(또는 대규모 택지개발)을 통해 도시 개발과 주택 공급을 시행해왔다는 점을 들 수 있다. 최근까지 이어져온 이러한 개발관행은 구도심 지역의 상대적 낙후와 쇠퇴를 야기했다. 이러한 상황에서 인구성장 둔화로 인해 주택 수요가 급감하고 교외 지역 개발이 포화상태에 이르게 됨에 따라 대규모 주택 단지의 미분양 사태가 발생하는 등 건설경기 마저 침체기를 맞게 되었다. 동시에 기존 도심에서도 더 이상 도시 공간에 대한 수요 증가가 나타나지 않고 있어 도시 재개발도 위축된 상태다.

결과적으로 도시 내외부의 건설경기 침체는 도시 쇠퇴와 도시 활력의 상실로 이어지고 있다. 특히 이러한 문제는 KTX 등을 비롯한 광역 교통망의 발달로 인해 수도권 인구 집중이 강화됨에 따라 지방 대도시들에서 더욱 심각한 문제로 나타나고 있다.

도시 활력 증진과 도시 경쟁력 제고 수단으로서의 도시재생과 그 한계

도시쇠퇴 문제에 대한 대응방안으로서 정부는 도시재생을 통한 도시 활력 제고 및 도시 중심성 강화를 꾀하고 있다. 최근 도시재생 활성화 및 지원에 관한 특별법이 국회 본회의에서 의결되었으며, 지자체 차원에서도 도시정책에 다양한 변화가 나타나고 있다. 대표적으로 서울시의 경우 박원순 시장 체제 하에서 아파트 중심의 뉴타운 개발 계획을 폐기하고 마을 만들기 중심의 주거지 재생을 적극 추진 중이다. 이와 같은 시도는 근린주민의 커뮤니티 의식 제고와 주민참여 활성화 측면에서 소기의 성과를 거두고 있는 것으로 평가받고 있다.

그러나 주민 중심의 주거지 재생 정책은 건설 수요 창출 측면에서만큼은 큰 효과를 거두지 못할 것으로 보인다. 우선 주거지 재생(근린재생형 도시재생사업)의 경우 마을 만들기 방식의 다양한 장점에도 불구하고 건설 수요 창출 측면에서는 대규모 택지개발 방식에 비할 바가 못 된다. 오히려 정부예산의 분산으로 주류 건설산업에는 큰 타격이 될 수도 있다. 즉, 마을 만들기에 적극적으로 예산이 투입됨에 따라 소규모 건설사업이 활성화될 수는 있겠지만, 그 영향은 소규모 건설업체에 한해 미미하게 나타날 것이며 건설산업 분야의 총체적 문제라 할 수 있는 중대형 건설업체의 회생에 미치는 영향은 매우 작을 수밖에 없다. 결과적으로 근린재생형 도시재생사업을 통해 건설산업의 발전을 꾀하고자 하는 것은 헛된 꿈이 될 수 있다.

따라서 건설산업 부양을 위해서는 주거지에서의 마을 만들기보다는 입체복합개발이나 재개발사업을 통한 도시중심부 재생(경제기반재생형 도시재생사업)에 보다 초점을 맞출 필요가 있다. 중앙정부도 최근에는 도심지역에서의 입체복합개발을 통해 도시 활력을 회복하기 위한 시도를 조심스레 추진 중이다. 그러나 도심재생의 경우 또 다른 장벽이 가로막고 있다. 전국적으로 도심재생의 대상이 되는 대부분의 도심지역의 지가가 매우 높은 반면 그만큼 높은 지가를 지불하면서까지 도심부에 입지하고자 하는 수요는 상대적으로 적어 개발사업의 경제적 타당성 확보가 어렵기 때문이다. 최근 용산개발사업의 전복 사례로부터도 이러한 상황의 심각성을 엿볼 수 있다. 용산개발사업에서는 서부이촌동 아파트 단지와의 통합개발로 사업규모를 확장함에 따라 토지매입에만 수 조 원의 비용이 추가되었고, 그로 인해 쇼핑몰, 오피스 등의 분양가가 강남권에 비해서도 두 배 가까이 높게 책정되면서 투자수요가 더욱 위축되는 악순환을 겪었다. 그 외에도 지난 4~5년간 소위 PF(Project Financing)사업이라 칭하는 수많은 복합개발사업들이 파산하거나 중단되고 있으며, 그 영향이 저축은행들의 파산으로까지 이어지고 있다. 물론 2008년 글로벌 금융위기도 이러한 투자심리 위축에 한 몫을 했지만 근본 원인은 높은 지가 때문에 발생하는 고투자비용을 감당할 만한 수요가 없기 때문이다. 도심지역의 지가가 토지의 실제 가치보다 높은 상황에서는 그 어떤 대규모 사업도 성공하기 쉽지 않다. 지가가 대폭 하락하거나 인구가 증가해 새로운 개발 수요가 증가하지 않는 이상 이러한 상황은 지속될 가능성이 크다.

이처럼 지금과 같은 정부의 도시재생 정책만으로는 새로운 건설수요를 창출하는 데 한계가 있다. 따라서 새로운 건설수요 창출을 위해서는 다음과 같은 변화가 필요하다.

개발 대상지의 다양화

먼저 개발 지역의 변화가 필요하다. 용산개발사업의 실패에서도 보았듯이 도심지역에서 대규모의 토지수용을 필요로 하는 사업은 성공하기 어렵다. 그렇다고 지가가 내려가거나 수요가 증가하기만을 기다릴 수는 없는 노릇이다. 따라서 건설산업 활성화를 위해서는 국공유지 및 이전적지를 활용한 개발사업 추진을 적극 고려할 필요가 있다. 서울시의 경우만 해도 정부시책에 따라 지방으로 이전하는 공공기관 이전적지 60개소와, 서울시 소유의 대규모 이전적지(미공병단, 국립의료원, 한양중고교, 훈련원 공원, 서울의료원 등), 그리고 용산 관광버스터미널과 동대문 동부화물터미널 등 노후기반시설 부지가 개발 지역으로 고려될 수 있다. 또한 대지로 조성되어 있는 도시계획시설 부지의 보다 밀도 있는 활용도 고려할 수 있다. 이를 위해서는 도시계획시설의 압축적, 입체적, 복합적 개발 방안이 강구되어야 한다.

이처럼 국공유지 및 도시계획시설 부지에 대한 사용권을 확보하여 개발사업을 시행할 경우 초기 토지 취득비용을 절감함으로써 건설산업 활성화에 기여할 수 있다는 장점이 있다. 또한 도시재생사업, 도시정비사업, 도시개발사업 등과 같이 이주자 대책이 필요한 사업과 연계하여 순환개발을 위한 임대주택 및 이주자 주택공급 토지로 활용함으로써 여타 개발사업의 활성화에도 기여할 수 있다.

개발 방식의 다양화

국공유지와 도시계획시설 부지의 밀도 있는 활용을 위해서는 개발 방식의 변화도 필요하다. 특히 도시계획시설의 입체복합개발은 접근성이 높은 기개발지 내에서 새로운 가용 토지를 창출할 수 있다는 측면에서 건설산업의 새로운 시장을 개척하는 것과 같은 효과를 갖는다. 그러나 최근까지 관련 근거규정이 미비한 관계로 이와 같은 도시계획시설의 복합개발이 시행되는 데 큰 걸림돌이 되었다. 이에 최근 서울시에서는 「도시계획시설의 중복 복합화에 따른 운용기준(2011)」을 통해 64개 도시계획시설의 중복 및 복합화 허용범위를 결정함으로써 관련사업의 근거규정을 마련했다. 또한 도시계획시설 간의 복합화 외 일반건축물과의 복합화 규정으로서, 여객자동차터미널 부지 내 일반건축물 설치기준을 수립 및 제시하였다. 박근혜 정부의 행복주택 건설 정책 또한 이와 일맥상통한다. 행복주택 프로젝트는 철도부지, 유휴 국공유지, 미매각 공용시설 용지 등의 도심 내 공공 토지를 활용하여 업무시설, 상업시설, 주거시설을 복합개발함으로써 도시재생을 도모하는 정책이다. 이는 주거시설까지 포함하고 있다는 측면에서 도시계획시설 간 복합화와 도시계획시설과 상업시설 간 복합화에 비해 보다 적극적으로 토지활용을 추구하는 정책이라고 할 수 있다. 이와 같은 개발방식의 확대는 기존 도심의 토지이용 효율을 극대화함으로써 건설 수요 창출에 기여할 것으로 기대된다. 따라서 이러한 흐름에 발 맞춰 지방 도시에서도 건설산업 활성화를 위한 방안으로서 도시계획시설의 입체복합개발 근거규정 제정을 고려할 필요가 있다.

개발 대상의 다양화

과거에는 주택건설 중심의 도시개발사업이 건설산업의 큰 비중을 차지했다. 그러나 앞으로는 기반시설의 건설 및 재건을 통해 건설산업을 활성화하는 것이 바람직할 것으로 보인다. 주택에 대한 수요는 정체된 반면 우리나라의 기반시설 수준은 소득수준에 비해 여전히 낮은 상태에 머물러 있기 때문이다.

새로운 기반시설의 확충을 위한 개발 대상지로서 대심도 지하공간을 적극 활용할 수 있다. 지상공간의 한정성과 높은 지가 문제, 고질적인 교통체증 문제, 도시공원과 같은 기반시설 부족 문제 등으로 최근 제3의 공간에 대한 필요성이 증가하고 있으며, 그 중 하나가 대심도의 활용이다. 그 예로, 수도권 광역급행 철도(GTX) 사업과 서울시의 유-스마트웨이(U-Smartway, 도시지하도로)사업 등이 검토 중에 있다. 공공 주도 하에 이와 같은 대규모 국책 사업이 성공적으로 마무리되고 관련 규정이 완비될 경우 민간 주도의 지하공간 개발도 활성화되어 건설산업 전반에 긍정적인 영향을 줄 것으로 기대된다. 현재 논의되고 있는 교통기반시설 외에도 상하수도, 전력, 통신, 가스 등의 공동구로서도 활용될 수 있으며, 공원녹지 지하공간을 활용한 대규모 복합단지나 대심도 도로와 연계한 각종 교통 편의시설(대규모 지하 주차장 등) 개발 또한 지상공간의 문제를 해소함과 동시에 건설산업 부양에 기여할 수 있을 것으로 보인다.

새로운 기반시설의 건설과 함께 과거 건설된 기반시설의 점검과 재건(도시 인프라의 현대화)을 통해서도 건설산업을 활성화할 수 있다. 이는 건설산업 활성화 목적이 아니더라도 우리 도시의 선진화를 위해 반드시 필요한 과정이다. 특히 전국 곳곳에 산재되어 있는 낙후 교량, 산업화 초기에 건설된 고속도로, 상하수 처리시설 등에 대한 점검과 재건이 필요하다. 공공기반시설(도시계획시설) 부지도 건설산업 수요 창출을 위한 새로운 개발 대상이 될 수 있다. 대표적으로 철도부지의 입체복합 활용을 적극 고려할 수 있다. 수도권 지역에만 지상철도노선 7개(국철, 중앙선, 1 · 2 · 3 · 7 · 8호선), 폐선부지 2개 구간(경의선, 경춘선), 차량기지 15개소, 개발가능 지상역사 10개소가 있다. 철도부지의 경우는 주변 지역의 현황에 따라 개발형태도 매우 다양하게 적용할 수 있다. 주변부보다 낮은 지상선로의 경우 철도 상부에 인공데크를 개발하는 방식(덮개 공원 등)을 고려할 수 있으며, 그 외의 경우에는 철도와 건축물을 일체로 개발하거나 주변지역과의 통합개발도 가능하다.

개발 주체의 다양화

개발 주체 측면에서도 공공주도 개발에서 민간참여 개발로의 전환이 필요하다. 최근들어 과거 미개발지(Green Field) 개발중심의 대규모 택지개발이 위축되면서 주택공급 정책이 '신도시 개발'에서 '도시재생'으로 방향을 선회하고 있다. 물론 수도권 외곽과 지방도시에서는 여전히 신도시 개발이 진행되고 있으나 현재의 개발 여건이나 주택 분양 상황을 볼 때 이러한 추세는 당분간 지속될 것이며, 택지개발이 이루어지더라도 당분간 수도권 1 · 2기 신도시와 같은 정부주도의 대규모 택지개발 형태가 재개되기 어려울 것이다. 따라서 앞으로 도시 건설산업 분야에서는 민간부분의 역할이 더욱 중요해질 것이라 예상할 수 있다. 우리사회는 1990년대 중반 이후 준농림지역에서 나타난 민간부문의 무분별한 도시개발로 인해 자연환경 훼손 및 공공기반시설 부족 등과 같은 사회문제를 이미 경험한 바 있다. 그로 인해 민간부문의 도시개발에 대한 부정적 인식이 존재하는 것이 사실이다. 그러나 공공부문의 도시건설사업이 위축된 현 상황에서는 민간부문의 참여기회를 확대함으로써 시장 수요 변화에 더욱 기민하게 대응할 수 있도록 하는 것이 바람직하다. 이를 위해서는 과거 준농림지역에서 나타난 난개발로 인한 폐해를 되풀이하지 않기 위한 제도적 장치가 필요할 것이다.

해외 도시개발 진출

국내 도시개발 수요의 위축이 불가피하다면 해외 도시개발에 눈을 돌릴 필요가 있다. 세계적 도시화 추세는 개발도상국들을 중심으로 상당 기간 지속될 것이다. 2050년까지 늘어나는 도시 인구는 대략 26억 명으로 예측되며, 이들이 도시에 거주하기 위해서는 시가지 개발이 필수적이다. 물론 이러한 개발 수요의 일정 부분이 기존 시가지 정비나 소규모 확장으로 충당되겠지만 상당량의 신도시 개발이 불가피할 것이다. 예를 들어 이 중 절반 정도(13억 명)가 신도시에 수용된다면 앞으로 30~40년 동안 분당신도시와 같은 규모의 신도시 3,000개가 필요한 셈이다. 특히 이 수요의 절반 이상이 아시아 지역에서 발생하므로 신도시 개발의 경험이 많은 우리로서는 비교적 쉽게 진출할 수 있을 것이다.

해외 도시개발 진출에 있어서는 과거와 같이 해당국가에서 발주하는 건설을 수주하는 경우도 있으나 그것보다는 직접 개발사업자로 나서는 것이 바람직하다. 대부분의 건설업체들이 경험이 부족하여 쉽게 접근하지 못하고 있으나, 정부와 LH공사 등 공공의 지원이 있다면 불가능한 것만은 아니다. 물론 충분한 시장조사와 그 나라의 제도, 관행, 문화 등에 대한 연구가 뒷받침되어야 할 것이다.

도시개발 분야에서 건설시장은 변하고 있다. 더 이상 과거와 같은 수요 과잉시대로 되돌아 갈 수는 없을 것이다. 그렇기에 새로운 수요를 창출하여야만 한다. 대형 건설업체는 해외로 눈을 돌려야 하고, 중소 건설업체는 도시재생사업 등 새로운 수요와 틈새시장을 노릴 수밖에 없다. 어느 분야에 진출하던 앞으로는 업체들의 전문화가 필요하며, 기술개발을 위해 부단한 연구를 해야 할 것이다.

주택 및 부동산 시장, 과잉공급의 늪에서 벗어나야 한다

조주현 교수_건국대학교 부동산학과

인구 및 가구구조의 변화

부동산 수요의 기반이 되는 것은 인구 수와 가구 수이다. 최근 들어 전 세계적으로 나타나고 있는 저출산 · 고령화 추세는 1~2인 가구의 증가와 베이비붐세대의 은퇴로 더욱 가속화되고 있다. 이러한 추세에 따라 노후자금 마련의 일환으로 임대료와 같은 경상소득을 창출하는 수익성 부동산에 은퇴세대의 관심이 쏠리고 있다.

주택경기 침체와 인구 고령화, 그리고 도시화의 성숙단계에 진입하면서 인구이동도 정체되는 현상을 보이고 있다. 통계청이 발표한 2012년도 우리나라의 인구이동률(읍 · 면 · 동의 경계를 넘어서 이동한 인구의 비율)은 1974년 이후 가장 낮은 수준인 14.9%를 기록하였다. 이동성향이 높은 20~30대의 인구는 2002년에 비해 227만 명 감소한 반면 이동성향이 낮은 60세 이상 인구는 253만 명 증가한 까닭이다. 결국 이러한 현상은 자발적이든 비자발적이든 현재 살고 있는 집에서 노후를 보내는 현상(Aging In Place)이 우리 사회에 점차 보편화되고 있음을 보여주고 있다. 주택의 소비조절은 현재 거주하고 있는 집을 개량하거나 형편에 맞는 집으로 이동함으로써 이루어지는데, 그동안의 연구결과들을 보면 고령인구의 주택소비조절(흔히 '다운사이징'으로 표현됨)은 잘 이루어지고 있지 않는 것으로 나타난다. 결국 이동을 통한 소비조절을 하지 않고 현재 거주지에서 노령화가 진행된다는 사실은 살고 있는 주택의 개량이나 재개발 · 재건축에서 자기부담금과 같은 일시적인 자금투입이 쉽지 않음을 의미하는 것이기도 하다.

전세의 월세 전환 가속화

인구이동의 감소와 고령화는 주택시장의 장기전망에 어두운 그림자를 드리울 뿐만 아니라 부동산을 보유하여 경상소득을 창출하고자 하는 심리를 상승시키고 있다. 그 결과 주택가격의 장기적인 상승 기대감이 사라지면서 전세금이 크게 오르는 현상이 나타나고 있다. 실제로 서울 아파트의 주택가격대비 전세금 비율은 2009년 1월(38.2%) 이후 꾸준히 상승해 2013년 8월 말 현재 64.5%에 이르고 있다. 한편, 시중금리가 낮아지면서 연금보조수단으로서의 전세금 인상보다는 일부라도 월세를 선호하는 임대인 증가로 전세의 반전세 혹은 월세로의 전환도 활발히 이루어지고 있다. 전 · 월세 거래 중 월세가 차지하는 비중은 2011년 1월 22%를 기록한 이후 꾸준히 상승하여 지난해 33~36% 수준까지 증가했고, 올해 1월에는 처음으로 40%대까지 늘어났다. 그럼에도 불구하고 전세를 월세로 전환할 때 적용하는 전 · 월세 환산율은 7~9% 수준으로서 상당히 높아 임차인의 부담요인이 되고 있다.

주택수급의 질적 부조화 심화 : 주택문제의 본질

주택보급률이 100%를 넘어서면서 우리나라의 주택문제는 양적 문제로부터 질적 문제로 변모하고 있다. 소득의 변화나 가구구조의 변화로 인하여 주택수요는 시시각각 변하는데 반해 이에 부응하는 공급에는 시간이 걸린다. 따라서 부단히 변화하는 수요에 맞추어 적절한 질의 주택공급이 이루어져야 하는데, 각종 규제로 인하여 공급이 비탄력적인데다가 공공의 공급은 수요가 없는 곳(토지를 확보하기 쉬운 곳)에서 주로 이루어지고, 민간공사는 대형 건설사를 중심으로 지가가 저렴한(수요가 없는) 곳에 대단위 공사 위주로 진행되고 있어서 수요의 변화에 부응하는 공급이 이루어지지 못할 뿐더러 미분양 누적의 고통이 가중되고 있다.

집은 남아도는데 필요한 집은 공급되지 않는 주택수급의 질적 부조화가 현재 우리나라 주택문제의 핵심이라고 할 수 있다. 이웃나라 일본의 경우 공가율이 13%에 이르는데도 매년 90만 호의 신규주택이 지어지고 시장에서 소화되고 있는 것을 보면 공급되는 주택의 품질 관리와 틈새시장이 중요함을 알 수 있다. 또한 입지가 좋은 곳은 대부분 개발이 완료되어 기존 건물의 개 · 보수나 증축, 재정비를 통한 주택공급이 절실하다. 즉, 주택재고의 관리가 체계적으로 이루어져야 함에도 불구하고 개인적 차원(비등록 임대사업자)에서 주도하는 임대주택투자는 비공식부문에 머물러 체계화되지 못하고, 이를 대체할 효율적인 민간의 자산관리산업은 등장하지 못하고 있다.

국제변수의 영향력 증대

전 세계적으로 자본시장은 이미 상당수준 통합이 이루어졌다고 할 수 있으며, 부동산 금융의 발달로 자본시장과 부동산 시장의 통합도 빠르게 전개되고 있다. 국제적 금융위기가 각국의 부동산 시장에 지대한 영향을 미치고 있는 것만 보더라도 부동산 시장의 글로벌 동조화 · 동기화가 진행되고 있음을 알 수 있다. 이러한 환경에서는 국제거시경제가 우리나라 부동산 시장의 상당부분에 영향을 미쳐 우리의 독자적인 부동산시장 활성화 정책에도 한계를 가질 수밖에 없다. 그런데 금융위기 이후 침체를 거듭하던 주요 선진국의 주택시장이 최근 활성화 조짐을 보이고 있다. 미국은 정부의 양적완화 정책과 주택저당채권 매입 정책에 힘입어 2012년 상반기부터 주택 가격과 착공 호수 면에서 1년 가까이 높은 회복세를 보이고 있으며, 프랑스나 영국의 주택 가격도 거의 금융위기 이전 수준으로 회복되었다. 이에 비해 우리나라는 아직도 금융위기의 여파를 헤어나지 못하고 있는 실정이다. 결국 우리는 선진국의 주택경기 회복이 엄격한 기준에 의한 채무조정과정을 거쳐서 이루어져 왔음에 주목해야 한다. 예컨대 금융위기 이후 미국의 주택담보부실채권 정리과정에서는 총부채상환비율(DTI) 31%를 초과하는 대출을 일정 수준까지 낮추는 것을 목표로 하고 있으며 해결방안도 만기 연장, 이자율 조정, 그리고 마지막 단계에서 채무 조정의 순서로 진행되었음을 유념해야 할 것이다.

새 정부의 핵심 부동산 정책

박근혜 정부의 부동산 정책은 선거공약에서 표방하듯이 개발공약이나 인위적인 경기부양을 지양하고 국민 모두의 행복한 주거를 목표로 하고 있다. 새 정부의 부동산 정책은 하우스푸어 대책과 렌트푸어 대책을 근간으로 한다.

하우스푸어 대책은 과도한 대출로 원리금 상환의 고통을 받고 있으나 주택의 매각이 곤란한 계층을 대상으로 한 것으로 보유지분 매각제도와 주택연금 사전가입제도로 구체화되어 있다. 보유지분 매각제도는 주택담보대출 원리금 상환에 고통을 겪는 가구(1세대 1주택, 수도권 6억 원 이하 주택, 주택담보대출비율 80% 이하)를 대상으로 주택소유지분의 일부를 공공기관에 매각하고 양도한 지분에 대해서는 소정의 임대료를 지불하면서 계속 거주할 수 있도록 한 것이다. 공공기관은 자산유동화증권(ABS)을 발행하여 자금을 조달하고 임대료를 수취하여 원리금을 상환하게 된다. 결국 높은 연체이자 대신 정상적인 이자로 환산된 임대료를 지불토록 한다는 것이다. 이와 같은 좋은 취지에도 불구하고 주택의 소유자는 공동으로 지분을 소유한 공공기관(실제는 SPC형태)과 지분에 대한 합의에 어려움은 물론 해당 주택의 처분에도 상당한 제약을 받을 것으로 예상된다. 주택연금 사전가입제도는 조기 퇴직한 베이비부머 계층의 채무상환을 위해 주택연금의 가입조건을 현행 60세에서 50세로 낮추어 일시금 인출로 악성채무의 조기상환을 돕는 것이다. 이 제도가 현실화될 경우 주택연금제도가 근본적으로 안고 있는 장수 리스크가 가중됨은 물론 주택가격의 하락 리스크도 가중되어 제도의 장기 지속성에 부담을 줄 우려가 있다. 특히 본 제도를 뒷받침하고 있는 보증기금의 장기적인 적자요인 가능성도 상존하고 있다.

한편, 렌트푸어 대책은 과도한 임대료(인상) 부담으로 고통받고 있는 임차인들을 대상으로 한 것으로 행복주택 프로젝트와 '목돈 안드는' 전세제도가 핵심이다. 행복주택 프로젝트는 미개발지가 부족한 대도시의 철도부지 상부에 인공대지를 조성하여 복합주거타운을 개발하고 임대주택 및 기숙사를 건설하는 방안이다. 공공용지에 개발되므로 토지비용을 절감할 수 있어 기존 임대료의 절반 이하 수준의 저렴한 임대주택을 대량 공급하겠다는 것이다. 향후 5년간 20만 호를 공급할 계획이며 2013년 하반기까지 수도권 시범지구 7개소에 1만 가구분을 착공할 예정이다. 행복주택 프로젝트는 소음과 같은 주거환경 문제에도 불구하고 교통 입지조건이 중요한 독신 혹은 소형가구들에게는 희망적인 사업이라고 하겠다. 다만 주변 주택임대시장에 미치는 부작용, 시공과정에서의 기술적 어려움 그리고 장시간이 소요된다는 단점이 있다. 따라서 계획물량의 달성에 집착하기보다는 초기에 2~3군데의 소규모 시범 사업지를 엄선하여 성공경험을 축적한 후 단계적으로 추진하는 것이 바람직할 것으로 보인다.

목돈 안드는 전세제도는 최초 전세금이나 인상된 전세금에 대해서 임대인이 금융기관에서 저금리로 자금조달을 하고 임차인(연소득 5천만 원 이하, 수도권 3억 원/지방 2억 원 이하 전세주택)이 이에 대한 이자를 납부하도록 하며, 공적 금융기관이 지급을 보증토록 함으로써 저소득 임차인의 전세금 마련 부담을 덜어주고자 하는 취지이다. 이에 따라 연간 5만 가구에 5조 원(가구당 1억 원)을 연 3.7%의 낮은 금리로 빌려줄 예정이다. 그러나 전세를 주택구입의 레버리지로 활용할 임대인이 과연 얼마나 될 것이며 이미 대출을 받은 경우 주택가격 하락으로 추가대출 여력이 얼마나 있을지, 그리고 편리한 전세를 마다하고 굳이 자기 집을 저당잡히면서 목돈을 마련할 임대인이 얼마나 될지 의문이다. 더구나 기존의 전세가 반전세나 월세로 바뀌고 있는 작금의 추세로 볼 때 굳이 전세를 유지토록 하는 이 제도가 과연 타당한지도 의문이다.

비주택 시장의 동향 및 전망

업무용 부동산 시장을 보면 2010년부터 2012년까지 서울시에서만

평년수준을 상회하는 100만㎡ 내외의 오피스 빌딩이 공급되었고, 2013년도에도 역시 100만㎡가 넘는 신규공급이 이루어질 전망이어서 임대료 약보합 및 공실률 상승세가 예상된다.

반면 오피스 매매시장의 경우 저금리 추세지속과 IMF 학습효과 등으로 인해 동 시기에 실사용 법인과 개인자산가, 여기에 연기금, 공제회 및 생보사 등의 수요까지 더해 매매가격이 꾸준히 상승하였다. 그 결과 2012년 말에는 2008년 글로벌 금융위기 직전수준을 회복한 데 이어 연간 평균 매매가격이 사상 최고수준을 넘어섰다. 그러나 신영에셋에서 공개한 자료를 살펴보면 향후 경기회복으로 인한 공간사용수요가 증가하지 않는 한 투자수익률은 낮아져서 다소의 임대료 및 가격조정 기간을 거칠 것으로 보인다.

상업용(리테일) 부동산 시장의 경우 2012년 매장용 빌딩 투자수익률은 실물경기 악화로 진년대비 1.41%p 하락한 5.25%를 기록하였다. 한편 도심복합쇼핑공간은 대규모 신축건물을 중심으로 대량 공급되어 여의도 지역이 고전하고 있으며, 타임스퀘어나 디큐브시티 등도 실물경기 하락으로 매출이 부진한 상태이다. 교외지역의 아울렛들은 지역에 따라 큰 편차를 보이고 있다. 특히, 일산 파주지역에 새로이 건설된 쇼핑아울렛들은 다른 지역보다는 양호한 편이나 향후 전망은 불투명하다.

산업용 부동산 시장의 경우 지식산업센터(舊 아파트형 공장)는 법인 위주의 장기임차 및 일반 수익형 상품 대비 낮은 분양가격(오피스텔의 61%, 상가의 22%)으로 인해 높은 임대수익이 가능한 투자 상품으로 각광받고 있다. 부동산 114에 따르면 2012년 4/4분기 지식산업센터의 임대수익률은 7.32%로 동기간 오피스텔(5.49%), 상가(3.77%)에 비해 높게 나타나고 있다. 최근에는 고급화로 인해 평당 분양가격인 1,000만 원대로 공급되는 경우도 있다. 특히 새 정부에서는 중소기업의 경쟁력 증진과 창의산업 발전을 위해서 지식산업센터의 개발 · 분양에 부동산 신탁회사의 참여를 활성화할 계획이어서 향후 공급물량은 대폭 늘어날 것으로 보인다.

특히 레저용 호텔시장의 경우 2008년부터 해외 관광객의 국내유입이 증가하면서 호텔객실의 부족현상이 발생하였고, 기관투자자들은 높은 수익률을 기대하며 호텔투자를 확대하고 있다. 그러나 호텔산업의 경우 일반경기와 사회 · 문화적 환경 등 외부요인에 큰 영향을 받으며 이로 인해 미래 현금흐름 예측이 어려워 장기적인 투자가 곤란하다. 향후 전망을 보면 엔저 지속으로 일본인 관광객이 급격히 줄어들 것으로 보이고, 중국의 경우 정책변화의 리스크가 상존하고 있다. 또한 많은 호텔투자들이 운영사의 수익률 확약으로 진행되고 있지만, 이 또한 운영사들의 거부로 한계에 직면할 것으로 보인다.

한편 새로운 투자시장으로 기대되는 SOC 시장의 경우 정책금융공사에서 2013년 인프라사업 1조 3,000억 원, 지역개발사업 6,500억 원을 투자할 계획임을 밝혔다. 그 내용을 보면 철도사업 등 수익형 민자사업(BTL)에 850억 원, 석탄발전사업 등에 2,150억 원으로 구성되어 있다. 그러나 다양한 민자사업들이 과다한 수요추정 등으로 부실화되면서 '사회기반시설에 대한 민간투자법 시행령'이 개정되고 최저수익보장장치가 수정되면서 사업의 리스크는 상당히 증가될 것으로 보인다.

향후 부동산 정책의 기본방향 전망 및 과제

새 정부는 분명한 부동산 철학과 정책의 큰 그림이나 대원칙을 보여줄 필요가 있다. 우선 부동산 정책에서 시장과 정부의 역할에 대한 분명한 철학을 제시하여야 하며, 국회 동의와 같은 정치적 과정에서 보다 적극적인 역할을 하여 정책의 의지와 일관성을 보여야 한다. 정부와 여당은 시장 정상화의 차원에서 왜 분양가 규제나 평형 규제, 그리고 재건축 초과이익 부담금 등의 불필요한 규제를 완화해야 하는지, 규제의 진정한 비용이 무엇인지를 객관적 자료를 근거로 하여 야당의 동의를 얻어야 한다. 더 나아가 소유의 개념에서 주거의 개념으로, 그리고 재고의 경제에서 흐름의 경제로의 자연스러운 전환을 유도하여 비즈니스로서의 부동산 산업을 육성하고 건설 부동산에 대한 부정적 인식을 불식시키는 노력을 기울여야 한다.

이러한 관점에서 다음과 같은 정책과제가 추진되어야 할 것으로 본다.

첫째, 민간 주택임대관리 산업의 적극적인 육성이 필요하다. 우리나라의 자가소유율은 2010년 현재 61.3%로서 영국(68.1%)이나 미국(68.4%)에 비해서는 다소 낮지만 일본(61.1%)과는 거의 유사한 수준이다. 그러나 자가점유율은 전체가구의 54.3%에 불과하다. 이는 우리나라 임차가구의 15%가 다른 주택을 소유한 채로 임차로 살고 있기 때문이다. 임차가구(전체 가구의 45.7%)는 다시 공공임대주택에 거주하는 가구(4.7%)와 민간임대주택에 거주하는 가구(41.1%)로 나누어진다. 이 중에서 임대주택의 82.4%는 사업자 등록을 하지 않은 개인에 의해 비공식적으로 임대사업이 이루어지고 있다. 따라서 다주택자에 대한 과중한 조세부담은 완화하되 임대사업자로 등록을 하는 경우에는 더욱 파격적인 세제혜택을 제공함으로써 등록사업자로 유도하여야 한다. 즉, 등록한 임대사업자에 대해서는 보증금 및 월세에 대한 소득세, 재산세, 부가세 및 법인세를 획기적으로 감면토록 하고, 일본의 경우처럼 상속 · 증여세를 감면하는 방안과 저리대출을 지원하는 방안도 적극 검토해야 한다. 프랑스의 경우 임대주택 구입가격의 80%를 8년 동안 임대소득에서 공제하고 있으며, 호주에서는 투자손실을 임대소득세에서 감면함으로써 주택임대산업을 지원하고 있다. 이처럼 임대사업자가 제도화될 경우 임대료에 대한 통제와 임차인에 대한 지원 및 공정임대료 적용의 실효성을 극대화할 수 있으며, 임대차 관계를 안정적으로 지속할 수 있다. 특히 일본과 같이 마스터리스(Master Lease)에 의한 대형 임대주택 관리사업자를 육성하여 불안정한 임대차관계를 안정시켜야 한다. 이것이 제도화될 경우 임대료 지급의 안정성을 기할 수 있으며 그로 인한 전·월세 환산율과 보증금의 인하도 기대할 수 있을 것이다.

둘째, 부동산 금융제도의 개선이 필요하다. 은퇴에 가까운 연령층들이 살던 집에서 계속 거주하는 현상이 지속될수록 주택을 고치거나 재건축·재개발에 소요되는 부담금을 감당하기 어려워진다. 따라서 소유자에게 장기적으로 이익이 되는 주택의 재건축이나 수선에 드는 대규모 자금을 조달하고 장기에 나누어 상환할 수 있는 리츠(REITs)나 펀드 등의 개발금융이 필요하다. 또한 전세금 상승에 따라 크게 증가하고 있는 전세금 지원보다는 월세 지원을 증가시키는 것이 바람직하다. 특히 금융기관을 통해서 월세가 집주인에게 자동이체되도록 하고 월세납입에 대한 보증을 하게 되면 자연스럽게 보증금도 낮아지며, 임대료 체납위험에 의해 높아진 전·월세 환산율을 감소시킴으로써 월세를 인하하는 효과를 가져올 수 있다. 뿐만 아니라 월세의 10배 정도만 보증금으로 납부하면 되므로 기존의 전세금도 낮출 수 있다. 현재 획일적으로 적용되고 있는 주택담보대출비율(LTV)과 총부채상환비율(DTI) 규제도 개인의 자산이나 신용에 따라서 차등화할 수 있도록 융통성을 부여해야 한다. 여기에 변동금리가 대부분인 기존의 주택담보대출을 장기고정금리로 전환토록 하며, 이를 위해 적격대출에 대한 주택저당증권(MBS) 발행을 활성화하고 주택금융공사의 보증한도도 인상할 필요가 있다. 보다 근본적으로는 위험도가 큰 부동산 개발사업에 대한 개발금융을 확대하고 개발금융이 건설사 보증이 아닌 장기금융에 의해서 연계 · 보증되도록 PF 금융체계를 정비해야 한다.

셋째, 조세체계의 근본적 개편이 필요하다. 참여정부 시절부터 국민적 합의를 이루어 온 '보유세 강화 거래세 완화'의 원칙을 보다 구체화해야 한다. 특히 거래단계에서 상당한 부담을 주는 취득세는 철폐하고, 종부세는 재산세에 편입되도록 하며 토지에 비해 주택에 지나친 부담을 주고 있는 조세체계도 개편되어야 한다. 아울러 다른 소득에 비해 지나치게 과중한 부동산 양도세도 개편되어야 한다. 부동산에만 유독 높은 양도세를 물릴 이유는 없으며 보유주택 수에 따라서 양도세를 차등화하는 논리적 근거도 희박하다. 양도세 또한 거래세의 일부로 간주하여 보유세의 강화 정도에 따라서 궁극적으로 없애는 것이 마땅하지만 당장 전면적인 시행이 어렵다면 적어도 주택가격에 관계없이 1세대 1주택의 경우만이라도 주택가액에 관계없이 양도세 과세이연이 이루어져야 한다.

민간(건설사)의 수요창출 방안 : 새로운 시장의 개척과 사업내용의 혁신

환경변화와 시장동향 그리고 정책의 변화를 종합해 볼 때, 민간 특히 건설사들은 새로운 수요를 감지하고 이를 사업화할 수 있도록 신규 시장의 개척(틈새시장의 발굴과 기존시장의 심화)과 사업내용의 혁신이 요구된다.

새로운 시장의 개척과 관련하여 첫째, 기성시가지 내의 대규모 토지에 대한 재활용 및 이용 고도화에 집중해야 할 것이다. 예컨대, 대규모 공장 및 시설의 이전적지나 철도 및 도로 지상 공간 등을 활용하는 것이다. 일본에서는 최근 도심고속도로의 공중권을 민간에 팔겠다는 제안까지 나오고 있는 실정이다. 이들 부지에 대한 도심복합개발 및 도심재생 사업은 비록 인구가 줄어든다고 해도 건설 수요를 창출할 수 있는 유망한 시장이 될 것이다.

둘째, 다소 시간이 걸리겠지만 전국에서 시행되고 있는 혁신도시와 세종시의 개발은 새로운 시장으로 보인다. 다만, 그간의 도시개발 경험에서 알 수 있듯이 해당 기관의 이전 속도나 도시형성의 단계에 따라서 장기적인 안목으로 접근해야 할 것이다.

셋째, 부동산과 다른 상품이 복합된 개발도 가능할 것이라고 본다. 예컨대, 자원 및 에너지 개발 분야, 부실채권(NPL : Non Performing Loan), 레저와 의료복합 등 문화와 생태를 복합한 새로운 분야의 사업이 가능할 것이다. 복합 혹은 융합개발이야말로 수요를 창출할 수 있는 키워드라고 생각된다.

넷째, 고령화 시장에 주목해야 한다. 특히 의료지원을 갖춘 주택연금 적격주택의 공급을 고려해 볼 수 있다. 일본에서는 고령자를 대상으로 한 다양한 의료지원을 갖춘 노인복지주택단지에 정부의 지원을 받아 대규모 건설회사들을 참여시키고 있다. 또한 해외를 포함한 은퇴촌과 골프콘도 등 활동적 노년층(Active Senior)을 대상으로 한 신 시장이 부상하고 있음에 주목할 필요가 있다.

다섯째, 유지관리 및 용도변경(Conversion)시장을 주목할 필요가 있다. 이제는 신 개발보다는 기존의 입지가 양호한 부동산의 가치를 증진

시키는 산업에 주목해야 한다. 다만, 자산은 많지만 유동화가 어려운 자택노화계층에 대해서 가치증진을 위한 투자비를 금융상품으로 동원하는 제도도 생각해 볼 필요가 있다. 미국에서는 기존의 전구를 LED전구로 바꾸는 사업에 대해 자금을 조달하는 펀드가 출현한 바 있다. 도시정비사업에서도 개별 부담금이 많으면 아무리 사업가치가 높아도 잘 진행이 되지 않는다. 이 경우 리츠(REITs)나 펀드를 통해서 초기자금을 조달하게 되면 사업의 활성화에 큰 도움을 줄 것으로 기대된다.

여섯째, 민간 건설회사, 특히 대형 회사들은 개발업종에도 활발히 진출하여 약간의 리스크를 더하고 높은 수익을 주는 디벨로퍼의 역할에 눈을 돌릴 필요가 있다. 이러한 과정에서 필수적인 것이 금융조달기구와 위험방어 방안, 그리고 철저한 시장분석이다. 따라서 건설업체는 개발사업 분야의 경험과 노하우를 축적한 업종 소프트화에 힘을 기울여야 하며, 분양으로 끝내는 사업이 아니라 장기투자 개발형 사업에 조금 더 관심을 가져야 한다. 적어도 대형 건설업체는 기획, 시행, 시공, 인테리어, 임대, 유지 관리에 이르는 일관된 사업 체제를 가질 필요가 있다. 특히 구분소유형 상가개발은 분양 후 상권 활성화가 어려우므로 관리까지를 일체화한 개발, 분양, 관리전략이 필요하다.

일곱째, 기획제안형 공모에 적극적으로 대응할 필요가 있다. 비록 조건이 점차 까다로워지고 있기는 하지만 증가하는 BTL(Build-Transfer-Lease), SOC 수요에 대처하기 위해서는 정부의 지원이 가미된 기획제안형 공모사업이 민간 업체가 독자적으로 개발하는 경우보다 낮은 리스크로 사업 수행이 가능할 것으로 본다.

여덟째, 시공사의 보증에 전적으로 의존하고 있는 PF사업들의 리스크를 참여자들이 적절히 분담할 수 있는 체제를 구축해야 한다. 특히 금융, 계약, 보증의 과정에서 다양한 형태의 리스크 분담기구를 활용할 필요가 있다. 또한 채권보다는 다양한 형태의 사모지분투자(PEF : Private Equity Fund)를 유도하도록 신용을 보강한 투자 상품을 내놓을 경우 투자수요에 효과적으로 부응할 수 있을 것이다.

아홉째, 소규모 다품종 생산에 눈을 돌려야 한다. 예컨대 동호인 주택, 고령자 주택, 독신자 주택(Share House, Coop Housing), 수익형 부동산 등 특수수요에 대응한 전략이 필요하다. 다만, 현재의 대형 건설사 조직으로는 이처럼 미세한 수요에 대응하기에 어려우므로 보다 소규모의 기동성 있는 조직으로의 개편이 필요하다. 개발과 관리현장이 지리적으로 분산될 가능성이 높으므로 자회사나 제휴회사 혹은 지역본부체계로 대처할 필요도 있다고 생각한다.

마지막으로, 생태와 문화 콘텐츠를 갖춘 복합개발이 필요하다. 이제 부동산개발은 자연을 파괴하는 개발이 아니라 자연과 조화되는 개발이어야 하며, 물건이나 서비스를 파는 공간이 아니라 문화를 통해서 모이고 교류하는 공간이어야 한다. 이렇게 하려면 입지나 공간을 떠나서 건물을 이용하는 사람들의 행태에 주목해야 할 것이다. 설계코드도 기존의 30평형대 4베이, 웰빙형 포켓발코니, 전실, 가변형 설계, 투톤 컬러 입면설계에서 한걸음 더 나아가 SI주택(Skeleton Infill House, 개인의 취향에 따라 방벽을 자유롭게 배치하는 방식), 생태 · 유비쿼터스놀이(건강) · 문화를 담은 다양한 형태의 복합개발이 필요하다.

미래 건설기술은 메타기술로 변신한다

조대연 본부장_국토교통과학기술진흥원

미래 과학기술의 흐름과 창조경제

새 정부 들어 '창조경제'가 국정의 화두가 된 지 오래다. 창조경제는 어떻게 정의되고, 기존의 시스템과의 차이는 무엇이며, 창조경제가 모든 것을 새롭게 만드는 것을 의미하는지에 대한 논란이 많다. 그러나 창조경제라는 용어가 등장하게 된 것은 무엇보다도 장기간 저성장의 덫에 걸려 마땅한 돌파구를 찾지 못하고 있는 우리나라의 현실 때문이 아닌가 싶다.

21세기에 접어들면서 정보사회에서 창조사회로 문명의 대전환을 예측하는 전문가들이 많다. 창조경제이론의 세계적인 권위자 존 호킨스(John Howkins)는 창조경제(The Creative Economy)라는 저서에서 '창조적 인간, 창조적 산업, 창조적 도시를 기반으로 한 새로운 경제체제로 창조적 행위와 경제적 가치를 결합한 창조적 생산물의 거래'로 창조경제를 정의하고 있다. 유엔개발계획(UNDP)과 국제연합 무역개발회의(UNCTAD)는 2010년 Creative Economy Report를 통해 '창조경제란

경제성장과 발전 잠재성이 있는 창조적 자산에 기반한 진화론적 개념으로 창조적 자산을 생산하는 모든 경제 활동'이라고 정의하고 있다. 세계경제의 침체기 이후 영국, 싱가포르, 호주 등 주요 국가에서는 미래경제의 패러다임을 창조경제가 주도할 것으로 전망하고 활발한 전략을 추진하고 있다. 우리나라 역시 창조경제를 중요한 국정목표로 설정하여 미래창조과학부를 신설하고, 창조경제의 핵심을 과학기술과 ICT의 융합을 통한 전 산업의 창조산업화를 목표로 추진하고 있다.

오늘날 과학기술은 단순한 문명의 도구가 아니다. 지금까지 인류가 겪고 있는 지구 온난화, 자원 부족, 고령화 사회, 자연재해 등 많은 문제를 해결하는 가장 중요한 열쇠를 쥐고 있다. 미래 과학기술은 인터넷 기술발전과 더불어 인류 역사상 그 유래를 찾아볼 수 없을 정도로 급속한 발전을 이루어 나가고 있다. 과학기술을 선점하느냐 못하느냐의 문제는 이제 산업발전은 물론 국가의 안위와 경쟁력의 핵심요인이 되고 있다. 최근 들어서 과학기술은 다양한 형태로 진전을 보이고 있다. ICT를 필두로 나노기술, 생명과학기술 등 기초과학의 발달에 따라 산업의 형태도 다양해지고 있다. 과학기술이 일상에 미치는 영향이 광범위해지면서 첨단기술을 수용하느냐 못하느냐가 삶의 질에 직접적인 영향을 미치고 있다.

최근 과학기술의 흐름을 살펴보면 정보통신기술의 급속한 발달에 따라 모든 과학기술이 ICT를 기반으로 진화를 모색하고 있음을 알 수 있다. 향후 50년을 대표하는 기술로 증강현실, 우주관광, 분자나노기술, 개인의약, 로봇, 가상현실 2.0, 퀀텀컴퓨팅, 인공지능, 노화방지, 팹 랩(Fab Lab) 등이 주목받고 있다. 최근에는 인터넷과 무선통신기술 및 스마트기기들의 보급에 따라 빅 데이터(Big Data)와 관련된 기술의 확대도 많이 거론되고 있다.

건설기술도 과학기술의 발전과 더불어 고유의 건설기술의 기능을 유지하면서 다양한 형태로 진화되거나 융·복합되는 형태로 발전해 나갈 것으로 전망한다. 무엇보다도 건설기술은 스마트 인프라(Smart Infrastructure), 네트워크시스템(Networked System), 첨단재료기술, 3D 시뮬레이션 기술, 설계 및 시공의 자동화, 녹색건설(Green Construction) 등으로 더욱 보편화 될 것으로 예측된다. 하지만 이 기술들이 특화되고 발전하기 위해서는 산업 생태계 재편이 불가피하다. 현재까지 국내의 건설기술 전개방식은 수직 계열화된 체계 속에서 대기업이 기술도입을 주도하고 확산하는 구조를 벗어나지 못하고 있으며, 다양한 기술을 접목하고 실현할 수 있는 유연한 시스템 환경을 구축하지 못하고 있다. 그 결과 전 세계적으로 불고 있는 스마트 도시 프로젝트, 사물의 지능화(Internet of Things)를 위한 경쟁에서 유리한 위치에 있지 못하며 인재 육성과 기술력 확보에도 어려움을 겪고 있는 실정이다. 즉, 창조경제시대에서 건설기술이 새롭게 생존의 길을 모색해야 하는 상황에 놓인 것이다.

국내 건설기술의 현황

21세기 기술발전의 가속화 추세에 따라 전통적인 건설기술은 퇴색했다고 해도 과언이 아니다. 무엇보다도 디지털 세상으로 대표되는 새로운 환경에 맞게 건설기술도 나름대로 활로를 개척하고 있는 것으로 볼 수 있다. 한국 건설기술은 과거 외국기술을 도입해 국내에 적용하는 추격형 방식에서 2000년대 적극적인 R&D 투자에 힘입어 비약적인 발전을 거듭하고 있으며, 이제는 대부분의 기술을 자립화할 수 있는 단계까지 도달해 있다. 그럼에도 불구하고 고부가가치 영역인 설계·엔지니어링과 자동화기술은 경쟁우위에 올라섰다고 판단하기는 곤란하며, 업체별로 전문화된 기술영역에 대한 역량 확보 수준도 미흡하다. 특히 1997년 IMF 위기와 2008년 글로벌 경제위기를 겪으면서 중장기적인 투자를 통한 경쟁력 확보보다는 단기적으로 성과를 올릴 수 있는 사업수주나 마케팅에 역량이 집중되면서 시장 환경에 기업의 활동이 종속되는 부작용이 발생하였다. 또한 참여정부시절부터 추진되어 온 세종시 및 기업혁신도시 건설, MB정부시절의 4대강 프로젝트 등 일회적인 프로젝트와 경기변동에 민감한 부동산 관련 사업에 투자가 편중되면서 사업포트폴리오 구성도 더욱 악화되었다.

국내기업들은 실패에 대한 두려움이 크기 때문에 기술개발에 대한 필요 및 중요성에 대한 인식이 상대적으로 부족한 경향이 있다. 그러다 보니 중장기적인 투자에 소홀한 면을 갖고 있다. 즉, 자체기술 개발 및 확보를 통해 고부가가치를 발생시켜 사업의 수익률을 얻기보다는 금융공학적인 접근, 무분별한 외국기술의 도입, 수주관행 의존 등 경제사회 환경의 급속한 변화에 적응하지 못하고 있다. 국가적 차원에서도 2005년부터 지속적으로 연구개발사업의 투자를 통해서 국가기술경쟁력강화를 목표로 다양한 기술개발을 추진해오고 있지만 투자규모가 연간 3,000억 원 정도에 불과해 100조 원 규모의 건설산업에 활력을 불어넣기에는 턱없이 부족한 수준이다.

또한 대학의 전공인력에 대한 수급조절 불안과 문제해결능력 부재로 인해 기술 생태계는 더욱 악화되는 상황이다. 즉, 기술개발에 대한 정부당국의 미흡한 정책, 기업체의 무관심, 대학의 몰입도와 창의성 저하 등이 건설분야 기술경쟁력 확보에 장애요인으로 작용하고 있다고 볼 수 있다. 특히 과학기술의 급격한 발달은 건설기술에 대한 새로운 패러다임으로의 전환을 강력히 요구하는 상황임에도 불구하고, 기술적인 리더십을 발휘할 수 있는 구심체가 형성되어 있지 못한 실정이다. 이러한 상황이 지속될 경우에는 노동력 우위의 중국, 인도 등 후발국가와 기술력 위주의 선진국과의 사이에서 우리는 넛크래커(Nut-Craker)로 전락할 수밖에 없다. 새로운 돌파구를 모색하기 위한 움직임이 필요한 상황이다.

현재 우리나라는 조선, 자동차, 철강 등 건설산업과 연관되는 주요산업에서 세계적인 수준의 경쟁력을 유지하고 있다. 반면에 건설기술 분야는 오랫동안 국내시장에 안주해온 탓에 유리한 환경을 적절히 활용하지 못하고 있다. 향후 건설산업의 발전 가능성은 국내산업 여건을 감안해 미래 고부가가치 기술을 독자적으로 개발하여 안정적으로 확보하느냐의 여부에 성패가 달려있다고 볼 수 있다. 그리고 이를 실행할 수 있는 산업 생태계를 조기에 조성하여 실천하느냐가 지속가능한 발전의 분수령이 될 것으로 본다. 특히 창조경제로의 실현을 위한 전문건설업체의 특성화와 강소기업의 육성, ICT와 융합된 새로운 건설기술의 개발은 시대적인 소명이자 지속가능한 건설산업 발전을 위한 첩경임을 인식해야 할 것이다.

미래 건설시장을 선도할 기술의 전망

미래 건설기술은 기존의 단순 설계 · 엔지니어링, 시공기술 및 유지관리에 따른 프로세스 분야에만 머무르지 않을 것이다. ICT의 발달은 프로세스를 혁신하고 이종 업종 간의 교류와 협력을 강화시킬 뿐만 아니라 새로운 영역을 지속적으로 창출하고 있다. 과거의 전통적인 엔지니어링 영역은 컴퓨팅 기술의 발달에 따라 사람이 수행하던 업무의 대부분이 대체되고 있으며, 그래픽 기술의 발달은 가상현실을 건설산업에 접목시켜

시공을 초월한 다양한 형태의 구조물 축조를 가능케 하고 있다. 또한 다양한 시뮬레이션 기술은 비정형 구조물의 설계 및 시공의 불확실성과 위험도를 줄이고 구조물의 수명주기 동안 지속적인 유지 관리와 모니터링이 가능하게 해준다. 자가진단재료 및 자가치유형 재료의 개발은 부분적인 보수를 시행하지 않고도 구조물의 수명 동안 무 관리(Maintenance Free) 시스템 구현이 가능하다. 그밖에도 공간정보기술(Geospatial Technology)의 발달은 모든 물리적 대상물을 사이버공간에서 연출할 수 있도록 하면서 교통 운영, 수자원 관리, 에너지 공급 및 생산 등 다양한 인프라환경을 네트워킹화하고, 운영관리환경에서 빅 데이터 시대를 앞당길 수 있는 여건이 조성될 것으로 기대된다.

이렇듯 지금의 여러가지 환경을 고려해 보면 미래 건설기술은 다음과 같은 뚜렷한 방향성을 갖고 전개될 것으로 보인다.

첫째, 모든 정보를 디지털화하여 이를 구현하는 기술이 보편화 될 것이다. 이는 BIM(Building Information Modeling)과 공간정보기술이 대표적인데, 이러한 기술을 통해 모든 물리적 형상과 위치정보에 근거하여 형성된 3차원 정보를 표현하고 구현하여 설계를 고도화 · 자동화할 수 있으며, 구조물의 수명주기 동안 건물의 모든 거동 분석 및 유지 관리의 기초자료로 활용할 수 있을 것이다. 특히 CCTV 등을 통한 영상정보의 분석기술은 교통관리뿐만 아니라 재해 · 재난 예방, 범죄 예방 등 다양한 분야에 접목될 수 있을 것이다.

둘째, 네트워크 통신기술과 센싱(Sensing)기술을 통해 물리적인 시설물들이 유기체적인 환경으로 작동할 수 있도록 바꿀 것이다. 즉, 구조물에 대한 정보를 무선통신환경과 클라우딩 컴퓨팅 환경에서 네트워크로 관리할 수 있는 상태로 변화시키고, 구조물에 설치되어 있는 각종 센서

(Fiber Optic Sensor, RFID, Radar 등)를 이용하여 구조물을 스마트화하면 인력을 활용하지 않고도 다양한 정보를 습득함은 물론 컨트롤 기능도 가능하게 될 것이다. 예를 들어 인공위성, 레이더, 다양한 센서 등을 활용하여 산사태나 각종 재해에 대한 예방적 차원의 조치가 가능해져 사용자의 안전과 생명을 보호할 수 있을 것이다.

셋째, 나노기술, 바이오기술 등과 접목된 첨단재료 개발이 가속화될 것이다. 초경량재료, 초고성능재료, 슈퍼콘크리트, 자기치유콘크리트, 탄소나노튜브(CNT) 등 다양한 재료가 상용화될 것이다. 그렇게 될 경우 초거대 구조물의 건설이 가능해지고 경제성과 내구성이 뛰어난 재료가 기존의 콘크리트와 강재를 대체해 나가게 될 것이다. 따라서 이에 대한 기술 표준화 및 인증이 중요한 이슈가 될 것이다.

넷째, 건설기술은 점진적으로 모듈화되고, 제조업화 될 것이다. 그동안 건설기술은 부지 의존적(Site-dependent)기술이 대부분이고 특이성(Uniqueness)을 유지했지만 이는 지나친 비효율을 초래한 측면이 있다. 또한 기능공 등 단순 노무직의 수요가 줄어들고 있어 이에 대한 해결책이 모색되고 있다. 즉, 공장에서 대량 제작과 생산이 가능할 정도로 건설관련 분야에 대해 자동화된 기술이 확대될 것이다. 대표적인 사례로 모듈러 주택을 꼽을 수 있는데, 북유럽에서는 이미 보편화된 모듈러기술은 구난주택(Refuge House)이나 공기를 단축할 수 있는 소형주택의 경우 활용 비율이 증가하고 있다. 또한 대형 토목구조물에서도 정형화된 블록공법, 프리캐스트(Precast) 또는 프리패브리케이션(Prefabrication)을 통한 가설시설물이 더욱 늘어날 것으로 예상된다.

다섯째, 시스템 복합기술이 더욱 증대될 것이다. 건설기술은 기술이 고도화될수록 다양한 시스템이 결합되는 복잡계(Complex System)를 형성하게 된다. 따라서 시스템이 중첩된 다중시스템(System of Systems)을 계획하고 설치 · 운영할 수 있는 기술이 필요하다. 건설 분야의 복합기술은 도시로 집약되는데, 요즘 부상하고 있는 스마트 시티의 경우 교통, 상하수도, 정보통신, 에너지, 빌딩시스템 등 다양한 하부시스템이 중첩되어 형성된 물리적인 결정체로 주목받고 있다. 또한 스마트 시티를 효율적으로 관리하기 위한 다양한 기술들이 접목되는데, 이 과정에서 ICT는 핵심적인 기술결합의 동인으로 작동하게 된다. 결국 이러한 복잡계에 대한 이해가 건설기술의 발전을 촉진하는데 결정적인 역할을 할 것이다.

여섯째, 지속가능한 성장을 위한 기술개발이 중요해 질 것이다. 고령화 사회로 접어들면서 모든 사회구성원들이 고령화 사회에 적응할 수 있는 소프트웨어와 하드웨어의 개선이 필요해 질 것이다. 또한 기후변화 등 에너지 · 환경의 기본 프레임을 재설계해야 하는 상황을 맞게 되는데 세계 각국에서는 새로운 동력원으로서 녹색 기술(Green Technology)을 선점하기 위한 다양한 활동을 벌이고 있다. 우리나라에서도 일부 실증사업을 통해 구현하고 있으나, 아직은 부분적인 시행에 그치고 있다.

그밖에도 인지과학을 이용한 휴먼 인터페이스 기술(Human Interface Technology), 바이오 기술을 접목한 의사결정 시스템 등 헤아릴 수 없이 많은 융합기술들이 건설기술과 결합하여 새로운 기술 르네상스를 만들어 갈 것이다. 따라서 우리나라가 중장기적으로 건설산업의 새로운 발전의 길을 모색하기 위해서는 이제는 레드오션이 된 시공기술에 얽매이지 말고 보다 창의적이고 도전적인 이슈를 선점하여 원천기술을 개발하고, 이에 대한 대규모 투자를 통해 새로운 문명의 시대를 열어나가야 할 것이다. 또한 대학에서는 학문간의 소통과 융합을 위한 과감한 시도와 함께 새로운 지식이 통용될 수 있도록 커리큘럼을 변경하고 이종 전공간의 교류를 확대하여야 한다. 정부를 비롯한 산·학·연 집단은 수직적인 종속관계를 벗어나 수평적인 파트너십을 발휘하여 보다 개방적이고 창의적인 연구개발 환경을 조성할 필요가 있다. 그것만이 우리 젊은 세대들이 미래의 주인이 되고, 전 세계에서 건설기술의 선도자가 되는 길이 될 것이라고 확신한다.

미래 건설기술의 수요창출

새로운 기술이 출현하여 보편화된 기술로 자리잡기 위해서는 일반적으로 죽음의 계곡(Death Valley)을 넘어야 한다고 한다. 그만큼 기술의 상용화 과정이 쉽지 않다는 것이다. 현재 국내에서는 건설기술의 상용화 및 발전을 촉진하기 위해서 신기술지정제도를 운영하고 있다. 새로운 기술이 개발되고 시장에 출현하기 전까지의 리스크를 일정부분 완화시켜주는 것이다. 하지만 신기술의 경우 부분적인 요소기술이나 특정한 공법개발에 적용되는 경우가 많아서 미래의 새로운 건설기술 트렌드를 감안할 때 단순한 기술인증제도로는 변화의 파고를 넘기가 곤란할 것으로 보인다. 결국 기술의 생존은 시장의 존속여부에 달려있다. 새로운 기술을 확산시키기 위해서는 시장을 창출할 수 있는 제도와 시스템의 마련, 과감한 정책의 추진, 정책에 부응하는 인재들의 유입, 기업의 투자확대 등이 관건이라고 할 수 있다.

건설기술은 특징상 공공재의 성격이 강하기 때문에 정부차원에서 기술개발에 대한 R&D투자를 과감히 확대하여 공공기관이나 지자체의 기술적용을 유도하여야 한다. 그래야 실증단지를 통해 기술을 조기에 검증함으로써 기술의 안정성을 높일 수 있다. 또한 지속적인 기술혁신이 가능할 수 있도록 대학을 중심으로 한 학술적인 생태계를 조성해야 하는데 이를 위해서는 기존의 전공 분야별 커리큘럼의 변환도 시급한 실정이다.

앞에서 제시된 건설 ICT, 스마트기술, 첨단재료기술, 자동화기술, 복합시스템기술, 지속가능기술 등을 공간차원에서 도시단위, 신 교통체계 등 시설물이나 빌딩단위에서 테스트베드를 지정하여 과감하게 적용해 보는 정책도 필요하다. 이를 통해 해당 기업들은 기술적인 지원체계를 완성하여 글로벌 시장진출을 위한 전략 수립이 가능할 것이다. 기술별 실현시기의 차이는 있겠지만 시설물 유지 관리를 위해 BIM 및 센싱(Sensing)기술 등 ICT를 접목한 시스템 구축을 조기에 실현하는 것이 바람직하다. 첨단재료 및 자동화 기술에 대해서는 실험과 이론을 병행하여 최적화된 해법을 찾아내는 것이 시급하며 이에 대한 기초연구를 위해 대학이 중심이 되어야 한다.

향후 10년 이내에 전 세계적으로 펼쳐지는 건설 분야의 시장규모는 약 50조 달러에 이른다고 한다. 우리에게 열린 가능성은 충분하다. 건설 신기술 개발에 대한 투자와 특화된 기술력을 바탕으로 중소건설업체와 대형건설업체가 협업하여 더 넓은 시장에서 세계 선도기업들과 경쟁해야 한다. 그것이 우리가 건설 기술개발을 위해 매진해야 하는 이유이다.

기존 시장에서 추가 일감을 찾고, 미래 틈새시장을 공략하라

김정호 교수_KDI 국제정책대학원

건설경기는 2007년 정점을 찍고 같은 해 하반기부터 계속 하강해 왔다. 수주액은 2007년 128조 원을 기록했으나 점차 줄어들어 2012년에는 101조 원 수준에 그쳤다. 일감이 줄면서 수익성도 떨어졌다. 업체간 과다출혈경쟁으로 적자를 감수하면서까지 일감을 따야했기 때문이다. 대한건설협회의 자료(2010)에 의하면 국내 건설업체의 매출액 대비 순이익 비율은 2007년 6.4%를 기점으로 줄어들어 작년에는 불과 0.5%만을 기록했다고 한다. 100억 원 매출에 불과 5천만 원의 순익을 냈다는 이야기다(한국은행 2012).

그럼에도 불구하고 인력감축은 어렵기 때문에 새로운 시장을 개척해야만 한다. 일부 건설업체들은 여유인력을 활용하기 위한 궁여지책으로 비 건설사업에 집착하는 경우도 있다. 그러나 한국 건설산업의 지속 성장을 위해서는 우선 기존 시장에서 추가 일감을 찾아보고, 여의치 않으면 틈새시장을 찾아 공략하는 것이 바람직하다고 생각한다.

추가 시장을 탐색, 발굴해야

전통적으로 우리나라 건설수요는 도시개발, 주택과 부동산, SOC 그리고 해외건설 등 네 분야를 중심으로 발생해 왔다. 문제는 이 네 분야에서는 추가수요가 별로 없다는 점이다. 한 때 도시재생에 대한 기대가 컸으나 법률(도시재생활성화 및 지원에 관한 특별법)의 제정만으로 사업이 당장 추진되기는 어려워 보인다. 재생활동을 지원하기 위한 재생촉진기금(가칭)은 물론 시행령, 시행규칙, 그리고 지자체의 재생계획과 유관 조례 등이 마련되어야 건설수요로 이어질 것이다. 4.1부동산 대책으로 주택경기가 살아날 것으로 기대했지만 이 역시도 가격기대심리(Inflationary Expectation)가 작동하지 않는 한 어려울 것이다. SOC 수요는 예산 삭감으로 계속 줄고 있고, 해외건설은 저가수주로 인한 재무적 손실로 대책 마련이 시급해 보인다. 지금의 건설업계 불황은 추가수요의 부족으로 인해 발생했다. 따라서 규제를 완화하고 지원을 강화하는 정부행위가 수요창출로 이어지지 않으면 건설업계는 지금의 위기상황을 벗어나기 어렵다.

건설업계의 적극적인 수요 발굴 노력도 아쉬운 부분이다. 기업의 수요 발굴 전략으로는 '기존 시장의 심화(Deepening)'와 '틈새시장 발굴(Niche Market)'로 구분할 수 있을 것이다. 전자는 국민편의와 안전, 또는 사회복지 및 지역개발 등의 사업으로 발생 가능한 수요를 말한다. 추가 투자에 대한 정부와 지자체를 설득해야 가능한 사업이다. 한편 틈새시장은 대중시장(Mass Market)을 비껴간 시장으로 규정한다. 이는 탈 대중화 시장이기도 하다. 특수한 시장일 수도 있고, 특화된 시장일 수도 있다. 규모는 작지만 상대적으로 부가가치가 큰 시장일 수도 있다. 의류에 비유한다면 일종의 빈티지 의류시장이나 패션 의류시장이다. 특정 상품이 겨냥하는 시장의 하위시장일 수도 있다. 따라서 틈새시장을 '특정 그룹이나 계층의 수요를 충족시키는 시장'으로 인식할 수 있다. 비교우위가 있는 영역에서 살아남을 수 있는 기지가 요구되는 시장이다. 틈새시장의 특성은 일반상품으로는 고객을 만족시킬 수 없다는 점이다. 예를 들면, 노인이나 독신세대는 일반인과 같은 거주공간에서 불편을 느낄 것이다. 내 · 외부 공간설계와 설비에서부터 관리에 이르기까지 '노인 또는 독신자 친화적'으로 접근해야 한다. 소득이 오르고 교육수준이 높으면 같은 상품이라도 대중적인 것보다는 개인의 성향이나 개성, 또는 정체성(Identity)을 나타낼 수 있는 것을 선호하게 된다. 이는 상품 차별화전략으로 이어지고, 따라서 다품종 소량생산체제가 대세가 된다. 개성을 중시하는 탈 대중화시대에 접어들면서 구매패턴이 변하는 것이다. 이러한 변화를 인지하여 전략적으로 대처하는 기업은 생존을 넘어 성장하게 될 것이다. 결국 전략의 성패는 가격우위보다는 전문성과 고객의 충성도에 의해 좌우될 것이다.

기존 건설시장 심화와 틈새시장 발굴

기존 건설시장의 심화대상으로 생활형 SOC, 지역발전지원시설, 국민안전, 그리고 사회복지시설 등을 들 수 있다. 이러한 시설들은 지역주민의 생활편의, 재난재해로부터 주민보호, 지역 관광산업육성, 특히 지방기업의 원활한 기업활동을 직 · 간접적으로 지원하기 위한 것들이다. 예를 들면 지방도로, 지선철도, 하수 및 폐기물 처리시설, 보건소 등 커뮤니티 중심의 소형 SOC시설과 지방의료 및 복지시설들이다. 지방 어항과 항만의 확충, 물류 및 수송시설도 포함될 수 있을 것이다.

과거와 같이 중앙정부 중심의 대형 SOC 사업을 새롭게 추진하는 것은 지양해야 하나 SOC시설 부족으로 주민생활이 불편해지고 생업에 지장을 받거나, 기업운영에 차질을 빚는다면 추가적 시설투자는 당연하다. 대표적인 것이 도로, 전력과 통신이다. 최근 들어 전력예비율이 낮아져 전기사용을 할당하는 상황에까지 이르렀다. 1990년대부터 새로운 발전소를 건설하지 못한 결과다. 소수력이나 태양광 발전소 건설은 지역개발사업으로 추진될 수 있었다. 도로의 경우 작년 말 대비 현재 도로연장이 10만 km에 달해 사정이 개선된 것은 사실이나, 국토면적(1.06km/km²)이나 인구 대비 도로연장(2.11km/1,000명)을 타 OECD국가들과 비교해 보면 턱없이 부족한 실정이다. 특히 지방도에 대한 추가 투자는 필수적이다. 지선철도는 물론 지방항만과 물류시설 또한 지역경쟁력 향상을 위해 확충되어야 한다.

SOC시설의 효율적, 안정적, 효과적 이용을 위한 소프트웨어 기술에 대한 투자도 필요하다. 주민의 안전과 재해 및 재난 등에 대비하여 시설투자가 이뤄져야 하는 곳도 많다. 하지만 지자체의 영세한 예산으로 추가 투자는 어렵다. 우선순위에 따른 국비의 차등지원이 요망된다. 정부나 지자체가 예산부족으로 엄두를 못 내면 민간자금이라도 끌어들여야 한다.

사회적 약자의 삶의 질 개선 또한 시급한 과제다. 현 정부는 복지를 정책 최우선순위로 하겠다고 선언했다. 이를 위해 노인, 여성과 어린이, 신체부자유자 등 사회적 약자를 위한 각종 시설들의 정비와 확충이 필요하다. 종교단체나 비영리단체들도 이러한 사업에 대거 동참할 수 있도록 인센티브를 제공해야 한다. 영구임대주택도 너무 낡았고 관리에 비효율적이므로 새로 짓든지, 전면 개·보수가 필요하다. 지자체는 유관 시설에 대한 정비개선계획을 마련하고 정부는 사업우선순위에 따라 선별적으로 지원해야 한다. 모든 지자체가 최소한의 설치기준을 충족시키는 데에도 엄청난 규모의 예산과 시간이 소요될 것이기 때문에 치밀한 전략이 필요하다.

이와 달리 틈새시장은 거의 새로운 시장이다. 틈새시장을 공략하기 위해서는 우선 지리적-인구통계학적 사회 심리적 특성, 그리고 구매행태나 특성 등을 고려해 시장을 세분화해야 한다. 특히 구매동기, 사용여부, 충성도 등에 대한 이해가 매우 중요하다. 틈새시장의 종류에는 여러 가지가 있을 수 있다. 여기에서는 스마트(SMART), 녹색기술, 신재생에너지, 도시 및 주택, 융 · 복합을 통해 창출 가능한 다섯 가지 건설시장으로 구분했다.

우선 건축물의 스마트 건설시장이다. 기 개발된 소프트웨어 기술과 스마트 기술을 접목한다면 기존 구조물의 안전과 보안, 운영 관리의 자동화 및 효율화, 그리고 설비의 지능화 등으로 활용 가능하기 때문에 잠재력이 큰 시장일 것이다. 스마트 그리드(Smart Grid)는 이미 에너지의 효율적 생산과 배분 및 소비에도 크게 기여하고 있다. 미국의 사례에서 보듯 스마트 기술은 제조업을 재창조하여 생산성과 품질 향상에도 기여하고 있다. 이러한 기술을 정부가 창조기술로 인정해 다양한 개발 인센티브를 제공한다면 보다 빠르게 확산되어 많은 건설수요를 유발할 것이다.

녹색 건설시장 역시 잠재력이 크다. 전(前) 정부는 녹색산업을 미래 성장동력으로 개발하고자 했다. 그 결과 도시, 교통, 공장, 빌딩, 주택, 먹거리 등 모든 분야에서 '녹색화' 바람이 불었다. 이는 '녹색기술개발'을 전제로 한다. 이와 함께 태양광, 풍력과 지력, 그리고 소수력 발전소 등과 같은 신재생에너지 개발이 중시되어 왔다. 모두가 이산화탄소 저감을 목표로 하고 있다.

생태, 청정에너지 그리고 지속가능한 환경 등을 키워드로 한 신재생 에너지 시장은 이미 생겨났으나, 제대로 작동하지 않고 있다. 경제적인 메리트(Merit)가 없기 때문이다. 결국 시장이 활성화되려면 관련 사업에서 이익이 발생해야 한다. 향후에는 웰빙(Wellbeing), 건강, 장수 트렌드에 부합하는 주택이나 마을을 짓거나 기존 건축물을 스마트화, 녹색화하는 방향으로 개·보수 또는 증·개축이 활성화되도록 하면 건설수요가 크게 늘어날 것이다. 좋은 예가 태양광과 지열 등을 활용한 전북 고창의 전원마을이다. 궁극적으로 저탄소, 녹색도시를 만드는 것이 목표라면 녹색건설시장을 확대하기 위한 보다 체계적인 연구와 비용 최소화 노력이 필요하다.

이처럼 스마트화, 녹색화, 에너지 효율화를 건축물의 가치화 전략의 일환으로 추진한다면 엄청난 건축수요로 이어질 수 있다. 문제는 생산단가를 낮추는 일이다. 이를 위해 많은 연구개발투자가 이루어져야 한다.

도시/주택분야 틈새시장도 매우 클 수 있다. 효율적인 도시공간을 만들려면 수직적 확대와 함께 대중교통 중심의 교통시스템을 확립하여야 한다. 즉 컴팩트 시티(Compact City) 개념을 도입해 시민이 밀집된 공간에서 보다 편안한 삶을 누릴 수 있어야 한다. 우선 통행수단간 간선과 지선 모두에서 입체화가 이루어져야 한다. 공원녹지, 문화체육시설, 어린이와 노인을 위한 시설, 역사유적 복원사업 등도 지구단위별로 적극 추진해야 한다. 각종 도소매 시설도 이용률에 따라 계층화(Hierarchy)와 집중화 방향으로 정비되어야 한다. 고속버스터미널이나 농수산물 유통센터 등과 같은 토지 과소비형(Land Extensive)시설은 도시외곽으로 이전하는 방안도 추진해야 할 것이다.

가장 중요한 것은 '창조산업'과 관련된 '융 · 복합' 건설시장을 만드는 일이다. IT(Information Technology)나 BT(Bio Technology) 또는 NT(Nano Technology) 등과의 융합을 위한 설비투자가 발생하면 건설수요가 늘어날 것이다. 건설산업 자체도 혁신적으로 변할 수 있다. 신소재를 이용해 보다 견고하고 친환경적인 자재와 정밀한 장비 그리고 공법을 개발한다면 '창조산업'으로 진화해 우리 건축기술과 문화도 선진화될 것이다. 기술의 선진화는 건축물의 지능화, 녹색화, 슬림화를 의미하며 안정성, 기능성, 그리고 관리의 효율성을 향상시킬 것이다. 여기에 탄소저감기술을 추가한다면 새로운 고급 건축시장이 만들어지게 되는 것이다.

첨단기술과 문화콘텐츠, 게임, 영상오락 등과의 접목도 건설수요 창출에 기여할 것이다. 이 역시 창의성에 기반을 둔 새로운 건축문화를 태동시키는 동시에 우리나라가 세계 첨단 건축시장에서 선두주자로 부상하는데 도움이 될 것이다. 수출상품으로 개발한다면 세계 고부가가치 건설시장 점유율을 획기적으로 높일 수도 있을 것이다.

새로운 수요 창출을 위해 건설업계, 정부, 그리고 지자체가 할 일

이상에서 제시한 전략이 성공하려면 우선 건설업계가 주도권(Initiative)을 잡아야 한다. IT, ICT, NT 등 첨단산업과 공동연구를 통해 새로운 주력상품을 개발하고 시장반응을 분석해야 한다. 상품이 기술적으로나 경제적으로 타당성이 있다면 새로운 시장을 공략하기 위한 구체적인 마케팅 전략을 마련해야 한다. 이러한 노력은 단일 업종이나 개별 기업차원이 아닌 산업 전체가 함께 추진해야 한다. 이 과정에서 만들어진 연구 성과물과 각종 자료는 공유되어야 하고 '빅 데이터(Big Data)'로 활용할 수 있어야 한다.

공공 또는 복지시설을 늘리려면 그 필요성과 시급성이 입증되어야 한다. 그래야 지역주민들로부터 공감을 얻게 되고, 정부와 지자체를 설득할 수 있기 때문이다. 예를 들면 홍수피해가 예상되는 지역에 예방시설을 설치하지 않을 경우 인명과 재산피해가 예상된다면, 객관적인 자료를 통해 그 시급성을 알리고 정부와 지자체가 선제 대응하도록 해야 한다. 같은 논리가 복지 및 생활형 SOC시설에도 적용될 수 있다. 정부나 지자체가 할 일 중 국민 편의와 안전 확보, 그리고 복지 증진만큼 중요한 것은 없기 때문이다.

생활형 SOC시설이나 복지시설, 그리고 지역개발지원시설인 경우 지자체별로 유관시설에 대한 리스트를 작성하고, 정부는 이를 근거로 지역발전차원에서 경제사회 인프라개선계획(가칭)을 수립, 지원방안을 마련해야 한다. 사업특성에 따라 전액 정부예산사업, 지자체와의 매칭사업, 또는 민자사업 등으로 구분해 지원내용을 구체화하고 지원우선순위 기준도 명시해야 한다. 재해 및 재난 방지, 주민 안전과 복지, 사회적 약자를 위한 시설 그리고 창조산업을 지원하는 사업 등에 지원우선순위가 주어져야 할 것이다.

신기술을 통한 시장 창출은 위험부담이 따르게 마련이다. 녹색과 스마트 건설시장이 그렇다. 따라서 연구개발을 통해 기술이 검증되면 정부는 새로운 상품시장이 형성될 수 있도록 위험과 불확실성 요소를 제거해 주어야 한다. 새로 개발된 녹색-스마트 기술을 정부와 공기업, 그리고 지자체부터 활용하는 것도 방법이다. 그래야 기업이나 소비자도 믿고 따를 수 있을 것이다. 이 과정에서 선진형 친환경 건설기술이 발달하게 될 것이다. 지속적인 기술개발을 통해 건설단가를 낮추는 노력도 병행되어야 한다. 리사이클링(Recycling) 기술은 많이 일반화되었으나 업사이클링(Upcycling) 기술은 아직 시작단계다. 이 모든 기술이 '창조기술'로 인증 받아 정부지원이 가능해진다면 성공가능성이 커질 것이다.

주택부문 틈새시장 창출을 위해서도 정부나 지자체의 도움이 절실하다. 우선 분양가상한제나 국민주택규모와 같은 시대착오적인 규제는 폐지해야 한다. 주택사업은 단순한 주거공간을 제공하는데 그치지 않고 문화, 건강, 공동체 문화(Sense of Community) 등을 복합적으로 만들어 내야 소비자를 만족시킬 수 있다. 소비자들은 아파트 이외의 새로운 주거문화를 갈망한다. 따라서 제대로 된 주거 콘텐츠만 개발하면 이러한 틈새시장도 잠재력이 클 것이다.

지금 가장 큰 틈새시장은 중산층용 임대주택시장이다. 주택임대업을 새로운 서비스산업으로 인식하고, 임대료 통제 같은 소극적인 접근보다는 임대주택의 대량생산 공급을 지원할 수 있는 법률과 제도가 필요하다. 리츠(REITs)로 해결할 수도 있다. 리츠는 미국에서 중산층용 임대주택생산을 성공적으로 주도해왔으나, 우리나라에서는 주택정책이나 새로운 부가가치 창출에 기여하지 못하고 있다. 리츠를 중산층용 임대주택개발로 유인한다면 기여하는 바가 클 것이다.

정부 지원이나 규제완화로 당장 활성화 가능한 시장은 리모델링 시장이다. 주민들은 아파트 공간배치와 설비에 대해 불만이 많다. 주거편의에 대한 개념이 달라졌기 때문이다. 고층고밀 아파트인 경우 수익성을 맞추려면 수직증축이 대안이다. 단 저밀 공동주택인 경우에는 수직증축과 함께 수평증축까지도 허용해야 수요가 커질 것이다. 타운하우스 같은 구조로 변경할 수 있도록 한다면 수익성도 높일 수 있을 것이다. 물론, 이는 철저한 안전진단과 건축심의를 전제로 허용되어야 한다.

끝으로 도시부문 틈새시장을 활성화하려면 도시계획을 바꿔야 한다.

형식에 그친 '장밋빛 계획'이 아니라 시민의 안전과 편의를 증진하고, 특히 '살기 좋고 기업하기 좋은 도시'를 만들기 위한 전략이 구체적으로 명시되어야 한다. 따라서 도시재생을 포함한 모든 정비개선사업과 이의 추진을 위한 자본예산(Capital Budgeting)도 제시되어야 한다. 도시경제를 살리기 위해 '도심기능 강화와 도시산업의 집적화'도 추구해야 한다. 도시재생사업을 위해 리볼빙 론 펀드(Revolving Loan Fund)같은 도시재생기금(가칭)을 조성하는 한편, 은행이나 보험회사 등도 도시재생자금지원에 동참해야 한다. 그래야 일자리가 만들어지고 주변 지역발전에도 기여할 수 있다. 도시쇠퇴를 겪고 있는 지방 대도시의 경우 업무기능, 상업기능, 기업서비스기능 그리고 중추관리기능 모두를 새롭게 조명해 개선대책을 강구해야 한다. 토지이용, 재산세 구조, 개발밀도, 부동산 가치 등을 종합적으로 검토해 고밀 복합기능을 유도하고, 민자를 유치할 수 있는 방안을 마련해야 할 것이다. 도시를 살리지 못하는 지역발전정책은 결코 지속가능할 수 없다.

건설산업은 국민경제에 크게 기여해 왔고 앞으로도 그럴 것이다. 저금리와 저성장, 높은 실업률, 시장의 추가 개방, 서비스산업 중심의 산업구조 개편 등 경제의 체질개선과정에서 건설업이 수요를 창출할 수 있는 기회가 많기 때문이다. 기존 시장 심화 또는 틈새시장을 활성화해서 건설투자를 GDP대비 15% 수준으로 올릴 수 있다면 많은 일자리를 만들 수 있고, 고정자본형성을 통해 성장잠재력도 제고할 수 있으며, 생활형 SOC시설의 확충과 도시환경개선으로 국민생활이 보다 행복해질 것이다.

이렇게 볼 때 건설산업은 전통적인 수주산업보다는 창조산업으로 진화하는 방향으로 나아가야 한다. 즉, 기술개발을 통해 틈새시장을 계속 발굴해야 한다. 의료, 교육, 관광, 금융, 디자인과 패션 등이 앞으로 우리경제를 주도할 것이다. 향후 건설산업 생존전략의 핵심은 신흥 산업(Emerging Industry)과 건설의 상승효과를 극대화하는 방향으로 시너지를 만드는 일이다. 이러한 노력이 융복합 전략과 병행될 때 건설산업은 새로운 성장동력으로 자리매김하고, 건설업이 창조산업 또는 창의산업으로 거듭나게 될 것이다. 건설산업은 이러한 산업들을 포용할 수 있는 '공간을 창조'하는 산업이기에 더욱 그렇다. 건설산업이 창조산업으로 거듭나 타 산업발전에 도움을 주고, 나아가서는 사회 및 국가발전에도 크게 기여하게 되면 건설업에 대한 이미지도 개선될 것이고, 아울러 건설인들도 잃었던 긍지를 되찾을 수 있게 될 것이다.

창조경제시대에 맞는 시장창출 전략을 세우자

최석인 연구위원_한국건설산업연구원

박근혜 정부를 대표하는 키워드는 창조경제와 경제민주화이다. 현 정부는 창조경제에 대해 "창의성을 우리 경제의 핵심 가치로 두고 과학기술과 ICT 융합을 통해 산업과 산업이 융합하고 산업과 문화가 융합해서 새로운 부가가치를 창출하고 일자리를 만들어 내는 것(조선일보 2013. 4. 4 기사)"이라 설명하고 있다. 반면 경제민주화는 대기업과 중소기업간의 불평등한 구조를 해소하기 위한 공정경쟁체제를 구축하는 것으로 이해할 수 있다.

지금까지 현 정부의 건설정책기조를 살펴보면 이 두 가지 키워드 중 건설산업에 부여하는 의미는 경제민주화에 보다 무게가 실려 있는 것 같다. 그러나 건설산업 내에는 창조경제형 산업으로 성장할 수 있는 충분한 잠재력이 있다. 문제는 산업 내외부에 팽배한 부정적 이미지라 할 수 있다. 건설산업의 지속가능성을 확보하기 위해서는 타 산업과 함께 융합을 선도하고 일자리를 창출하는 모습을 보여주어야 한다.

정부가 강조하는 창조경제에서 수단적, 혹은 방법론적 키워드를 추출하면 결국 융합만 남게 된다. 따라서 창조경제형 건설산업의 방향을 설정하기 위해서는 건설산업에서 논의할 수 있는 다양한 융합부문 혹은 사례를 발굴해야 할 필요가 있다.

창조경제형 건설산업 융합 사례

그동안 건설산업에서 시도해왔던 각종 사업과 활동들을 살펴보면 어렵지 않게 융합의 사례들을 찾아볼 수 있다. 기존의 융합 사례들을 살펴보기 이전에 먼저 융합의 범주를 정의할 필요가 있겠다.

건설산업의 융합은 산업 외부의 융합과 내부의 융합으로 구분할 수 있으며, 그 안에서 다시 산업, 주체, 기술, 프로세스 등 다양한 관점의 범주로 재분류할 수 있다. 건설산업의 속성을 고려할 때 융합을 단순히 첨단기술과의 결합 정도로 규정하는 것은 다소 협의의 개념이라고 할 수 있으며, 광의의 개념에서 융합부문과 사례는 매우 다양하게 찾아볼 수 있다. 그동안 건설산업에서 논의해 왔던 융합의 사례는 엄밀한 의미에서는 통합, 협력 등의 의미로 이해할 수 있다. 이러한 측면에서 건설산업 외부의 융합은 산업, 주체, 기술과의 융합을 떠올릴 수 있다.

산업 간 융합 사례를 살펴보면 조선, 중공업 등과 협력한 사례를 꼽을 수 있다. 거가대교와 같은 대형 토목사업이나 플랜트 사업에서 적용한 모듈공법은 대형 구조물과 플랜트 모듈을 조선소의 도크나 중공업 생산시실에서 사전에 제작하여 현장에서 조립 · 설치하는 방식이다. 이러한 산업 간 융합사업에서는 사업의 수행방식도 민간투자사업 혹은 개발형 사업의 증가로 건설기업 이외에 각종 투자 기업 및 상사 등과의 협력 사례가 증가하고 있다. 또한 기술적인 측면에서 건설산업은 전통적으로 외부 첨단기술을 수용하는 소비산업으로서의 특징이 강했다. 그러나 최근에는 녹색 및 정보통신기술과 건설기술간의 융합의 기술로 인해 시설물의 성능과 생산의 첨단성, 안정성이 매우 향상되고 있는 추세이다.

산업 내부의 융합은 크게 프로세스, 사업참여자, 연구개발의 측면에서 사례를 찾아볼 수 있다. 건설사업은 하나의 프로세스를 가지고 있으며, 참여 주체가 동일할 수도 다를 수도 있다는 특징을 가지고 있다. 일반적으로 프로세스는 기획, 설계, 구매, 시공, 유지 관리 등으로 구분할 수 있는데 각각의 성과가 다음 단계의 성과에 지대한 영향을 주는 연속성을 가지고 있다. 이러한 프로세스를 가치사슬(Value Chain)이라고 부르는데, 최근에는 전통적인 설계와 시공의 구분이 모호해지면서 건설 프로세스의 통합이 강조되고 있다. 그 결과 디자인 빌드(Design-Build), 턴키(Turn Key), IPD(Integrated Project Delivery)와 같이 통합발주방식의 적용사례가 증가하고 있다.

건설산업 내 참여자간 융합 및 통합화 역시 가속화되고 있다. 그동안 분절 혹은 단절되었던 생산 프로세스 체계 내의 각 참여자의 역할 분담을 통합함으로써 지금까지는 보지 못했던 사업의 형태가 나타나기 시작했다. 대표적인 예로 UAE의 원전 사업 수주 사례를 꼽을 수 있다. 이는 국내의 원전 관련 공급체계(Supply Chain) 내의 모든 주체가 참여한 사업으로 향후 이러한 모델은 계속 증가할 것으로 예상된다. 이와 같은 사업 모델은 국내 기업의 해외 진출을 위한 좋은 참고 모델이 될 수 있다. 건설산업 내에서 또 다른 방식으로 융합을 요구받고 있는 부문이 바로 연구 및 개발(R&D) 분야이다. 최근 연구개발 분야에 있어서도 요소기술이 아닌 최종 목적물 중심으로 세부 분야간 융합이 가속화되고 있으며, 현장 적용성을 높이기 위한 각종 노력이 이루어지고 있다. 하지만 타 분야에 비해 긴 연구 및 개발의 성과와 현장 적용의 시차는 건설기술 개발의 걸림돌로 작용하고 있어 향후에는 실제 사업과 연구 개발을 동시에 도입하는 방안도 검토할 필요가 있을 것으로 보인다. 이처럼 산업간의 융합은 실제 사업 혹은 기술성과의 형태로 나타나는 특징이 있으며, 산업 내부에서의 융합은 산업간 융합을 효과적이고 효율적으로 수행할 수 있는 기반을 제공하는 수단적 융합의 성격을 보이고 있다고 할 수 있다.

건설산업은 그동안 유 · 무형의 실제적인 융합사례가 있어 왔다. 특히 최근 해외 건설시장에 본격적으로 진출하면서 발주자로부터 다양한 사업수행방식을 요구받고 있기 때문에 이에 대응하기 위한 차원에서의 성과를 거두어 왔다. 해외 플랜트 사업의 경우에는 부지 입지와 공기 등의 영향으로 모듈 시공이 불가피한 상황이라 조선 및 중공업 산업과 연계하여 사업을 수행하는 경우가 빈번히 발생하고 있다. 해외 투자 개발 및 자원 개발 사업 역시 같은 맥락에서 이해할 수 있다. 그러나 아쉽게도 국내 시장에서는 아직까지 이러한 융합사례는 거의 없는 실정이다. 산업 내부차원의 융합에 있어서도 통합발주방식으로 변하고 있는 전 세계적 추세와는 반대로 분산 혹은 분리발주를 선호하는 국내 시장의 요구로 인해 이렇다 할 융합이 이루어지지 못하고 있다.

이렇듯 건설산업은 다양한 기술과 분야와의 접목, 통합 더 나아가 융합을 통해 발전해왔지만, 그 실체를 면밀히 살펴보면 융합을 주도하기보다는 수요와 요구에 따라 수동적으로 융합에 대처해왔다는 한계를 안고 있다. 따라서 다양한 융합에 기반한 창조경제형 건설산업이 되기 위해서는 외부 수요를 적극적으로 반영할 뿐만 아니라 자생적인 융합 모델을 발굴하여 선도하는 생산구조의 모습을 가져야 할 것으로 판단된다.

창조경제형 건설산업을 위한 기업의 방향

글로벌 경제는 융합의 중요성을 강조하고 있다. 미국가정보위원회(NIC)는 글로벌 트렌드 2030을 통해 산업간 벽을 넘나드는 융합 추세를 지적하고 여기에는 사회, 경제, 기술, 정치 등 국가와 산업 전반에 융합이 이루어지고 있다고 밝히고 있다. 또한 2013년 스위스 다보스 포럼에서도 미래 어젠다로 속도와 양의 문제로부터 경계벽을 허무는 융합 상품으로 변화가 필요함을 제시하고 있다. 건설산업의 혁신은 구체적으로 자재, 공장제작기술, 모듈화, 공기, 친환경, 성능, 건설 관리 등의 분야에서 구체적 방법을 찾아야 한다(T. Bock et al, 2012). 건설산업의 융합 또한 이러한 분야에서 접목 가능한 요소를 발견해야 한다. 그러나 보다 중요한 것은 개별 요소 기술 혹은 대상을 상품화하고 사업화할 주체의 혁신과 융합이다. 특히 국내에는 지금보다 혁신적인 건설기업의 출현 즉, 창조경제형 건설기업이 다수 생겨야 한다.

그렇다면 창조경제형 건설기업이 되기 위해서 기업들이 추구해야 하는 전략 방향에는 어떠한 것들이 있을까? 아직까지 국내 건설기업의 대부분은 자유방임형, 답습형의 성격을 보인다고 하겠다. 이러한 유형의 기업에서는 시장의존도가 높고, 고유한 경영이념이나 전략을 수립하기보다 다른 기업의 전략을 답습하려는 소극적인 경영방식을 갖게된다. 최근들어 투입요소를 최소화하면서 생산성을 향상시키는 발전된 전략을 취하는 기업들이 증가하고 있지만, 창조경제형 기업이 되기위한 체질개선 노력은 아직 미흡한 수준이다. 반면, 우리 기업들이 주로 벤치마킹하는 선진국의 기업들은 상품과 시장을 다변화시켜 산업 내 생존력 제고를 최우선으로 하는 경영전략(상품/시장 포트폴리오형), 혹은 산업 내 가치 사슬(Value Chain)을 극대화시켜 각종 시장 및 수익성 변동에 안정적으로 대처하는 전략(사업포트폴리오형)을 펼치고 있다. 이는 글로벌 건설시장의 규모가 점차 증가하고 고객의 요구가 다양해지고 있는 급변하는 현대 사회에서 필요한 기업의 유형이라고 하겠다. 그러나 궁극적으로 우리가 지향하는 창조경제형 기업이 되기 위해서는 여기서 한 단계 더 나아가 틈새시장을 발굴하고 개척하여 창조적인 경쟁체계를 구축하는 사업혁신형, 융합기술형 전략을 구축하여야 한다. 이러한 전략이 뒷받침된 창조경제형 기업은 경쟁이 없는 시장에서 수익을 극대화시키고, 기술과 상품의 융합을 통해 가치를 재창조하여 시장과 생산 경쟁력을 향상시키는 리더 기업으로 성장할 수 있는 것이다.

창조경제형 건설산업은 건설기업 등 공급 그룹뿐만 아니라 정부의 정책/제도, 그리고 발주자 등 수요그룹의 혁신도 함께 필요하다. 현재 국내 건설산업은 투자규제, 진부한 제도와 기준, 공급자 중심의 생산 체계 등 다양한 문제를 지니고 있다. 최근까지 건설산업의 혁신이 정부 정책/제도와 발주자 혁신 등을 중심으로 논의되어 왔다고는 하지만 아직까지 가시적인 효과는 보이지 않는다.

또한 시설 사용자 그룹의 참여 및 고려가 미흡한 실정이다. 건설산업이 그 가치를 인정받기 위해서는 건설산업 내부의 고객뿐만 아니라 외부 고객 즉, 일반 사용자 그룹에게 지지를 받을 수 있어야 한다. 한마디로 사용자 눈높이와 요구수준에 맞는 선도형 첨단 건설상품과 기술이 필요하다.

어떠한 산업을 보아도 첨단기술과 상품이 없는 경우는 없다. 건설기업을 비롯한 공급자 그룹의 적극적인 기술 혁신이 중요하다. 기술 혁신을 유발할 공공 정책/제도, 발주자의 변화도 필요하다. 선순환 구조의 창조경제형 건설산업은 제도 및 기준, 그리고 발주자 등의 입력요소(Input)

와 이에 대응하는 융합 및 창조적 해결책을 가진 건설기업이 사안에 따라 통합 혹은 경쟁할 때에 비로소 실현될 수 있다고 판단된다.

PART 5

한국 건설산업, 미래의 길

건설산업 생태계 구조 혁신을 위한 길

건설 정책/제도의 글로벌화를 위한 길

건설 분야 글로벌 기술인력 육성을 위한 길

건설문화, 건설 이미지를 바로 세우는 길

해외건설 경쟁력을 향상시키는 길

건설, 한국의 대표 글로벌 산업으로 가는 길

수요 창출형 건설경제 영토로 가는 길

건설산업 생태계 구조 혁신을 위한 길

박찬식 교수_중앙대학교 건축학부

건설산업 생태계 혁신의 방향

산업의 구조와 참여주체의 기능 및 역할은 산업의 발전과정을 거치면서 업종과 업역으로 견고히 자리잡아 일정한 비즈니스 생태계를 갖추게 된다. 또한 생태계의 활동주체들은 여러 형태의 법·제도 틀에서 보호육성되며, 통제된다. 산업 생태계의 혁신에 대해 논하는 이유는 분명하다. 일정시간이 지나면서 고착화된 생태계의 생산구조를 환경변화에 따라 혁신함으로써 생산의 유연성과 효율성을 제고할 수 있고, 산업의 부가가치를 높일 수 있기 때문이다.

타 산업에 비하여 고용창출과 경기부양 효과가 큰 건설산업 역시 21세기에 접어들면서 생태계 혁신을 위해 많은 노력을 기울여왔다. 이러한 노력은 경제·사회적 환경변화에 따라 국가마다 다양한 관점과 방식으로 진행되었다. 국내에서는 공급자의 업역과 관련한 논의가 활발하였고, 영국과 같은 선진 건설국가에서는 수요자, 즉 발주자와 사용자를 포함시켜 산업의 구조를 혁신하고자 하는 노력이 있었다.

그러나 지금까지 생태계에 대한 혁신노력은 산업내부 활동 주체들의 이해관계를 중심으로 논의되어 왔기 때문에 가시적인 성과는 없었다. 30년 이상 고착된 전형적인 생산구조와 산업 활동 주체 간 다양한 이해관계를 통제 · 조정하기 위하여 마련된 복잡한 법과 제도 때문에 논의 자체가 산입 내부에서 큰 반향을 불러왔다. 또한 글로벌 스텐다드의 관점에서 보아도 국가별로 다양한 산업 생태구조가 형성되어 있어 단일 관점의 혁신을 관철하기 어려운 면도 있다.

그럼에도 불구하고 다시 이 주제를 거론하게 된 이유는 당면한 건설산업의 위기에 대한 해법을 찾고자 함일 것이다. 이제는 단순한 산업의 공급구조 혁신을 넘어, 보다 큰 틀에서 건설사업 혹은 산업을 바라보는 관점으로 생태계 혁신이 논의되어야 한다.

따라서 이 글에서는 한국 건설산업의 수요자와 공급자 측면에서 생태계의 환경변화와 한계를 제시하고, 이를 혁신하기 위한 방향에 대하여 논하고자 한다.

수요자의 환경 변화

전통적으로 건설산업의 수요자는 발주자를 지칭한다. 최근 들어 정보화 기술의 발전, 건설 투자환경 등으로 인해 과거와 전혀 다른 수요자의 속성과 환경이 나타나고 있다. 그러나 지금까지의 건설 생산구조 논의에서는 전통적인 수요자만을 사업의 수요 주체로 고려하였을 뿐 그 밖의 신규 수요그룹에 대해서는 외부 이해관계자로 이해하는 수준이었으며 생산구조 속에서 심도있게 논의하지 못하였다.

대표적인 정보화 기술인 인터넷의 발전은 시설 사용자 그룹의 범주를 확장시켰을 뿐만 아니라 대응 환경을 변화시키고 있다. 과거 정부주도 건설환경 하에서 정보소통이 어려웠던 시기에는 시설 사용자에 대한 중요성이 크지 않았다. 그러나 최근 쌍방향 다자간 정보통신 환경은 강력한 시설 사용자 그룹을 만들었을 뿐 아니라 일반 국민들도 시설 품질과 효율, 더 나아가 투자 효율 등에 대해 논의하는 시대가 되었다.

공동주택시장의 경우 사용자 그룹은 생산원가 공개, 부실시공 제기, 하자 민원 등 매우 다양한 이슈와 방법으로 발주자와 공급자의 문제를 제기하고 있다. 전통적으로 건설기업의 주력사업이었던 공동주택시장은 이제 가장 까다롭고 어려운 시장으로 변모했다. 공공부문의 시설들에 대한 일반인의 관심도 높아지고 있다. 서울시 신청사의 경우 설계와 시공의 품질, 사업 과정, 그리고 시설 사용의 효율 등에 대해 사용자 그룹의 문제 지적이 있었다. 반면 대표적으로 성공한 공공시설이라 할 수 있는 인천공항, 고속철도 등은 사용자 그룹의 적극적인 지지로 우리나라의 국가적 브랜드로 자리를 잡았다.

민간건설 영역은 사용자 그룹의 요구환경 변화에 상대적으로 신속히 대응할 수 있는 반면, 경직된 법 규정과 제도에 의해 작동되는 공공건설 부문은 시설 사용자 그룹의 수요와 요구사항을 반영할 수 있는 구체적인 기준과 프로세스 마련이 용이하지 못하다. 그러나 최근 들어 시설물의 수명이 연장됨에 따라 생애주기관점에서 시설의 기능적, 경제적 효용성을 높이기 위한 각종 노력이 요구되고 있으며, 여기에 사용자 그룹의 요구를 반영할 수 있는 보다 적극적인 체계 개선이 필요한 상황이다.

한편, 사용 환경뿐만 아니라 투자 환경 역시 크게 변하고 있다. 여러 선진국들과 마찬가지로 우리나라도 정부의 재정부족 환경에 직면하여 PPP(Public Private Partnership)사업과 같은 민간투자형 사업을 활성화할 수밖에 없는 처지에 놓여 있다. 최근 국내 건설산업의 활로로 평가받고 있는 해외 건설사업의 환경도 과거 단순도급형 발주보다는 투자형 사업발주를 선호하고 있다. 중동을 제외한 여러 개발도상국에서는 기업의 상품판매뿐만 아니라 건설 투자도 병행하는 방식을 선호하고 있다. 최근 정부 역시 민간 투자를 활용한 공공 건설투자를 강조하고 있다. 그러나 현 정부가 내세우고 있는 관련 정책과 제도의 많은 부분은 민간투자를 유인하는데 부족함이 많다는 것이 중론이다. 현행 공공 기준으로는 투자 환경 자체가 성립되기 어려운 상황이며, 민간 자본이 상당 수준 유입된다고 하더라도 비효율적인 공공제도로 인해 많은 어려움을 겪고 있는 것이 사실이다.

이렇듯 현재 한국 건설산업에서 수요자 그룹을 위한 제도와 기준은 발주방식의 다양화 측면에서 지속적으로 변화하여 왔으나, 대내외적으로 급변하는 산업 · 경제적 환경에 적절히 대응할 수 있는 수준으로 발전하지 못한 것으로 판단된다. 따라서 세분화된 공급자 그룹의 생산구조에 비해 상대적으로 취약한 신규 사용자 그룹의 수요와 요구사항을 반영할 수 있도록 유연한 제도와 기준 마련과 함께 생태계 구조 내에서 그들의 기능과 역할 정립이 필요하다.

공급자의 환경 변화

건설산업 생산구조에 대한 논의는 보통 공급자 그룹의 비즈니스 이해관계를 중심으로 다루어져 왔다. 건설산업의 공급자는 크게 설계 및 엔지니어링 그룹과 건설시공 그룹으로 구분되는 것이 일반적이지만, 공급자 그룹의 생산구조를 논하기 위해서는 자재공급업체에 대해서도 함께 고려할 필요가 있다.

설계 및 엔지니어링 그룹과 관련해서는 크게 두 가지 이슈가 있다.

하나는 건축설계 업역에 대한 논란이다. 현재 관련법에서는 건축설계업과 건설업의 겸업을 금지하고 있다. 즉, 건설업종을 가진 기업은 건축설계업을 할 수 없는 것이다. 최근 대규모 건설사업에서 설계와 시공의 통합을 강조하고 있는 추세를 본다면, 시대에 역행하는 공급구조가 법에 의해 분리되어 있는 셈이다. 법에 의한 업역의 강제적 제한은 효율성이 강조되는 건설사업에서 설계자와 시공자의 협업이 효율적으로 작동하지 못하게 하는 근본적 원인이 되며, 비효율을 야기하는 생태환경을 조성한다. 최근 미국에서 시도되고 있는 IPD(Integrated Project Delivery, 통합발주방식 : 건설사업의 참여 주체간 협업을 강조하는 발주방식)의 도입은 이러한 업역의 장벽을 해소할 수 있는 하나의 방안이 될 수 있을 것이다.

두 번째는 정부 부처별로 산재되어 있는 설계와 엔지니어링 관련법에 대한 통합 논의이다. 대표적으로 국토교통부 소관의 '건설기술진흥법'과 산업통상자원부 소관의 '엔지니어링산업진흥법'을 들 수 있다. 설계와 엔지니어링 기술을 공급하는 기업은 동일한데 소관 부처가 다른 구조적 문제로 인해 각종 면허, 실적신고, 입 · 낙찰 기준 등에 있어 혼란을 야기하고 있는 실정이다. 공급자의 원활한 비즈니스 수행을 위해 수요자 그룹인 정부부처의 개선 노력이 필요한 부분이라고 하겠다.

다음은 건설산업의 구조혁신에서 가장 많이 다루어졌고 논란이 많았던 건설시공업종과 관련된 논의이다. 건설시공업종은 '건설산업기본법'에 의해 종합건설업과 전문건설업의 수직/수평적 업역으로 구분되어 있다. 사업의 규모와 특성에 따라 이들 업종을 등록한 업체가 원도급과 하도급 형식의 수직적 업역구분에 따라 시공을 담당하고 있는 것이다. 이와는 별개로 '전기공사업법'과 '정보통신공사업법' 등에서 규정하고 있는 전문 업종도 있다. 이들 업종은 국가계약법에서 원칙적으로 분리발주를 의무화하여 별도의 원도급을 받도록 하고 있다. 현행 국내 건설산업의 수평적 계약관계로 보았을 때 발주자와의 원도급계약은 종합건설업체와 함께 전기, 정보통신공사업체를 분리하는 계약구조이다. 수직적으로 보면, 원도급은 종합건설업이 하도급은 전문건설업이 담당하는 구조를 가지고 있다. 전문건설업 역시 수평적으로 세분화되어 있다. 또한 세분화된 개별 업종의 등록기준에 대해서는 진입장벽의 과다, 과소 논란이 계속 일어나고 있는 상황이다.

내수 건설시장이 호황일 때는 업종 및 업역에 대한 문제 지적이나 개선의 목소리가 높지 않았으나 요즘과 같이 내수시장의 침체, 단위 사업의 채산성 악화 등 건설시장이 불황인 경우에는 관련 업역간의 분쟁이 매우 치열하게 일어나는 특징을 보인다. 또한 건설업의 경우 일반 제조업과 달리 대 · 중 · 소 업체의 구분이 쉽지 않은 문제도 있다. 종합건설업과 전문건설업 모두 대 · 중 · 소 업체군을 가지고 있어 최근 정부가 강조하는 중소기업의 경쟁력 강화와 보호 정책의 대상이 건설산업에서는 불명확한 측면이 있다. 업종별로 형성된 관련 협 · 단체는 건설업종의 생산구조 논의과정에서 항상 치열한 논쟁과 갈등양상을 보여 왔다. 여기에 국가별로 다양한 글로벌 스탠다드도 문제 요인으로 지목되고 있다. 국내와 같이 업종과 업역을 등록 및 면허제도로 강제화한 국가가 있는 반면, 상법에 근간한 단일 업종체계를 기반으로 업체 실적중심의 사전 입찰자격심사제도를 활용하는 국가도 있다. 즉, 건설업종의 체계는 해당 국가 혹은 단위정부의 특성과 정책을 바탕으로 발전해온 것이지 전 세계에 공통되는 업종체계나 구분 방법은 없음을 알 수 있다.

건설산업의 업종, 업역과 관련한 가장 최근의 범정부적 논의는 이명박 정부 출범 초기의 건설산업 선진화 보고서에 수록되어 있다. "건설사업 차원에서 효율적이고 유연한 건설사업 수행체계의 기반을 제공하고, 건설산업 차원에서 국내 건설업체의 균형 발전과 기술경쟁력을 강화한다"는 기조를 가지고 마련한 발주자의 재량권 확보, 공사의 효율성 향상, 법 · 제도의 유연성 확보, 산업 경쟁력 확보 방안들 역시 과거와 마찬가지로 실천되지 못하였다. 최근 들어서는 직접 시공을 기반으로 하는 전문건설업의 원도급 사업 참여를 확대하는 방안을 놓고 해당 업종과 업계의 논의가 뜨거워지고 있다.

건설시공의 업종과 업역을 논할 때 반드시 전제되어야 할 것은 오랫동안 고착된 국내 업종 · 업역 체계가 본래의 기능과 역할을 다하지 못하고 있을 뿐만 아니라 상당히 왜곡되어 있다는 것을 인지하는 것이다. 즉, 건설업체가 갖추어야 할 종합시공능력 및 관리역량은 점차 사라지고, 기능직군별 하도급에 대한 비즈니스적 측면만이 강조되는 기형적인 건설업태가 만연하고 있다는 것이다. 또한 시장이 어려울수록 발생하는 각종 폐해는 약자인 일선 건설노동자로 전이되어 사회적 문제를 야기시키고 있다. 업종 구분에 의해서가 아니라 발주자가 원하는 최상의 기술과 능력을 보유한 적정 건설업체가 원도급과 하도급자로 선정될 수 있도록 유도하는 생태계의 혁신방향이 마련되어야 한다.

건설수요가 많았던 과거 개발시대를 지난 현 시점에서는 국민 세금이 투입되는 공공건설부문의 경우 효율성보다는 분배를 강조하는 정책적 배려가 필요하다. 또한 대형 기업만이 아닌 중소기업도 함께 비즈니스를 영위할 수 있도록 양질의 중소건설기업이 양성될 수 있는 토양을 만들어야 할 것이다. 뿐만 아니라 건설생산구조의 최하위에 있는 건설기능인력이 고용주의 횡포 없이 당해 사업에서 온전한 일거리를 찾을 수 있고, 적정한 노동임금을 확보할 수 있는 제도적 혁신이 요구된다. 이것은 저가입찰과 그에 따른 원하도급 비리, 부실시공 및 임금착취 등의 건설산업 생태계의 고질적인 질병들을 원천적으로 해소할 수 있는 혁신방안이 될 수 있을 것이다. 혁신은 특정 주체의 일방적인 노력만으로는 불가능하며 다차원적 접근과 중장기적 목표설정에 따른 실행이 수반되어야만 가능할 것이다.

건설산업 생태계 구조의 혁신을 위한 길

지속가능하고 건전한 건설산업의 생태계를 창출하고 유지하기 위해서는 이제까지의 칸막이식 공급구조에서 탈피하여 수요자의 요구에 따라 공급구조에 유연하게 대응할 수 있도록 산업구조의 틀이 전환되어야 한다. 즉, 미래 건설산업에서 요구되는 시설물, 발주방식 그리고 현장(시장)의 모습을 먼저 설정하고 이를 실현하는데 장애가 되는 요소를 제거하는 방식으로 혁신의 고삐를 잡아야 할 것이다. 이제는 공급자 그룹의 비즈니스 이해관계의 유 · 불리를 논하는 과거의 혁신논의 관점에서 벗어나야 한다.

그러나 제도적으로 보호 · 육성되고 통제되어 온 건설업종체계를 일시에 바꾸는 것은 현실적으로 어렵다. 현재의 업종체계가 시장에서 오랫동안 이해당사자간의 타협에 의해 만들어진 산물이기 때문에 더욱이 그렇다. 수요자인 공공발주자 스스로가 변화의 의지를 갖고 특정 선도사업에서 필요한 새롭고 선진화된 생산구조와 체계를 설정하며, 이를 실현하는데 장애가 되는 법 · 제도적 요소를 개별적으로 제거해 가는 것도 방법이 될 것이다. 공급자는 수요자가 까다롭게 요구할수록 진화하기 마련이다. 특히 공공부문에서 건설사업의 공정한 분배를 위해서는 건설 활동주체의 유자격 검증체계와 방법이 정부차원에서 논의되고 모색될 필요가 있다. 뿐만 아니라 앞으로의 건설산업 혁신 논의에는 종래의 발주자와 공급자뿐만 아니라 시설의 투자자와 실제 사용자, 그리고 공급사슬의 최하위에 있는 건설기능인력까지 포함하여 총체적으로 논의되어야 할 것이다.

전통적으로 건설시장의 부침은 주기적인 것으로, 국내뿐만 아니라 전 세계건설시장이 가지고 있는 공통적인 특징이기도 하다. 건설 생태계 혹은 생산구조의 변화는 경기와 시장을 부양하기 위한 것이라기보다는 산업 경제적으로 변화하는 환경에 지속적으로 대응하기 위해 필요한 것이다. 개발시대를 거친 현재의 국내 건설산업 생태계의 생산구조와 법체계는 시대상황에 따라 변화과정을 거쳐 발전해 왔으며, 그 부가가치도 충분히 달성하였다. 하지만 부분적인 수정 개선만으로는 다변하는 국내외 건설 환경에 더이상 효과적으로 작동하기 어렵다는 것을 건설산업의 활동주체들은 공통적으로 느끼고 있다.

건설생산구조의 혁신에 있어 핵심적으로 다루어야 할 과제는 미래 건설 상품과 시장을 구상하는 것이 선행되어야 한다. 특히 공공부문 사업발주에서 원 · 하도급 생산구조의 상생 비지니스를 위한 정책적 결단과 실적중심의 유자격업제 심사제도의 혁신이 필요하다. 그리고 건설기능인력의 적정 임금확보를 위한 제도적 보호장치를 개선하여 지속적으로 건설기술 기능인력을 양성하여야 한다. 이러한 건설산업 생태계의 혁신 기조와 방향은 극심한 불황을 겪고 있는 우리 건설산업의 대외 경쟁력 및 지속가능성에 긍정적인 영향을 미칠 것이다.

건설 정책/제도의 글로벌화를 위한 길

김성일 연구위원_국토연구원

건설산업의 생존 : 건설정책, 제도의 글로벌화

건설경기의 장기침체와 건설산업의 저성장 추세로 해외건설의 중요성이 크게 부각된 지 오래다. 국내 건설에 비해 해외건설은 양적으로 많은 성장을 하였고, 정부는 2017년 해외건설 5대 강국 1,000억 불 수주시대를 목표로 다각적인 노력을 해왔다. 그러나 양적 성장에 대한 회의론도 조심스럽게 대두되고 있다. 해외시장에서의 국내업체간 과당경쟁과 원가 관리의 미흡, 수주우선전략 등으로 적자공사가 증가하는 등 부작용이 나타나고 있기 때문이다.

이러한 상황에서 해외건설 경쟁력을 통한 내실 있는 사업진출의 필요성이 더욱 강조되고 있다. 고부가가치 사업부문의 진출과 설계 경쟁력 강화, 리스크 관리 등 사업관리능력의 제고, 투자개발형 사업진출과 시장 · 공종다각화 등이 이를 뒷받침하는 대안으로 제시되고 있다. 해외시장에서의 경쟁력은 국내 건설정책 및 제도의 경쟁력과 불가분의 관계에 있다. 국내 정책 및 제도, 시스템의 글로벌화는 국내 건설산업의 생산성 향상을 유도하고, 이것이 해외시장에서의 경쟁력으로 연결되기 때문이다. 즉, 국내 건설의 효율성과 해외시장에서의 경쟁우위를 점하기 위한 국내의 정책 및 제도의 글로벌화는 한국 건설산업의 지속가능한 성장, 발전과 생존을 위한 불가피한 선택이다.

건설정책 및 제도 운영의 한국적 현실

건설산업 관련 법령체계의 다기화(多岐化)와 분절

건설산업 관련 법령체계는 매우 다기화되어 있다. 분업화를 넘어 분절의 수준을 보이고 있으며, 법령을 관할하는 부처 및 부처 내 국·과(局·課)간의 경쟁도 치열하여 전체적인 효과와 효율보다는 부분 최적화에 치중하는 우를 범하기도 한다. 하나의 정책문제를 둘러싸고 유사 중복적인 업무를 수행하는 경우도 비일비재하다. 부처간의 정책할거주의와 칸막이 행정은 우리나라 행정의 고질적인 문제다. 이는 소관법령체계가 분절되어 통합 및 조정의 역할이 미흡한데 그 원인이 있다. 정부 발주계약에 있어서도 기획재정부 소관인 「국가를당사자로하는계약에관한법률」과 안전행정부 소관의 「지방자치단체를당사자로하는계약에관한법률」, 조달청 소관인 「조달사업에관한법률」, 국토교통부 소관의 「건설산업기본법」과 「건설기술진흥법」 등이 복잡하게 얽혀있는 실정이다.

건설관련 용역 및 시공활동과 관련해서도 소관부처별 건설관련 법령이 산재해 있으며 소관 영역확대 경쟁과 더불어 다양한 규제의 피라미드를 형성함으로써 건설산업 전반의 비효율, 고비용을 초래하고 있다. 이처럼 법규와 규제로 인한 조정, 협의와 민간사업자의 과다한 행정처리업무는 결과적으로 부패를 발생시키기도 한다. 또한 공정거래위원회의 「하도급거래공정화에관한법률」의 불공정행위에 대한 처벌규정, 국가계약법상 부정당입찰자의 제재, 건설산업기본법상의 처벌규정 등이 제각각 규정됨으로써 처벌의 중복성과 비효율을 초래하고 있다.

이처럼 다기화되고 분산된 법체계 하에서는 과다한 관리비용이 발생할 뿐만 아니라 보다 효율적이고 융통성 있는 생산방식 및 발주체제의 적용이 어려워 건설산업의 고비용 · 저효율의 주된 원인으로 작용한다. 문제는 전문 업역(전문화)별로 설계자, 종합–전문시공업자, 감리, 건설사업관리자를 구분하여 등록기준을 설정하고 있어 사업관리 및 조정비용이 과다하게 소요된다는 것이다. 이에 대해 기존의 폐쇄적 업역체계를 개방형 업역체계로 전환하고자 하는 노력이 있었으나 아직도 그 성과는 미흡한 실정이다.

획일적 · 집권적 발주계약제도와 발주계약법규의 체계성 미흡

발주제도는 건설생산체계와 밀접한 관련을 가지므로 건설생산체계의 경직성은 발주제도의 다양성을 제약하는 요인으로 작용한다. 우리나라의 국가계약법규는 건설산업 생산체계를 규정하는 개별법규의 내용을 반영하여 발주제도를 규정하고 있다. 따라서 개별법규의 사업자격과 생산방식이 폐쇄적이고 경직적이면 발주방식 또한 경직적으로 운영될 수밖에 없는 구조를 가진다.

한편 국가계약법에서는 물품, 용역, 공사계약을 통괄하는 규정과 함께 전체 국가계약에 관한 일반사항과 세부 회계예규를 두고 있다. 그러나 규정의 수준이 너무 깊다 보니 발주기관의 자율성이 상당부분 제약을 받고 있다. 일부 대형 공사입찰 등에 대해서는 '건설기술관리법'의 규정에 따라 기술부분 등의 기준 및 심사를 위임하고 있지만 건설용역 계약에 있어서는 대부분 국가계약법령 및 회계예규에 세부 내용을 규정하여 조달청의 세부 운영규정에 따라 집행하고 있다.

「건설기술진흥법」에 의한 건설기술용역 관련 규정과 국가계약법령간의 연계성도 미흡하다. 예를 들어, 국가계약법에는 건설산업기본법에 근거한 건설사업관리 계약방식을 규정하고 있지만, 건설기술진흥법상의 건설사업관리(용역형 사업관리)에 대한 규정은 없다. 또한 조달청은 계약예규에 근거하여 세부 규정 및 지침을 수립하여 발주계약업무를 운영하고, 건설기술진흥법령에서는 별도로 발주계약방식을 규정하여 운용하는 등 법규체계의 일관성 및 체계성이 미흡하다.

시장분할적 대립 경쟁정책과 가격중심의 경쟁시스템

건설산업은 수주산업이다. 민간 및 공공발주자가 주 고객이다. 따라서 건설산업은 수요자 지향적 산업으로 거듭나야 할 과제를 안고 있다. 공공발주자들은 최저의 가격으로 최고의 품질을 가진 시설물을 원한다. 따라서 이러한 수요자의 요구를 충족할 수 있는 건설업체가 경쟁우위를 가지는 것이 가장 바람직할 것이다. 그럼에도 불구하고 국내 건설시장은 중소건설업체 보호 등 공급자의 생존과 경제민주화 차원의 여러 가지 산업보호 정책을 강화하고 있다. 특히 시장분할적, 이분법적 건설산업 정책은 건설시장의 효율성을 크게 저하시키고 있다.

분리발주제도와 지역공동도급제도, 주계약자 공동도급제도 등 시장 및 업역분할적 제도와 설계시공분리발주의 적격심사제도 등은 공사의 규모에 따라 가격의 최저한을 보장하는 시스템의 대표적 사례로 들 수 있다. 이러한 방식은 시장의 경쟁보다는 공사규모별, 시공능력별, 지역별, 원하도급별로 건설시장을 분할하여 건설업체간의 물량과 가격을 보장하는 비효율을 낳고 있다. 즉, 가격 및 기술을 통한 시장경쟁이 이루어지는 시스템과는 거리가 먼 것이다. 특히 기술경쟁 시스템인 턴키 공사의 경우에도 기술경쟁보다는 가격경쟁이 우선이다 보니 기술발전을 이룰 수 있는 유인구조가 미흡한 실정이다.

건설생산은 지금까지 업역에 따라 적대적이고 폐쇄적인 시스템이 지배하여 왔다. 건설산업의 생산주체, 즉 발주자와 원도급자, 원도급자와 하도급자, 하도급자와 자재 · 장비 · 인력 제공자간의 불평등하고 수직적인 관계가 형성되어 온 것이다. 그러나 정부에서는 이러한 문제의 근본적인 해결방법을 제시하기보다는 주계약자제도, 분리발주, 지역공동도급제도 등의 적용을 통해 중소건설업체 및 하도급업체의 참여를 확대하는 인위적인 시장분할, 이분법적 정책으로 일관하였다. 즉, 기술혁신(생산성 향상)을 위한 생산방식과 참여유형의 설정보다는 단순 시장 분할적 물량배분차원에서의 대 · 중 · 소 업체간 이분법적 시각의 정책에 경도되어온 것이다.

건설정책 및 제도의 글로벌화

건설산업 관련 법령의 체계화와 통합 · 조정 기능 강화

업역간, 타 분야간의 융 · 복합이 이루어지는 시장환경에 신축적으로 적응하기 위해서는 현재의 분절된 법령체계보다는 보다 유연하고 통합적인 법령체계로 전환되어야 한다.

이를 위해 건설 관련 법규는 신축적이고 통합적으로 규정되어야 하며, 정부는 공정한 경쟁의 룰의 설정과 이에 대한 심판자로서의 역할에 걸맞는 법규체계를 가질 필요가 있다. 세부 기준의 운용에 있어서는 수요기관이 법규에서 정한 룰에 따라 자율적으로 적용하도록 하여야 한다. 이러한 논의는 분절된 법규의 기능적 통폐합의 문제가 아니라 시장수요에 따라 유연하게 적용될 수 있는 법, 제도의 규정 및 운영방식에 그 초점이 있는 것이다.

또한 업역 중심의 각종 단체의 혁신을 위한 정책도 요구된다. 건설관련 단체의 자율화, 협동조합의 육성 등도 적극적으로 검토되어야 하며, M&A 활성화 등 건설산업 구조 재편, 건설관련 공제조합의 건설종합금융기관으로의 전환을 위한 지배구조 재편도 동시에 검토되어야 한다. 건설선진화위원회에서 제시한 「건설산업통합법」보다는 순차적으로 설계용역, 시공, 발주 등 관련 법 간의 위계질서를 체계화하는 작업이 이루어져야 할 것이다. 또한 향후 국내 및 해외의 구분이 모호한 상황에서는 「건설산업기본법」과 「해외건설촉진법」의 통폐합도 고려해 볼 필요가 있다.

계약법규의 체계성 확보와 분권적인 발주계약시스템

국가계약법을 물품계약, 시설공사계약, 용역계약편으로 구분하여 개편하는 동시에 당해 법령이 그 기능과 역할에 있어 명실상부한 공공기관을 포괄하도록 하려면 「공공기관을당사자로하는계약법」으로 관련 법규를 통폐합하는 것을 검토해 볼 필요가 있다.

과도한 예규행정을 지양하고, 현행의 회계예규 사항 중 시행령 및 시행규칙에 반영할 기본적인 사항만을 규정하되 발주기관의 특성에 맞춰 자율적으로 운용하도록 하는 것이 바람직하다. 또한 공공계약법의 틀 속에서 각 부처별 소관 용역 및 시설공사 관련 법규에 세부적인 기술 및 운영기준을 자체적으로 설정하도록 규정함으로써 다양한 입 · 낙찰방식이 적용될 수 있도록 하여야 한다.

한편 조달청의 역할 및 기능도 재정립되어야 한다. 조달청의 물품조달 대행업무는 인정하되 영국의 OGC(Office of Government Commerce)와 같이 시설공사 및 용역에 대해서는 발주대행 업무에서 벗어나 실제 발주처를 지원하기 위한 발주방식 가이드라인의 개발 및 발주계약인력의 교육 등을 수행할 수 있도록 재편되어야 한다.

기술우위 및 품질 경쟁 정책과 협력적 기업 생태계 조성

가격중심의 경쟁보다는 기술, 품질 중시의 경쟁정책으로의 전환이 요구된다. 선진국의 경우 이미 가격뿐 아니라 기술, 품질, 시설물 준공 후 유지관리비용 등을 종합적으로 고려하여 낙찰자를 선정하고 있다. 하지만 우리의 경우 가격이 주된 낙찰자 선정요인으로 작용하는 구조이기 때문에 기술개발 및 품질경쟁의 유인이 부족하다.

기술, 품질 중심의 발주 및 입 · 낙찰 시스템으로의 전환을 위해서는 기술, 품질을 통괄하는 발주부서의 역할과 기능이 강화되어야 할 것이며, 이를 위해 현행 건설기술진흥법 체계 내에 공공발주계약의 수행에 필요한 내용의 포괄적 위임이 가능하도록 할 필요가 있다. 이 경우 건설기술진흥법에 기술 및 품질중시의 다양한 발주계약 방식의 설정과 이에 따른 세부 운영규정 등을 정의할 수 있는 체계가 요구된다.

한편 대립적, 시장분할적 물량배분 차원의 정책에서 벗어나 협력적, 시장통합적 성과배분 정책으로 전환하는 것이 시급하다. 영국의 파트너링 제도가 하나의 모델이 될 수 있다. 대립적 기업 생태계를 협력적 기업 생태계로 전환하는 파트너링은 건설생산 참여자간의 윈윈(Win-Win)을 가능하게 하고 신뢰와 협조관계를 통한 사업목표의 공유로 건설생산성과 품질의 확보에도 크게 기여할 것이다.

아울러 프로젝트 기반의 기업 협력 방식에서 나아가 보다 지속적 · 장기적인 협력적 기업 생태계 조성을 위한 구체적인 협력모델을 개발할 수 있도록 기반을 구축하여야 할 것이다. 이러한 협력적 기업 생태계 조성은 건설기업간 기술개발의 촉진과 활용, 성과의 공유를 가능하게 하여 건설산업이 창조산업으로 진화할 수 있는 발판을 제공할 것이다.

건설정책 · 제도의 글로벌화를 위하여

이상에서 국내 건설시장의 정책 및 제도의 현실을 살펴보면서 몇 가지 개선방안 및 혁신 방향에 대해 제시하였다. 우선, 피라미드처럼 형성된 건설관련 제도와 정부 규제 간 중복, 비효율을 개선하는 것이 건설산업의 글로벌화를 위한 첫 걸음이 될 것이다. 그동안 정부의 건설산업 규제개혁을 위한 조치가 지속적으로 추진되어 왔음에도 불구하고 정부 관료의 이해관계구조를 혁신하는 데에는 한계가 있었다. 그러나 영국의 공공발주자 혁신도 정부의 건설산업 정책, 제도운영에 대한 반성에서 출발했다는 점에서 건설산업의 규제혁신은 건설산업이 고효율 및 저비용의 글로벌 시스템으로 전환하는 데 가장 핵심적인 과제라고 할 수 있다.

또한 발주행정의 분권화와 발주기관의 자율성 제고를 통해 다양한 발주방식 및 제도가 적용되기 위해서는 발주기관의 계약행정능력 향상과 책임성의 제고가 요구된다. 정부 및 발주기관의 능력 제고 및 제도 혁신은 건설산업 제도 및 정책의 글로벌화에 가장 중요한 요소다. 건설산업 제도 및 정책의 글로벌화는 정부부문의 혁신에서 출발하여야 한다는 점을 잊지 말아야 한다.

다음으로, 건설업체의 자기반성이 필요하다. 업종별로 분할된 관련 단체를 중심으로 발생하는 업역 이기주의는 제도 및 정책 운영에 여러 가지 제약요인으로 작용하였다. 업역 이기주의는 제도 및 정책의 유연성을 제약하고, 효율적인 제도 및 정책의 정착에 장애요인으로 작용한다.

향후 건설정책 및 제도의 운용은 건설수요자(소비자) 중심으로 전환될 필요가 있다. 수요자의 보호를 위한 건설품질의 확보 및 안전 강화, 공정거래 질서의 확립 등은 건설정책 및 제도의 글로벌화에 매우 중요하다. 또한 건설시장 내 대 · 중 · 소 업체간의 물량배분적, 시장분할방식을 배제하고 대 · 중 · 소 건설업체간의 협력적 기업생태계 조성을 위한 제도, 정책의 전환이 요구된다. 이러한 방향으로의 정책 및 제도혁신은 건설산업의 글로벌화를 촉진하는 지름길이 될 것이다.

건설 분야 글로벌 기술인력 육성을 위한 길

전재열 교수_단국대학교 건축공학과

건설기술인력 육성의 필요성

건설 분야의 기술인력을 어떻게 육성할 지는 미래 건설산업을 어떻게 정의하는가에 달려 있다. 국민소득 2만~3만 불 시대인 현재와 미래의 건설산업을 단순히 과거 개발연대 건설부흥기의 연장선으로 바라보고 있지는 않은지 재조명할 필요가 있다. 선진국의 건설혁신운동은 정체성에 대한 본질적인 접근을 토대로 시작되었다. 우리나라는 경제수준으로 볼 때 이미 선진국 반열에 올랐다고는 하지만 과거에 비해 건설시장의 규모는 현저히 줄었고, 건설노동과 같이 힘든 일은 기피하는 선진국형 일자리 선호현상이 급격히 심화되고 있는 실정이다.

대학교육에서도 건설관련 학과는 첨단 분야 전공에서 밀려나고 있으며, 국내 건설시장의 축소로 건설 전공 졸업자들에게 좋은 일자리가 대폭 줄어들었다. 현재 대부분의 공과대학의 경우 건축, 토목 등 건설관련 학과는 하향세를 보이는 반면 원자력, 에너지, 조선관련 학과는 상승세를 보이고 있다. 또한 국내 건설시장의 청년층 기능인력의 유입은 거의 없으며 장년층과 제3국인의 일자리로 이미 시장이 고착화되어 가고 있다.

건설기술인력의 수요 및 공급

국내외 건설시장의 한계

국내의 전통적인 건설시장인 아파트, 오피스 등의 건축 분야 시장과 교량, 댐, 도로 등의 토목 분야 시장은 이제 한계에 이르렀다는 평가를 받고 있다. 주택보급률은 이미 2003년에 100%를 넘어섰고 웬만한 SOC 사업도 어느 정도 건설이 완료되었다. 굵직한 토목사업이었던 고속철도 건설공사, 고속도로건설 및 확장공사, 신항만공사 등이 완료되어 전국이 1일 생활권이란 말은 벌써 옛말이 되었고, 한국 · 중국 · 일본 세 나라가 1일 생활권인 시대가 도래하였다. 건축 분야도 1기 5대 신도시 건설로 200만 호가 일시에 건설되었으며 이제는 2기 신도시인 김포, 파주, 동탄, 남양주 등의 신도시가 들어서 더 이상의 신도시 개발이 필요한 지에 대한 고민이 심각해지고 있다.

반면 전국 200여개의 대학에서 매년 20,000여 명의 건설관련학과 졸업자가 시장에 쏟아지고 있으나 이들에게 일자리를 마련해 줄 국내 건설업계의 현실은 참담하다. 100대 건설회사 중에 이미 20여개 업체가 법정관리, 기업개선작업 등의 이름으로 정부 및 은행권에 의해 특별 관리되고 있으며 나머지 기업들도 어려움에 봉착하고 있어 일자리는 앞으로도 계속하여 줄어들 것으로 예상된다.

해외 건설시장 전망

반면 해외의 건축, 토목, 플랜트 및 원자력 건설시장에서는 건설기술인력 수요가 많은 상황이다. 이에 따라 우리 건설업체들은 해외 건설시장을 개척하면서 세계로 나아갈 활로를 뚫고 있다. 해외건설협회에서 제공한 자료에 따르면 1998년 우리나라에 찾아온 금융위기 이후 우리나라의 해외건설 수주액은 기하급수적으로 증가하고 있다. 특히 리먼브라더스 사태 이후인 2010년에 최고액인 716억 불의 수주고를 달성한 바 있고, 2013년 5월 시점으로도 벌써 210억 불의 수주고를 달성하여 올해는 800억 불을 목표로 하고 있다. 국내 건설시장이 100조 원(900억 불)내외에서 답보상태에 머무르고 있는 것을 고려하면 해외건설시장에서의 수주고가 국내건설시장에서의 수주고를 앞설 날도 그다지 멀지 않은 것으로 보인다.

해외건설기술인력 수요공급 불균형 해소 방안

10대 건설사 인사담당임원의 말을 인용하자면 해외 플랜트 건설 분야의 경우 "인력은 넘치지만 필요한 분야의 쓸만한 인재를 찾기 어렵다"고 한다. 한국건설산업연구원(CERIK)의 조사에 따르면 2012년 대형 건설사 플랜트 전문인력 확보율은 5%에 불과하다. 특히 기계, 전기, 화공 분야의 플랜트 전문인력을 찾기가 힘들다는 것이다. 그러나 2011년 말 건설기술인협회 소속 건설기술인력 중 27%가 실업상태로 파악되고 있다. 이는 주로 건축 및 토목전공 출신자로서, 건설사가 요구하는 플랜트 전문인력과는 다르다고 할 수 있다. 여기에는 대학에서 건축관련 전공분야의 분리와 약화, 건설관련 전공인력 과잉공급, 건축의 주거 · 비주거 시장 구분 없는 수준정립 미흡, 해외계약 및 공사수행 제도와 괴리된 국내용 제도 운영 등의 문제점이 있다.

따라서 지금의 해외건설시장의 수요대비 공급부족현상이 기술만의 문제인지 아니면 사회적 현상인지를 타진하고, 건설인력의 공급부족현상을 극복하기 위한 대책 마련이 시급하다.

이를 위해서는 해외건설시장의 안정적 인력공급 방안, 국내 공사 경험과 해외시장의 도전, IT 기술의 급격한 발전과 해외건설시장, 국내외 계약제도의 차이 측면에서의 고민이 필요할 것으로 보인다.

해외건설기술인력 공급 방안

해외건설시장에 진출하기 위해서는 경쟁력을 갖춘 기술력과 기업의 역할이 먼저 강조되고 그 역할에 따라 인력유입의 선순환이 이루어져야 한다. 국내시장의 아파트 경력 위주의 엔지니어가 해외건설현장에 뛰어들어 해외시장에서 통용되는 계약시, 시방시 등 익숙하지 않은 서류들을 접하게 되고, 영어 등 외국어 소통능력이 부족한 상태에서 해외경쟁을 하는 것은 불리한 게임의 시초가 된다. 따라서 국내시장의 건설인력공급을 위한 대학교육과 국내 건설기술 엔지니어의 재교육에 대한 체계적인 분석과 성과 있는 교육체계 구축이 필요하다.

또한 해외 사례분석을 통한 현실적 접근이 필요하다. OECD 선진국들의 경우 사회 · 경제적 풍요 속에서 자라난 청년세대가 어떻게 건설시장에 적극 유입되는지 본질적으로 분석하는 것이 중요하다. 미국의 건설시장을 살펴보면 공학전공자들을 위한 고급 건축 · 토목건설시장과 비공학전공자들을 포함하는 주택건설시장으로 구분되어 서로 다른 전문영역의 기술인력을 건설산업으로 유입하고 있다. 한편 건설현장의 기능인력은 제3국인 또는 이민자 등이 주류를 이루고 있다.

미국에서는 청년들의 건설산업 진출을 무조건 장려하기보다는 기업의 국내외 경쟁력 및 차별화된 기술 경쟁력으로 미래 경력의 도전 가능성을 보여 주고 있다. 한국적 혁신을 향한 준비도 이러한 방향에서 추진되어야 할 것이다. 특히 최근 활발히 논의되고 있는 해외건설 및 플랜트 관련 인력양성에 초점이 맞춰져야 한다. 미국 건설산업이 많은 플랜트 관련 전공자를 보유하거나 특화된 해외건설 교육을 시키기 때문에 경쟁력을 가지는 것이 아니다. 기업과 산업의 본질적인 경쟁력을 통해 장래의 희망을 보고 인력이 유입되도록 하는 선순환구조가 미국 건설산업의 우수인재 확보에 긍정적 영향을 미치는 것이다.

건설교육시스템

21세기 건설기술자의 역량

건설기술자들이 현장에서 마주하게 되는 문제들은 교과서적인 부분이 아니다. 각 현장의 특성에 따라 다양한 문제들이 발생하게 되고, 기술자들은 이를 해결하는 능력을 갖춰야 한다. 따라서 건설기술인들은 기본원리를 충실히 이해하고 이에 입각한 현장지휘능력을 가져야 한다. 최근 우리나라에서도 공학인증제를 수행하면서 단편적인 지식보다는 기초지식에 입각한 설계능력 기반의 공학인 양성 프로그램을 적용하고 있는데, 이는 매우 바람직한 현상이다. 미국토목학회(ASCE)가 요구하는 21세기 건설기술자의 15가지 항목을 살펴보면 우리나라 대학교육의 공학인증제에서 수행하는 학습성과 달성도와 매우 유사함을 알 수 있다.

- 수학 및 과학의 기초 지식을 함유하고 공학지식을 응용할 수 있는 역량

- 데이터를 분석 및 해석하고 실험을 설계할 수 있는 역량
- 건설시설물 전체 또는 일부를 설계하고 발주와 입 · 낙찰 등 절차를 설계할 수 있는 역량
- 타 분야 전문가와 협업하고 공조할 수 있는 역량
- 공학적 문제를 도출하고 해결할 수 있는 역량
- 건설이 안전성 및 편의성을 제공하여야 한다는 윤리적 책임에 대한 이해력을 함유
- 효과적으로 의사소통할 수 있는 역량
- 건설기술이 인류 문화와 삶에 미칠 파급효과를 이해할 수 있는 역량
- 급변하는 사회 및 기술에 대한 평생학습의 필요성을 인지하고 실행할 수 있는 역량
- 현실에서 발생하는 쟁점들에 대해 이해할 수 있는 역량
- 지식, 기술과 첨단 도구 등을 응용할 수 있는 기술적 역량
- 건설공학 내 전문 분야에 대한 지식을 갖추고 응용할 수 있는 역량
- 사업관리, 건설 및 자산관리 등에 대한 이해력
- 경영, 공공정책, 행정 등에 대한 원리를 이해할 수 있는 역량
- 리더의 역할과 리더십 원칙에 대한 이해력

대학교육과 산업체 교육의 역할 및 개선방안

건설기술인력은 대학교육 기반의 대졸단계 기술인력, 대학원 교육 기반의 대학원단계 전문기술인력, 해외건설교육 또는 원자력 인력양성 등 단기집중 교육 건설기술인력, 실무 5년 경력자(기술사 응시가능) 단계의 경력기술인력, 실무 10년 경력자 단계의 과 · 차장급 경력기술인력(Project Management : PM 지향형), 해외공사 PM급 기술인력 등 그 역량 정도에 따라 구분할 수 있다. 따라서 건설인력 육성체계는 대학교육과 산업체교육의 큰 틀로 나뉜다고 볼 수 있다. 이에 전문교양 및 기초과목

을 바탕으로 급변하는 건설환경을 직접적으로 체험하는 산업체의 수요를 적극 반영하고 실무와 연계한 대학교육시스템을 구축해야 한다. 또한 대학에서 배출된 인력을 보다 전문화하고 현장투입을 위한 산업체의 교육시스템을 구축해야 할 것이다. 곧, 사회의 건설 분야 재교육은 본질적으로 기업의 전문성과 경쟁력이 뒷받침되어 학계가 지원하는 형태가 되어야 할 것이다.

대학교육의 양성인력 규모, 수준, 특성화 분야 등에서도 본질적인 고민이 있어야 한다. 가령 대학교육에서는 건설관련 인력양성을 대폭 축소하여야 한다. 또한 기존의 교육과정을 사회적 수요에 맞게 개편하여야 하며, 국내외 수요와 특성에 맞는 새로운 건설인력 교육의 틀을 제시해야 할 것이다.

해외건설시장용 엔지니어를 대학교육과 연계시키는 것은 교양 및 건설기본교육의 다양성 관점에서 무리가 있다. 대졸, 5년 경력, 10년 경력 등으로 구분하여 대학과 기업, 또는 협회 등을 통한 교육의 방향과 범위, 깊이에 대한 공감대 구축이 중요하다. 또한 유관 전공 분야(기계, 화공 등) 졸업자를 어떻게 건설전문가로 양성할 것인지에 대하여 고민하여야 한다. 가령 프로젝트관리(PM) 관점에서 건설 프로세스를 이해하는 기본교육이 이루어질 수 있겠다.

대학교육시스템을 위한 개선방안으로 다음과 같은 점을 제안할 수 있다.

첫째, 교양 및 기초과목을 통한 창의적 건설인력을 육성해야 한다. 인문학적 소양을 갖춘 건설인력을 위한 공학소양교육의 중요성과 외국어 교육을 중심으로 한 전문교양교육의 중요성을 인식하여야 한다.

둘째, 산업체의 수요를 반영하고 실무와 연계를 통한 실무중심의 능력을 배양하도록 한다. 공학용 프로그램 활용기술과목을 확대하여 실무도구 교육의 중요성을 인식하고, 현장실습 및 각종 프로젝트 등을 통해 현장실무능력을 향상하며, 대학 및 관련업체와 연계한 실습교육을 확대하여야 한다. 또한 엔지니어링 및 건설사업관리(CM), 감리 분야를 염두에 둔 특화 분야의 특성화 전공을 개발하어야 한다.

셋째, 건설환경 변화에 따른 미래지향적 통합설계 능력을 확보하도록 한다. 기본적인 설계도서에 대한 이해를 바탕으로 친환경 건축, 컴퓨터 프로그램 활용, BIM(Building Information Modeling) 활용, 구조시스템 및 건설 관리 등 미래지향적인 새로운 교과목을 도입하여야 한다. 이를 위해 건축공학 각 기술의 통합교육이 필요하며 IT와 전통기술의 융합에 의한 시장창조가 가능하도록 융합기술 전문가 양성 융합교육이 개설되어야 한다.

넷째, 해외건설시상 신출을 위한 인력양성 교육을 하어야 한다. 기획, 개발 및 사업모델 창출 요구에 충족하는 해외건설 전문가 양성 교육을 실시하고 마케팅, 사업관리, 개발기획, 사업모델 창출 능력을 기반으로 한 인력 선정 시에는 실무 경험 이외의 별도의 검증작업도 병행되어야 한다. 또한 프로젝트 시행 및 건설사업관리 역량을 갖춘 해외건설 전문가 양성을 위해 국내 건설인력의 재교육과 대학 교육을 통한 인력공급이 필요하다.

다섯째, 산업현장의 수요변화의 영향에 따라 건설 분야의 학과명칭을 변경함으로써 외연을 확대하는 방안도 고려할 수 있다. 일례로 일부 대학교에서는 기존의 건설관련 학과를 건설 및 플랜트관련 학과로 변경하여 운영하는 사례가 보고된 바 있다. 이는 우리나라 건설환경이 과거의 건축과 토목 분야에 국한되지 않고, 기계나 플랜트쪽으로 확대해 나아가고 있다는 반증이기도 하다.

해외건설시장의 요구인력 및 산업체 인력운영방안 구축

해외건설시장에서 경쟁력을 갖기 위해 건설기술인력에게 요구되는 역량으로는 프로그램관리 능력, 토탈 솔루션(Total Solution)능력, 친환경 및 초대형 프로젝트 수행 능력, 사회 공헌 및 국민 행복 비전을 구현할 수 있는 능력 등이 있다. 따라서 이러한 역량을 보유한 건설기술인력을 확보하고, 효율적으로 교육 및 활용하는 것은 곧 기업의 경쟁력으로 이어질 수 있다.

해외건설시장이 필요로 하는 인력을 운영하기 위한 방안은 다음과 같이 요약할 수 있다.

첫째, 초기 진출단계에서는 전문영업인력을 통한 수주전략 다양화, 해외투입인력 및 분야별 전문가 지원, 특히 초기 PMP(Project Management Proposal) 작성 및 발주관리 전문가와 프로젝트 특성에 따른 인력선발 기준 구축이 필요하다. 둘째, 초기 프로젝트 수행단계에서는 해외 프로젝트 수행을 위한 인력 풀(Pool) 관리, 분야별 전문가를 통한 절차서 수립, 초기 MOB(Mobilization) 단계 TF팀 구성, 표준 매뉴얼 및 포맷 수립을 위한 인원 확보 등이 필요하다. 셋째, 프로젝트 안정화 및 영업확장 단계에서는 인원 풀 확대 및 관리, 시스템 교육 및 순환 근무제 도입, 분야별 전문가의 사업모델 개발 및 차별화, 최고 기술력 보유, 매뉴얼 및 포맷 갱신 수행 등이 필요하다. 마지막으로, 경력개발 프로그램(CDP, Career Development Program)을 통하여 인력의 체계적인 육성이 필요하다. CDP란 참여인력의 경력개발 및 관리 프로그램을 말하는 것으로 무엇보다 우리 건설 분야에 핵심경쟁요소로 작용할 수 있다.

건설업은 전통적으로 현장경험을 중요시한다. 따라서 초고층, 초장대교량 등 초대형 시설물 등에 대한 수요가 날로 증가하고 있는 시장의 요구를 효율적으로 접목시키기 위해서는 참여인력의 경력 관리와 함께 새로운 기술을 관리하고 이를 접목하여 건설프로젝트의 효율성을 극대화하는 새로운 프로젝트에 대한 예비력을 축적해 나가는 것이 필요하다.

글로벌 기술인력 육성을 위해 나아갈 길

국내외 건설시장의 변화에 맞추어 우리의 인력수급정책도 발 빠른 변화를 준비하여야 할 것이다. 먼저, 해외건설시장의 활성화에 맞추어 국내 현장뿐만 아니라 세계 어느 현장에서도 빠른 시간 내에 적응할 수 있는 언어능력과 주요국가의 건설관련 규제사항을 습득하여야 한다. 특히 건설관련 규제의 대부분은 선진국의 설계기준을 해당국가에 맞도록 수정하여 사용하는 경우가 많으므로 주요국가의 설계기준의 배경을 잘 이해하는 것이 중요하다.

또한 인력개발 및 투자에 있어 우리나라가 그간 취약한 분야였던 기본설계능력과 원천기술을 보유한 인력개발에 투자해야 할 것이다. 건설관련 엔지니어의 현주소는 상대적으로 부가가치가 높지 않은 건설시공관련 업계에 집중되어 있다. 따라서 사업지의 개발 및 자금조달, 설계시공에서 운영관리까지의 건설업의 전(全) 생애주기를 관장하여 고부가가치를 생산하고 있는 선진기업들의 해외 건설인력들을 타산지석으로 삼아 관련 기술 분야 다각화 및 해당 분야의 인력을 양성하는 것이 시급하다.

건설공사 수행경험을 통해 습득한 노하우를 해외에 수출하는 방법도 생각해볼 수 있다. 그동안 성공적으로 수행해 온 국내 신도시 사업,

도시형 복합건물(호텔, 컨벤션, 쇼핑몰 등), 20여 개에 이르는 초장대교 및 1,000km에 육박하고 있는 도심 지하철관련 사업, 발전소 및 석유화학 플랜트 사업 등은 현재의 기술을 현지화시키는 과정만 정비한다면 고부가가치 상품으로서 적극적인 해외 수출이 가능할 것으로 판단된다. 이러한 인력들은 외국어교육과 현지적응훈련만 거친다면 해외공사의 실수를 최소화하면서 현지에서 커다란 성과를 낼 수 있는 인력으로 성장할 수 있다.

해외 건설시장의 개척은 우리 건설시장의 기술과 인력의 수준을 한 단계 도약시키는 데 디딤돌 역할을 할 것이다. 따라서 우리는 현재의 건설시장이 갖는 비관적인 수치들에 연연하지 말고 새로운 기술개발 및 현장접목을 위하여 지속적으로 인력투자를 진행하여야 하며, 이를 신성장 동력으로 발전시켜야 할 것이다. 이것이 글로벌 시대에 우리에게 주어진 사명이며 건설 분야가 발전하여야 할 방향일 것이다.

이렇듯 인력에 대한 충분한 투자가 진행될 때, KOICA나 새마을운동 등의 지원 확보와 중동, 아프리카 등 신흥국가의 건설시장을 점유하는 선봉 역할이 가능할 것이며, 선진국 시장에서는 틈새시장을 공략하여 상대적으로 경쟁력을 확보할 수 있을 것이다.

결국 적극적인 투자는 차세대 건설업계를 젊어지고 미래 융 · 복합 건설기술발전에 기여할 유능한 인재를 양성 · 확보하고, 건설산업이 경제성장과 일자리 창출에 기여할 수 있는 기회를 제공하는 계기가 될 것이다. 뿐만 아니라 글로벌 리더로서의 우리 젊은이들에게 글로벌 현장에서의 경험과 도전정신을 키워주는 계기가 될 것이다.

건설문화, 건설 이미지를 바로 세우는 길

윤영선 연구위원_한국건설산업연구원

문화 위기에 빠진 건설산업

한국 건설산업은 지금 심각한 위기 상황을 맞고 있다. 건설시장이 장기 침체와 저성장 국면을 지속하면서 '시장의 위기'를 겪고 있기 때문이다. 그렇다면 지금의 위기상황이 과연 시장만의 위기라고 말할 수 있을까? 시장의 위기는 외적 위기에 해당된다. 외적 위기가 있다면 내적 위기도 있을 것이다. 건설업계 내부에 도사린 위기가 곧 내적 위기이다. 우리는 이 내적 위기를 '문화의 위기'라 부를 수 있다.

장기화되고 있는 건설산업의 위기는 문화적 맥락에서 접근할 때 그 본질을 보다 잘 이해할 수 있다. 한마디로 최근의 건설위기는 시장과 문화의 괴리로부터 발생하고 있다. 즉, "건설시장은 변했는데 건설문화는 변하지 않았다"는 것이 위기의 본질이다. 최근의 건설위기를 문화지체이론의 관점에서 바라보면 이해가 쉽다. 문화지체이론의 관점을 원용하면, 시장이란 외적 환경은 변했는데 여기에 대응하는 건설산업의 내적 문화가 제대로 적응력을 발휘하지 못했다고 말할 수 있다. 그 결과 건설산업은 점점 경쟁력을 잃어갔으며, 국민들로부터 부정적인 이미지를 얻게 된 것이다.

문화지체의 관점에서 보면 건설시장은 외생변수, 그리고 건설문화는 내생변수가 된다. 물론 이러한 단정적인 구분에는 다소간 문제가 있을 수 있다. 건설시장 역시 건설업계의 외적인 노력을 통하여 어느 정도 극복할 수 있기 때문이다. 그러나 건설시장이 구조적인 위기 상황에 접어들고 있다면 건설업계가 이를 근본적으로 극복하는 데에는 한계가 있다. 보다 중요한 관점은 시장 자체의 위기 극복도 결국에는 내적 문화의 혁신을 통해서 가능하다는 점이다. 즉, 진정한 건설시장의 위기 극복을 위해서도 건설업계 내부의 문화 혁신이 필요하다는 것이다. 이런 관점에서 건설문화의 위기 극복은 복합적인 의미를 띠고 있다. 건설업계가 문화의 위기를 극복한다는 것은 시장의 위기를 적극적으로 돌파하기 위함과 동시에 한계에 부딪힌 시장의 구조적 문제를 업계 내부에서 슬기롭게 수용하고 새롭게 적응해 나간다는 의미이기도 한 것이다.

1990년대 이후 시장과 문화의 괴리 발생

건설산업의 위기, 즉 시장과 문화의 괴리로 나타난 위기는 시기의 문제와 결부된다. 거시적 맥락에서 보면 우리 건설산업은 시장과 문화의 괴리가 없었던 시기와 반대로 양자가 괴리된 시기로 구분할 수 있다. 대체로 1980년대 말까지는 전자의 시기였고, 1990년대 이후부터는 후자의 시기였다. 따라서 건설산업의 위기는 1990년대 이후부터 발생하였고, 지금까지 20여 년간 지속되어 왔다고 말할 수 있다.

근대 건설산업이 태동한 이후 1980년대 말까지 건설산업은 대체로 안정적 성장기였다. 이 시기 정부는 건설산업의 최대 수요자였을 뿐만 아니라 진흥자 내지 조정자의 역할을 담당하였다. 건설기업들은 정부의 강력한 수요 파워와 리더십에 순응하는 공급자로서의 역할을 충실히 이행함으로써 지속적으로 성장해 나갔다. 이 시기를 거쳐 오면서 건설업계에는 규제 위주의 건설제도와 업역주의 및 정부의존적 주종의식 등의 건설문화가 형성되었다. 이렇게 형성된 제도와 의식 문화는 시대적 상황과 효과적으로 조화를 이루면서 건설산업 발전에 크게 기여한 것으로 평가된다. 동시에 건설산업을 바라보는 국민들의 인식 역시 대단히 긍정적이었다.

1980년대 말까지의 건설산업은 한마디로 '수요 의존형' 산업이었다. 그러나 1990년대에 들어서면서 건설시장은 질적으로 서서히 변화하기 시작하였다. 건설시장은 이후에도 성장을 지속해 나갔으나 수요 구조에서는 질적 변화가 나타나기 시작했다. 무엇보다 건설시장은 공공 주도에서 민간부문의 비중이 큰 시장으로 변화하기 시작했다. 건설시장의 이러한 변화는 과거와 달리 건설기업들로 하여금 스스로 경쟁력을 갖춰 시장에서 살아남기를 요구하였다. 건설산업은 이 시기 이후 '수요 창출형' 산업으로 변화하게 된다.

시장과 산업의 성격이 변하면 당연히 그에 부응하는 문화도 변하도록 요구된다. 건설문화는 보다 시장지향형으로 변화할 것을 요구받았다. 그러나 건설업계는 이러한 변화의 요구에 부응하는 문화를 구축하는데 실패하고 말았다. 과거에 형성된 규제 중심의 제도와 업역주의, 정부의존적 주종의식의 문화 등을 과감히 청산하는데 실패한 것이다. 시장 원리를 반영한 제도개선 노력은 있었으나 이를 수용하고 실천하려는 건설인들의 의식은 여전히 과거의 틀을 벗어나지 못했다. 건설업계는 기존의 건설문화를 버리기는커녕 오히려 더 고착화시키는 우를 범하고 말았다.

1990년대를 위기의 과도기라고 한다면 2000년대는 건설시장과 건설문화의 괴리가 본격화된 시기였다. 1998년 IMF 구제금융이라는 미증유의 사태를 경험하면서 우리 건설업계는 과거와는 전혀 다른 위기를 경험하게 되었다. 아무리 거대한 건설기업도 글로벌 경제 위기에 휩쓸리면 한순간에 무너질 수도 있다는 것을 깨닫게 된 것이다. 그러나 정부와 건설업계는 이러한 경고를 심각하게 받아들이지 않았다. 여전히 외적인 경기부양을 통하여 건설시장을 살리는 데만 집중하였다. 그 결과 2000년대 초반 이후 정부의 부양책에 힘입어 건설경기가 다시 활황을 보이기도 했다.

그러나 성장을 거듭하는 이면에는 다시 위기의 씨앗이 싹트고 있었다. 건설업계는 과열된 주택시장에 취해 언제든지 시장의 위기가 불어닥칠 수 있음을 간과하였다. 급기야 2008년도에 글로벌 금융 위기의 직격탄을 맞고 말았다. 구체적인 상황은 다를 수 있으나 IMF 구제금융 시의 경험을 되풀이하고 만 것이다. 10년 전과 마찬가지로 시장의 겉모습만 바라보고 문화적 변신에 실패한 결과라 할 수 있다. 이미 두 차례의 경험에서 들어난 바와 같이 건설산업은 시장의 위기가 불어 닥칠 때마다 휘청거리는 경쟁력 없고, 부정적 이미지만 가득한 산업으로 전락하고 말았다.

시장 위기, 문화 변신으로 극복하자

건설위기에 대한 진단은 자연스럽게 위기 극복의 방향을 제시한다. 진정한 건설위기의 극복은 시장의 변화에 대응한 문화의 변신을 요구한다. 건설시장은 이미 과거의 지속적, 안정적 성장기로 되돌아 갈 수 없을 정도로 양적, 질적으로 변하고 말았다. 그렇다면 건설업계가 할 일은 이에 걸맞는 건설문화를 새롭게 구축하는 일일 것이다.

건설시장의 변화를 한마디로 표현하면 양적 성장 시대의 종말이다. 건설시장은 1990년대 중반 이후 성장의 구조적 한계에 직면하기 시작했다. GDP 대비 건설투자의 비중은 1995년의 25%를 정점으로 지속 하락하여 왔다. 2010년에는 15%까지 떨어졌고, 2020년에는 선진국 수준인 11%대에 근접할 것으로 전망되고 있다. 건설업계는 이제 양적 성장을 최우선으로 하는 자세를 버려야 한다. 이는 지금까지 견지해 온 결과 지향적인 도전의식 대신 사업의 타당성과 리스크를 세밀하게 검토하고 판단하는 과정지향적 도전의식을 함양해 나가야 함을 의미한다.

미래 건설시장은 양적성장 정체와 더불어 질적 변화를 예고하고 있다. 먼저, 주택부문을 중심으로 하는 민간건설시장은 급격한 구조 변화를 겪고 있다. 한마디로 주택시장은 공급자 중심에서 수요자 중심의 시장으로 빠르게 이동하고 있다. 주택 소비자, 즉 국민들의 인식도 빠르게 변하고 있다. 주택은 앞으로 투자가치보다 사용가치가 중시되는 상품으로 변화할 것이다. 이러한 주택시장의 구조 변화는 주택 및 건설업체가 양적 공급 확대 위주의 사업전략에 보다 신중할 것을 요구한다. 대신 질적으로 빠르게 세분화되는 시장수요에 보다 창의적으로 부응할 것을 요구한다. 주택시장의 이러한 변화는 건설기업들로 하여금 지금까지의 패스트 팔로어(Fast Follower)전략을 버리고 퍼스트 무버(First Mover)가 될 것을 요구한다.

한편, 공공건설시장의 위축도 예고되고 있다. 공공부문에서의 건설수요 정체 내지 위축은 미래 건설산업의 성장에 어두운 그림자를 드리우고 있다. 건설업계는 공공부문에서의 수요 위축을 보완할 수 있는 새로운 대안시장을 적극 찾아나서야 할 것이다. 그러나 이를 주어진 상황으로만 보고 수동적으로 수용하려는 자세는 문제가 있다. 지금까지 건설업계는 여러 공공건설사업에서 부정적인 이미지를 축적하여 왔다. 힘 있는 정부 및 정치권만 바라보고 정작 국민에 대해서는 외면해 온 것이 아닌가 반성이 필요하다. 이제부터라도 건설업계는 국민들의 신뢰를 얻는데 보다 많은 노력을 기울여야 할 것이다. 이를 위해서는 건설업계가 경제적 이익을 넘어 사회적 책임을 다하는 신뢰성 있는 집단이라는 인식을 심어주어야 한다. 이러한 노력을 통하여 국민들의 신뢰를 얻어 나갈 때 공공부문에서의 건설산업의 역할은 보다 안정적인 지지를 확보하게 될 것이다.

궁극적으로 건설산업이 지속성장하는 길은 새로운 시장의 개척밖에 없다. 녹색시장과 해외시장은 앞으로 건설산업이 새롭게 성장을 지속해 나갈 미래 유망시장이다. 문제는 이 시장들이 저절로 열리는 시장이 아니라는 점이다. 녹색시장은 유망시장이기는 하지만 반드시 건설업계의 먹거리가 될 것이라는 보장은 없다. 녹색시장과 관련한 건설산업의 영역은 보다 확장되고, 추후에는 그 경계마저 사라지고 말 것임을 명심해야 할 것이다. 녹색시장에서 건설산업이 주도권을 잡기 위해서는 핵심설비와 관련된 기술 경쟁력을 확보하지 않으면 안 될 것이다. 만약 이 부문 경쟁에서 밀릴 경우 건설산업은 관련 제조업 및 운영전문 서비스업의 하청산업으로 전락할 가능성도 배제할 수 없다.

내수시장의 한계가 뚜렷해지고 있는 상황에서 해외시장 진출의 필요성은 두말할 나위 없다. 해외시장으로 눈을 돌리면 신흥 개발국의 건설시장은 앞으로 우리 건설업체가 진출해야 할 매력적인 시장이다. 문제는 경쟁력이다. 현재 해외시장에 진출한 기업들은 플랜트 분야에서 경쟁력을 가진 소수의 대기업들이라 해도 과언이 아니다. 그것도 확실한 부가

가치 창출에 대해서는 여전히 의문이 제기되고 있는 실정이다. 해외시장의 개척과 부가가치 창출에 우리 건설산업의 앞날이 달려 있다 해도 과언이 아니다. 지금부터의 정부 정책은 여기에 중점을 두고 추진되어야 할 것이다. 특히 위축된 내수시장에서 길을 헤매고 있는 중소건설업체들이 해외시장에 진출하여 성공할 수 있도록 정책적 역량을 집중해야 한다.

경쟁과 협력이 병존하는 조화로운 제도를 만들자

한국 건설문화는 고도성장시대의 문화를 여전히 탈피하지 못하고 있다. 제도적인 측면에서 우리 건설문화는 업역 중심의 생산체계를 벗어나지 못하고 있다. 동시에 시장원리에 부합하는 경쟁 및 협력체계를 제대로 구축하지 못하고 있기도 하다. 의식적 측면에서도 여전히 업역 이기주의와 정부에 대한 의존성, 수직적 주종의식이 자리잡고 있다. 그동안 국내 건설산업의 제도와 의식은 상호 연관관계를 가지면서 강화되는 메카니즘을 형성하여 왔다. 물론 고도성장시대에는 이러한 건설문화가 건설산업의 발전에 순기능적인 기여를 하기도 했다. 그러나 1990년대 이후 달라진 시장 여건 하에서는 점점 부정적인 영향을 미치는 문화가 되고 말았다.

건설문화 혁신을 위해서는 제도와 의식 두 부문의 혁신 작업을 동시에 추진해야 한다. 먼저, 건설산업 제도는 규제형에서 시장형으로의 변화가 요구된다. 건설산업의 생산체계와 경쟁을 위한 제도들은 보다 시장원리에 충실한 방향으로 개선되어야 할 것이다. 그러나 완전한 시장형으로의 변신은 다음 두 가지 측면에서 문제가 있다. 첫째, 완전한 시장형으로의 전환은 건설산업 내부의 양극화를 더욱 강화시킬 가능성이 높다.

아무리 공정한 경쟁체계를 구축한다 해도 시장원리에 충실한 경쟁 시스템은 경쟁력이 취약한 중소기업과 지방업체들에게 불리한 결과를 초래할 것이다. 둘째, 규제 중심의 산업체계를 오랫동안 유지해 온 상황에서 완전한 시장형으로의 변신은 현실적으로 용이하지도 않다. 제도의 변신을 위해서는 이미 구축된 기득권의 관성을 이겨내야 하는데 이것은 생각처럼 쉬운 일이 아니다.

이러한 측면에서 건설제도의 혁신은 이상과 현실을 적절히 조화시킨 전략적 접근이 요구된다. 무조건적인 글로벌 스탠다드로의 변신은 이미 경험해 온 바와 같이 현실에서 뿌리를 내리기 어렵다. 그렇다고 지금까지와 같이 규제형의 건설문화를 지속하는 것은 결코 미래지향적인 접근이 아니다. 이러한 여건을 감안하여 건설제도 혁신의 기본방향은 경쟁원리를 우선으로 적용하되 협력의 원리로 보완하는 접근이 필요하다. 정치경제적 이념으로 표현하자면, 시장원리를 우선시하되 공동체의 원리로 보완하는 접근인 것이다. 오늘날 자주 거론되고 있는 공동체 자유주의 또는 상생적 자유주의가 여기에 해당된다. 이처럼 이념적 원리를 반영한 건설제도야말로 모든 건설 참여주체들이 윈윈(Win-Win)할 수 있는 건강한 생태계를 만드는데 기여할 것이다.

경쟁과 협력의 원리가 조화롭게 적용되어 나간다면 건설산업 내부에 깊숙이 뿌리내린 업역주의는 서서히 사라지고 말 것이다. 경쟁은 공정성을 지향해야 하고, 협력은 상생을 지향해야 한다. 그래야만 양자는 조화를 이루면서 상승작용을 일으킬 수 있다. 이런 의미에서 공정경쟁과 상생협력은 건강한 건설 생태계를 구축하는 양대 축이라고 할 수 있다. 시장원리를 지향하는 규제 완화를 추진해 나가되 공정경쟁을 위한 제도의 틀은 보다 강화해 나가야 할 것이다. 또한 업역 및 대 · 중 · 소 기업 간 상생협력을 유도하는, 보다 실효성 있는 제도를 만들고 정착시켜 나가야 할 것이다. 건설산업 내에 존재하는 다양한 업역 집단은 적대적 경쟁의 상대라기보다는 상호협력을 통한 상생발전의 파트너라는 의식을 확산시킬 필요가 있다.

수평적 협력문화 구축을 위해 발주자부터 혁신하자

과도한 정부 의존문화와 수직적 주종주의 역시 반드시 타파해야 할 건설산업의 고질적인 문화이다. 앞으로 건설시장의 구조 변화가 더욱 가속화되면 언젠가는 이러한 전근대적 건설문화는 사라지게 될 것이다. 그러나 지금까지 지켜 본 바와 같이 이 모든 것들이 하루아침에 쉽게 사라질 것이라 기대하기는 어렵다. 따라서 지금의 규제형 건설제도들이 시장형 제도로 변화할 때 과거의 정부 의존문화와 수직적 주종주의는 사라질 수 있다.

그런데 여기에도 전략적 접근이 요구된다. 정부 의존의식 및 수직적 주종주의 문화를 타파하기 위한 가장 빠른 길은 발주자가 변하는 것이다. 즉, 기존 문화의 최상층에서 수혜자의 위상을 누려온 발주자가 변한다면 견고한 주종의식의 문화는 보다 용이하게 변화의 흐름을 타게 될 것이다. 여전히 건설산업의 수요자로서, 그리고 규제자로서 막강한 위상과 파워를 갖고 있는 정부 및 공공발주자가 자발적으로 수요자로서의 의식을 함양해 나간다면 이처럼 고질적인 문화도 결국 변화되고 말 것이다.

정부 의존성에서 출발한 수직적 주종주의 문화는 건설생산의 하위단계로 파급된다는데 문제의 심각성이 있다. 즉 발주자부터 원도급자, 하도급자와 근로자에 이르기까지 주종관계는 전가구조를 이루면서 하방으로 파급되는 특징을 갖는다. 이러한 주종 관계의 문화가 곧 명령지시 문화 또는 갑을문화인 것이다. 파급의 전파경로에서 보듯이 현실적으로 건설산업의 최상위자인 발주자가 의식을 바꾸지 않으면 하위 단계의 문화는 바뀌기 어렵다. 공공 발주자의 자기 혁신이 가장 우선적으로 요구되는 이유가 바로 여기에 있다. 정부 및 공공 발주자는 스스로 지시하는 위치를 벗어나 참여하는 리더가 되어야 한다. 우리는 영국 등 건설 선진국에서 발주자들이 이러한 의식을 자각하여 건설산업의 혁신과 선진화를 유도한 경험을 이미 알고 있다.

그런데 안타깝게도 우리 건설업계의 현실은 그러하지 못하다. 지금까지 우리나라에서 건설문화 혁신이 실패한 가장 큰 이유는 정부가 규제자 또는 조정자로서 명령 지시적 위치에 있었기 때문이다. 이런 방식으로는 더 이상 건설생산 주체들의 적극적이면서도 자발적인 참여와 혁신을 유도하기 어렵다. 정부와 공공부문이 앞장서서 진정한 발주자 의식을 함양해 나갈 때 건설산업의 고질적인 수직적 주종주의 문화는 수평적 협력주의의 문화로 변화되어 나갈 것이다.

수평적 협력방식의 건설문화는 모든 건설참여 주체가 주도적으로 참여하는 통합적 생산시스템을 가능케 한다. 여기에는 발주자부터 생산현장의 근로자에 이르기까지 수동적인 참여자는 어디에도 존재하지 않는다. 따라서 발주자가 빠진 상태에서 건설업체들에게 그런 시스템의 구축을 요구하는 것은 근본적으로 불가능하다. 건설업체들은 스스로 기득권 구조를 탈피하기 어려울 뿐만 아니라 발주자의 의식을 선도하기도 어렵다. 모든 건설생산의 참여주체들이 공동의 목적을 위하여 최선을 다하는 건설생산 시스템은 힘 있는 발주자가 선도해 나갈 때 비로소 효력을 발휘하게 될 것이다.

'신뢰'의 사회자본을 구축하자

지금까지 언급한 건설산업의 문화적 위기를 한마디로 압축하면 '신뢰'가 될 것이다. 앞서 언급한 규제 중심의 제도, 업역주의, 수직적 주종의식 등은 모두 신뢰의 문제와 연결되어 있다. 건설업계 내부에 신뢰가 부족하다 보니 이런 제도와 의식이 생겨난 것이다. 동시에 이러한 제도와 의식들이 안팎으로 신뢰 부족의 행태와 이미지를 만들고 말았다. 신뢰 부족이 건설산업 위기의 본질이고, 신뢰 회복이 건설산업 위기의 돌파구인 것이다. 건설산업은 지금 '신뢰의 위기'를 겪고 있다.

한 국가의 경제와 산업이 발전하려면 세 가지 자본이 필요하다. 먼저 물적 자본이 필요하다. 각종 인프라시설과 공장 및 기계 장비 등이 그것이다. 또한 인적 자본이 필요하다. 양질의 풍부한 노동력이야말로 가장 든든한 발전의 원동력인 것이다. 마지막으로 사회적 자본이 필요하다. 보이지는 않지만 경제 및 산업 활동을 안정적으로 영위할 수 있는 신뢰 기반이 필요한 것이다. 그런데 경제발전의 초기단계에서는 물적 자본과 인적 자본만으로도 성장이 가능하다. 그러나 경제가 어느 정도 성숙단계에 들어서면 이 둘만으로는 부족하다. 아무리 물적 자본과 인적 자본이 풍부하다 해도 사회적 자본이 열악하다면 더 이상의 성장을 기대하기 어렵다. 지금 우리 경제가 바로 그런 상황에 처해 있는 것이다.

사회적 자본이란 사회적 맥락에서 경제 주체 간 협력을 촉진하는 일체의 무형자산을 말한다. 대표적으로 규범과 네트워크가 여기에 해당된다. 신뢰받는 규범과 네트워크가 잘 형성된 산업은 생산성이 높고 지속성장이 가능하다. 수주와 계약을 전제로 하는 건설산업은 다른 어느 산업보다 규범과 네트워크가 중요하다. 우리 건설산업의 심각한 문제는 바로 이 신뢰의 규범과 네트워크가 크게 결여되어 있다는 점이다. 신뢰가 없으니 경쟁력이 하락하고 성장 동력은 힘을 얻지 못하고 있는 것이다.

신뢰의 건설산업을 만들려면 앞서 언급한 바와 같이 경쟁과 협력의 원칙이 조화를 이루는 제도를 만들어야 한다. 그러나 이러한 제도 만들기는 생각처럼 쉽지 않다. 내용으로서의 제도 그 자체 못지않게 제도를 만들어가는 방식, 즉 합의를 이루어가는 방식이 중요하기 때문이다. 지금과 같은 제로섬(Zero-Sum) 게임과 소집단의 이기주의적 발상으로 만들어진 제도는 모든 이해관계자의 신뢰를 얻기 어렵다. 신뢰의 건설제도를 만들려면 무엇보다 열린 소통이 필요하다. 열린 소통은 상대를 인정하고 대화하려는 자세에서 나온다. 안타깝게도 우리 건설산업 종사자들에게는 이런 열린 마음 자세가 부족하다. 건설인들은 산업 내부는 물론 외부의 비판에 대해서도 겸허하게 귀를 열고 소통하려는 의식을 확대해야 나가야 할 것이다.

한편, 건설산업은 다른 어느 산업보다 네트워크가 중요한 산업이다. 건설산업 활동은 네트워크의 형성을 통하여 이루진다 해도 과언이 아니다. 네트워크는 곧 신뢰를 전제로 한다. 그런데 지금 한국 건설산업의 네트워크는 바로 이 신뢰의 측면에서 문제가 있다. 한마디로 사적인 신뢰는 넘치고 공적인 신뢰는 크게 결여되어 있는 것이다. 건설산업 내 만연된 연고주의가 바로 이를 의미한다. 사정이 그러하다보니 부정과 부패가 만연하는 것이다. 공적 신뢰의 네트워크 구축을 위해서도 신뢰의 제도 만들기는 중요하다. 더 나아가 건설산업의 오피니언 리더들이 앞장서서 타인과 더불어 함께 이익을 얻고 발전하려는 자리이타(自利利他)의 정신을 가져야 할 것이다.

마지막으로 신뢰의 건설산업 만들기는 건설 종사자들의 자긍심에서 출발하지 않으면 안 된다. 건설 종사자들이 자긍심을 갖지 않는다면 그 어떤 기술 및 장비 등의 하드웨어 혁신과 제도, 의식 등의 문화적 혁신도 무용지물이 된다. 자긍심은 스스로를 존중하면서 미래지향적이어야 한다. 건설산업은 충분히 자긍심을 가질만한 산업임을 자각해야 한다. 한편, 건설 종사자들이 자긍심을 갖기 위해서는 건설산업을 바라보는 외부의 인식도 변화되어야 한다. 외부의 시각이 부정적이면 아무리 자신감을 가지려 해도 위축될 수밖에 없다. 이런 측면에서 3D산업의 이미지에 대한 사회적 인식 변화도 요구된다. 더럽고 위험하고 힘든 일이야말로 인류의 원초적인 도전정신과 기본으로 돌아가려는 자세를 상징하다는 점을 상기할 필요가 있다.

해외건설 경쟁력을 향상시키는 길

김종현 이사_해외건설협회

해외건설의 최근 현황

우리나라 해외건설은 지난 1965년 첫 진출 이래 올해로 48주년을 맞고 있다. 최근 해외건설 수주는 가파른 증가세를 보이고 있어 2008년부터 2012년까지 5년간 수주한 금액이 무려 2,924억 달러로 전체 해외수주 누계의 절반을 넘어섰으며, 2010년부터 3년 연속 500억 달러 이상을 수주하는 쾌거를 거두었다. 이제는 국내 수출 주력산업인 자동차, 반도체, 조선 등과 어깨를 나란히 하며 미래 성장 동력으로서 굳건히 자리매김하고 있는 것이다. 지금까지 중동 등에서 벌어들인 오일달러는 국내 중산층 형성 등 국민소득 증대 및 국제수지 개선에 기여하면서 글로벌 금융위기 이후에 가뜩이나 어려워진 나라 살림살이에 효자 노릇을 톡톡히 하고 있다.

미국의 건설전문지 ENR(Engineering News Record)에 따르면, 2007년 세계 제13위였던 우리나라 해외건설 순위는 2012년에 6위로 도약하였으며, 중동지역에서 우리 기업의 시장점유율도 2011년에 이어 2년 연속 1위를 기록하였다. 올해에도 개발도상국의 인프라투자 확대 및 신시장 개척 등에 힘입어 9월 현재 이미 400억 달러를 넘어섰으며 이러한 추세라면 연말에는 700억 달러 이상 수주도 가능할 전망이다.

우리 해외건설은 이처럼 지속적인 양적, 질적 성장에도 불구하고 오래 전부터 구조적으로 해결해야 할 산적한 과제들을 안고 있다. 특히 해외건설의 경쟁력 주요 요소인 인력, 정보, 금융, 기술 등의 측면에서 발생하는 여러 문제점과 애로사항들은 좀처럼 개선되지 않고 있다.

이 중 최근 주요 이슈로 등장하고 있는 해외건설 전문 인력의 부족은 해외공사수행에 적지 않은 차질을 가져와 수익성을 저하시키는 요인이 되고 있다. 그밖에도 현지 및 공사정보 부족, 고부가가치 창출을 위한 투자개발사업 등에 대한 금융지원의 미흡, 해외현지 최적화 기술개발 부진, 중동 일변도의 시장 편중과 플랜트 위주의 수주구조 등 해외건설이 중장기적으로 안정 성장을 지속하기 위해서는 이러한 현인들에 대한 철저한 대응전략 수립이 시급하다.

이에 부응하여 정부에서도 금년 8월 28일 제136차 대외경제장관회의에서 관계 부처 합동으로 맞춤형 금융지원 확충 등을 통한 우리 기업의 해외수주 확대와 시장다변화를 위해 「해외건설 · 플랜트 수주선진화 방안」을 마련한 바 있다.

해외건설 인력에 대한 인센티브 확대와 체계적인 관리 · 양성

해외현장에 파견된 우리 기업의 한국 인력은 해외수주 물량 확대에 따라 2008년 9,637명에서 2012년에는 28,266명으로 대폭 증가하였으며, 중동 파견인력만도 2만 명을 넘어섰다. 하지만 우리 기업이 채용한 전체 인력 중 한국 인력이 차지하는 비중은 10% 내외로 매우 저조하다.

이는 과거와 달리 플랜트공사 위주로 수주가 이루어져 필요 인력도 고급 기술자나 관리자로 바뀌게 되었고 다른 한편으로는 해외현장의 근무환경이 매우 열악하고 인센티브가 부족하여 해외 근무를 기피하고 있기 때문이다.

따라서 해외건설 근로자의 사기진작 및 인력확충을 위해 다양한 지원제도가 도입되어야 한다. 우리 정부는 해외현장에 근무하는 근로자의 비과세 한도를 2012년 4월부터 월 300만 원으로 상향 조정하여 적용하고 있다. 하지만 경쟁국인 일본, 영국 등이 해외근무소득 전액을, 미국은 연간 8만 달러까지 비과세하고 있어 장기적으로는 비과세 한도액을 선진국 수준까지 끌어올려 대등한 경쟁이 이루어지도록 해야 한다.

또한 해외인력난 해소의 일환으로 해외건설 인력현황을 종합적으로 관리하는 시스템 도입이 반드시 필요하다. 해외건설촉진법을 개정하여 우리 기업의 인력 송 · 출입 보고를 의무화하고 이를 담당할 기구를 신설하는 것도 바람직하다. 이를 통해 관리직, 기술직, 기능공 등에 대한 정확한 수요현황 조사와 퇴직 인력에 대한 사후활용을 통해 정확한 인력수급체계의 구축이 시급하다.

특히 플랜트의 경우 전문화된 직종이 많아 인재 양성에 장기간이 소요되어 인력난이 심각하다. 따라서 대학에 융 · 복합 건설교육제도를 도입하여 플랜트 분야 인력난 해소 및 글로벌 통합발주추세에 대응해야 한다. 예를 들면, 토목공학 전공자가 복수로 기계공학을 전공할 경우 졸업 후 플랜트 분야로 진출이 가능하도록 복수전공제를 활성화하는 한편 이공계 교육과정에 해외계약, 금융, 사업관리도 필수과목으로 채택해야 한다.

해외건설 프로젝트에 대한 금융지원의 확충

최근 해외 플랜트 발주처들은 입찰참여 조건으로 프로젝트 파이낸스(Project Finance)조달까지 요구하는 선 금융 후 발주형태가 지속적으로 늘어나고 있다. 반면 우리 기업의 최근 3년간(2010~2012년) 금융조달 유형별 계약현황을 살펴보면, 도급형공사가 전체의 83%를 차지하고 있으며 금융이 수반되는 시공자금융은 11%, 개발형공사는 2.2%로 금융조달 공사비중은 매우 저조한 실정이다.

우리 기업의 금융조달 애로사항을 살펴보면, 먼저 중소기업의 경우 도급공사 참여시 국내 금융기관의 과다한 담보요구 등으로 이행보증서 등 발급이 매우 어려워 해외사업을 포기하는 사례도 많으며 국내에서 보증서를 받더라도 복보증 형태가 많아 수수료 부담도 과도한 편이다. 대기업의 보증 수수료율은 보증금액의 1% 미만이나 중소기업은 복보증 기준으로 2% 이상을 상회하고 있다. 또한 대기업은 특정 프로젝트에 대한 경쟁력 있는 시공자 금융조달을 하려고 해도 여신한도 및 국책은행의 참여 저조 등으로 대형 사업의 추진에 한계를 실감하고 있다.

이러한 금융조달 애로사항의 해소를 위해 정부에서 제시한 「해외건설 · 플랜트 수주선진화 방안(2013. 8)」에 따르면, 중소 · 중견기업의 보증지원 확대를 위하여 한국 수출입은행의 보증규모를 2012년 7.3조 원에서 2017년까지 15조 원으로 2배 이상 늘리는 한편, 보증수수료 인하, 심사기준시 사업성평가 중심으로의 전환, 워크아웃 기업에 대한 재기 기회부여 등의 여러 대책을 내놓고 있다. 또한 시공자 금융주선형 사업지원을 위해 한국수출입은행이 국내 금융기관 앞으로 원리금 상환보증을 해주는 동시에 먼저 상환을 받도록 하는 우선상환제를 확대하는 한편, 민간 금융기관의 SPC(특수목적법인)에 대한 원화대출 확대를 위해 환변동 보험제도의 개선, 일시 선납인 무역보험공사 보험료 분할 납부 등 다양한 개선방안을 담고 있다. 이러한 단순 도급형 공사 및 시공자 금융주선 프로젝트에 대한 맞춤형 금융지원이 지속된다면 우리 기업의 사업다각화 및 시장다변화에 획기적인 진전이 있을 것으로 기대된다.

투자개발형사업의 활성화를 통한 수익성 확보

최근 국제입찰경쟁이 치열해지면서 공사단가를 맞추기 어려운 도급공사 보다는 우리 기업이 사업의 주도권을 확보할 수 있고, 과당경쟁 방지 및 수익성 확보가 가능한 투자개발사업을 적극 확대해야 한다. 최근 우리 기업의 투자개발사업 규모를 살펴보면 2008년 34억 달러에서 금융위기가 본격화된 2009년부터는 4.2억 달러로 급감하였고, 2012년에는 2.3억 달러로 최저 수준에 머물렀다.

앞으로 투자개발사업은 과거 단순한 BOT(Build Operation Transfer) 방식보다는 해당 정부의 지분참여, 보증, 우회증자 방식 등이 결합된 민관협력사업(PPP : Public Private Partnership)방식이 주류를 이룰 것으로 보인다. 이러한 방식은 사업주가 신용도가 높은 해당국 공공기관이나 국제금융기관과 합작으로 추진되므로 사업 안정성도 매우 양호하다. PPP 사업의 성공을 위해서는 반드시 한국수출입은행, 무역보험공사 등 국내 정책금융기관의 대주단 참여가 필수적이다. 이들 기관의 자본금 증자 및 업무영역 확대를 통해 지분투자와 대출, 보증뿐만 아니라 수요자의 니즈에 부합하는 다양한 혼합 금융지원도 가능하도록 할 필요가 있다. 민간 상업금융의 경우에도 사업타당성 및 리스크 관리분석 능력을 자체적으로 배양하여 수익성이 검증된 해외프로젝트에 대해서는 경험과 노하우가 많은 국책 금융기관과 공동으로 투자참여를 확대해야 할 것이다.

정부가 발표한 수주선진화 방안에서도 투자개발사업의 지원을 위해 정책금융기관이 PEF(사모투자펀드)에 중순위로 참여하여 민간은행, 보험사, 연기금 등의 해외 프로젝트 동참을 유도하는 한편, 대규모 해외건설 플랜트사업에 투자하는 펀드를 체계적으로 육성하기 위하여 정책금융기관 주도로 글로벌 코피레이션펀드(6억 달러), 외화인프라펀드(5억 달러)를 추가로 각각 조성할 예정이다.

중소기업의 해외진출 확대 위한 지원제도 개선

우리나라 중소기업의 해외건설 수주는 2008년 72억 달러를 정점으로 점차 감소하여 2011년에는 48억 달러, 2012년에는 34억 달러로 급락하면서 전체 해외수주의 5%대로 낮아졌다. 중소기업의 신규 진출업체 수도 2010년 110개 사에서 2012년에는 90개 사로 줄어들었으며, 계약건수도 98건에서 77건으로 감소하였다. 이는 경험이 부족한 중소기업이 계약, 보증, 사업수행능력 등의 해외 리스크를 직접 감당하기보다는 안정된 대기업의 하도급 형태를 선호하고 있기 때문이다. 이에 따라 중소기업의 해외공사 원청 비중은 줄어들고 국내 하도급 비중은 높아져 2012년에는 하도급 비중이 중소 전체 수주의 76%까지 급증했다.

중소기업의 원청 또는 대기업의 하청수주 비중이 늘어날 수 있도록 제도적인 장치 마련이 시급하다. 먼저, 한국수출입은행에서 운용하는 대외경제협력기금의 경우 대기업과 중소기업이 컨소시엄으로 참여할 경우 가점을 부여하는 한편, 일정 금액 이하에 대하여 중소기업만 참여를 허용하는 소액 차관사업의 한도를 현행 3백만 달러에서 2천만 달러 이하로 대폭 상향하여야 한다. 또한 한국국제협력단의 무상 원조사업의 경우 입찰참여 대상을 중소기업으로 제한하고 대 · 중 · 소 기업 공동 입찰 참여

시에만 대기업의 참여를 허용하는 방안도 적극 검토해 볼 수 있다.

대기업과 중소기업의 공생 발전을 촉진하기 위하여 대기업에 인센티브를 제공하는 방안도 효과적일 수 있다. 즉, 대기업이 중소기업과 체결한 해외 하도급 계약실적에 대해 국내 시공능력 평가시 가산점을 부여하는 제도의 도입이다. 유사사례로서 건설산업기본법에 따르면, 국내인력을 해외현장에 고용한 건설업자는 시공능력평가시 고용인력수에 따라 신인도에 금액을 가산해주는 제도가 2006년부터 시행되고 있다.

중소기업의 인력난 해소를 위하여 전문대 재학생이 플랜트 등 전문분야에 대한 기초 지식을 습득하여 졸업 후 중소기업에 취직할 수 있도록 전문대에도 해외건설 특성화 대학을 지정해야 한다. 현재는 해외건설 특성화 대학이 중앙대, 국민대, 충북대 등에서 재학생을 대상으로 운용되고 있다.

아울러 정부차원의 해외건설 플랜트 분야를 교육하는 마이스터고(산업수요맞춤형 특수목적고)의 설립을 통하여 마이스터고 졸업생이 유망한 중견 · 중소기업에 취업할 수 있도록 제도적 지원이 수반되어야 한다.

고부가가치 신 사업의 지속 발굴과 사업다각화

우리 정부는 부가가치가 높은 신 성장동력인 교통인프라, 물 산업, 도시개발, 그린 에너지 등 4개 분야를 중점 지원 대상으로 선정하여 국가 브랜드화하는 전략을 추구하고 있다. 특히 기술력 및 인지도 측면에서 세계적으로 경쟁력을 유지하고 있으며 개도국을 대상으로 기술전수 및 해외투자를 실시하여 다각적인 수주기회를 창출할 수 있는 분야를 집중 육성 대상으로 하고 있다.

그동안 토목과 건축 분야의 위축은 기업의 장기투자 미흡과 전략상품의 부재, 신상품 개발의 소홀 등에서 비롯된 것으로 볼 수 있다. 우리나라의 2010~2012년간 해외플랜트 수주비중은 72%를 유지하고 있는데 이는 선진국 평균인 30~40%에 비해서도 과도하게 높은 편으로 토목 · 건축분야의 사업영역 다각화가 시급하다.

세계적인 리서치회사인 BMI(Business Monitor International)에 따르면, 세계 인프라시장은 2013년 3조 870억 달러에서 2014년에는 약 4조 달러를 넘어설 것으로 전망하고 있다. 이 중 철도, 도로 등 교통 분야가 약 40%를 차지하므로 최근 도로에서 철도로 교통체계를 전환 중인 중동 및 아시아 국가에 진출을 확대해야 한다.

또한 세계 물시장 규모는 2010년 4,200억 달러에서 2025년에는 8,700억 달러로 성장할 전망이다. 하지만 우리 기업의 2010년부터 2012년까지 3년간 물산업 해외수주액은 연간 20억 달러 내외 수준에 그치고 있어 세계 물시장 점유율은 0.5% 미만 수준이다. 앞으로는 단순한 상하수도나 수처리시설 위주의 시공보다는 장기적으로 고정 수익을 낼 수 있는 운영 및 관리부문에 수주를 확대해야 할 것이다.

한편, 시공뿐만 아니라 운영컨설팅, 기술이전에서도 세계적인 경쟁력을 보유하고 있는 댐, 교량, 항만 등의 분야로 사업 다각화를 도모해야 한다. 건축 분야에서는 초고층 빌딩, 특급호텔 등도 유망하며 특히 도시개발은 스피드건설, IT기술, GIS(Geographic Information System)활용 등으로 개도국 수요에 적합한 고부가가치 상품이다.

소프트 기술력 배양 및 현지 최적화 기술개발

우리 기업의 기술 경쟁력은 시공 분야의 경우 선진국과 대등하나 전체 공사의 틀을 짜는 기본설계, CM(Construction Management)/

PM(Project Management) 등 핵심 기술능력은 매우 취약하여 미국, 유럽 등 선진업체와의 경쟁에서 뒤지고 있는 실정이다. 미국, 일본 등 선진 기업은 플랜트 분야에서 공정 관련 원천기술, 지적재산권, 노하우 등 핵심 기술을 특화하여 주로 라이센스 대여, 기술설계 등 고부가가치 위주로 참여하고 있으나, 우리 기업은 핵심 공정기술 미확보, 기본설계 경험 부족, 선진업체들의 카르텔 형성 등으로 기술력 확보가 어려운 실정이다.

우리 기업 입장에서는 엔지니어링 능력개발에 중점을 두고 수익성과 부가가치가 높은 원천기술과 기본설계 능력을 갖추도록 지속적인 투자를 해야 한다. 실례로 한국형 원자로 APR1400(1,400MW급) 개발이 UAE 원전수주에 결정적인 영향을 미친 바 있다. 또한 미주, 유럽, 일본 등의 원천기술을 보유한 업체와 합작 또는 인수합병 등을 통해 우리가 부족한 기술경쟁력을 보완해 나가는 전략이 요구된다. 스페인 ACS가 기술력 보강을 위해 독일 호흐티에프(Hochtief)를 인수한 사례가 대표적이다.

특히 해외 도시개발, 상하수, 철도 등의 수요가 급속히 늘어나고 있는 중남미, 아프리카 등의 자원보유국을 대상으로 공사원가를 낮출 수 있는 조립식 건축기술개발이나 국가별 특성에 맞는 건설재료 및 시공기술개발 등을 통하여 해외진출 효과를 극대화해야 하며 정부는 기업의 장기 개발에 따른 비용부담과 리스크를 덜어줄 수 있도록 기술개발 기업에 대한 포상추천 등 각종 지원을 통하여 다양한 혜택이 부여될 수 있도록 해야 할 것이다.

해외시장의 저변확대와 적극적인 수주외교의 추진

우리 기업의 중동지역 수주비중은 2009년 73%를 정점으로 2012년에는 57%로 매년 감소추세를 보이고 있어 시장다변화 효과가 뚜렷이 나타나고 있다. 하지만, 미래 중동을 대체할 유망 시장인 중남미와 아프리카를 합친 수주비중은 2009년 4%에서 2012년에는 12%로 확대되었지만 전체 해외수주에서 차지하는 비중은 아직도 미약한 편이다.

해외시장 다변화를 위해서는 재외공관, 해외건설협회 지부, 공공기관 사무소 등을 권역별로 네트워크화하여 현지지원을 확대해야 하며 씽크탱크(Think-Tank) 기능 강화를 목적으로 정부가 2014년 초 설립 예정인 「해외건설 정책지원센터」를 통해 시장정보, 주요국 정책동향, 연구조사 등을 지원함으로써 신 시장 확보에 더욱 속도를 내야 할 것이다.

한편, 정부에서 운용하는 해외건설시장개척 자금 규모는 올해 55억원(추경예산 20억 원 포함)으로 확대되었지만, 기업의 수요에 맞게 2배 이상 늘려 신규 및 중소업체들이 타당성조사, 수주활동, 발주처 인사초청 등의 사업을 적극 추진할 수 있도록 해야 한다.

최근 해외건설시장에서 프로젝트 선점 및 자원개발을 위해서 정부차원의 건설외교가 어느 때보다도 중요하다. 해외 대형 플랜트 시장이 해당 기업은 물론 금융회사와 정부가 함께 경쟁하는 국가대항전 성격으로 변모된 지 오래다. 엔저와 정보력을 앞세운 일본, 저가공세를 펴고 있는 유럽, 신흥 주자인 중국 등의 기업들도 정부의 지원에 힘입어 우리를 위협해오고 있다.

특히 신도시 및 자원개발과 연계한 패키지딜형 사업, 철도 등 대형 국책사업의 경우에도 정부 차원의 세일즈외교가 수주 성사에 관건이 되고 있다. 이러한 상황에서 신규 진출국가에 대해서는 발주처 인사초청 및 고위급 방문외교를 정기적으로 실시하여 인맥을 구축하고 건설협력양해각서 체결을 확대하여 교류활동을 늘리는 한편, 기 진출국에 대해서는 정부간 개최되는 공동위원회를 적극 활용해야 할 것이다.

컨트롤 타워 통한 일관된 해외건설 지원

해외건설 5개 강국 진입 및 연간 수주 규모 1,000억 달러 달성은 매년 일정 규모의 안정된 수주와 수익성 확보를 통해서 이루어져야 하며 현안과제들에 대한 업계 및 정부 차원의 철저한 점검과 실행도 함께 추진되어야 한다.

이러한 맥락에서 범 정부 차원의 해외건설을 총괄 조정 및 지원하는 컨트롤타워 기능을 강화해야 한다. 현재 해외건설 촉진을 위한 부처별 정책 및 지원업무가 분산되어 있고 상호 협력체계도 미흡한 실정이며 국책 수출금융지원기관들도 업무 중복 등으로 비효율적인 측면이 많다.

정부의 수주선진화 방안 대책에서도 국내경제에 미치는 영향이 큰 프로젝트의 수주가능성 제고를 위해 관계 부처 · 기관 등 범 정부적으로 종합적 지원사항 결정 협의체인 「해외건설 · 플랜트 수주지원협의회」를 운영키로 한 것은 매우 시의적절하다. 또한 원스톱 금융서비스 제공을 위하여 관계 부처, 협회, 금융기관 등 합동으로 「해외건설 · 플랜트 정책금융지원센터」를 신설하여 정책금융 자문 및 주선 등을 수행할 계획이어서 보다 강화된 해외건설 금융지원을 기대해 볼 수 있겠다.

이처럼 해외건설은 국내와는 공사수행환경이 현저히 다르며 언어, 법규 및 제도, 상이한 문화와 관습 등 온갖 장애물을 극복해야 성과를 이루어낼 수 있다. 그리고 이를 위해 해외건설의 필수요건인 금융, 인력, 정보 등에 대한 정부의 탄력적인 지원이 지속적으로 뒷받침되어야 한다.

이제 우리는 글로벌 시대를 맞이하여 한계에 다다른 국내시장에서 탈피하여 해외로 적극 눈을 돌리고 있다. 국내 건설경기의 장기 침체로 발생되는 유휴 노동인력과 국내 연관산업의 가동률 저하를 최소화하기 위해서라도 해외에서 생존전략을 적극 모색해야 할 것이다. 이를 위해서는 해외 리스크 요인에 대한 철저한 대비 및 세계 환경변화에 탄력적으로 부응할 수 있는 국제 경쟁력의 배양이 선결되어야 할 것이다. 아울러 해외건설시장에서 변화되고 있는 흐름을 수시로 파악함은 물론 지역별, 공종별로 철저한 사전 분석을 통해 진출전략을 수립해 나가야 할 것이다.

건설, 한국의 대표 글로벌 산업으로 가는 길

심옥진 원로회원_한국공학한림원

건설산업의 구조

건설산업의 내부구조를 살펴보면 건설 수요자의 입장에서 건설생산을 관리 · 감독하는 사업관리자와 계약에 따라 시설물이나 서비스를 생산 · 공급하는 공급자가 있고, 양자 간의 관계를 규정하는 '룰(Rule)'이 있다. 그리고 건설산업의 외부에는 수요와 공급 논리에 따라 움직이는 건설시장이 있고, 수요를 상품화해서 시장에 내놓는 수요자와 최종 고객이 존재한다. 계약서상으로는 오너(Owner)와 프로젝트 오너(Project Owner), 그리고 건설업자로 구분되지만 여기서는 편의상 수요 측을 수요자로, 그리고 공급 측을 공급자 또는 건설업자로 구분한다.

수요자는 스스로 프로젝트 오너가 되어 건설사업을 관리하거나 건설사업관리를 전문으로 하는 전문가에게 프로젝트의 관리를 위임한다. 한편 공급자인 건설업자는 약정된 룰에 따라서 시설물 또는 건설관련 서비스를 수요자에게 제공하고 그 대가를 받는 일종의 주문생산업자이다. 따라서 공급자는 시장과 사업에 관한 전략적 안목과 사업수행능력에 의해 성장 · 발전하며, 성공적인 사업 수행을 통해 국가 발전에 기여하게 된다. 이처럼 수요자와 공급자는 요구되는 시설물을 사업목적과 경쟁논리에 따라 전문적이고 경제적인 방법으로 생산, 인도하는 관계에 있다. 그리고 그 과정에서 어쩌면 상충될 수도 있는 사안들을 조정해서 계약을 통해 담보하는 일련의 전문절차와 방법, 즉 룰이 만들어진다.

건설산업의 중요한 특징 중 하나는 산업활동이 룰을 중심으로 움직인다는 것이다. 따라서 룰을 정하고 집행하는 수요자가 건설산업의 선진화를 견인해 온 측면이 크다. 민간사업과 해외사업에서 수요자가 전문가에게 룰의 집행을 위임하여 뛰어난 건설생산을 유도하는 것처럼, 우수한 룰을 운영하는 수요자가 발전하는 건설산업, 탁월한 건설생산을 견인한다. 특히 공공건설의 발전은 룰의 상부구조에 해당하는 정책과 법 · 제도에 의해 움직이기 때문에 공공건설시스템에서 글로벌 적응력과 경쟁력을 지닌 룰을 만들고, 이를 실효성 있게 집행하는 정부의 역할은 매우 중요하다고 할 수 있다.

일부 선진국의 건설목표

1990년대 초반, 20세기를 마감하고 새로운 21세기를 준비하는 범국가적 노력의 일환으로 과학과 기술발전을 통한 지속성장정책을 구상하면서 건설산업 역시 새로운 혁신의 시대를 맞이하게 되었다.

미국은 1996년 국가건설목표(NCGs)를 설정하였다. 이 목표는 국가과학기술위원회가 추진하는 '21세기의 과학(Science for the 21st Century)' 계획의 연장선상에서 첨단기술 융합을 전제로 설정한 '국가건설섹터의 목표와 추진 전략(National Construction Sector Goals, Industry Strategies for Implementation)'으로 구체화되어 있다. 그 내용은 4대 국가건설비전과 7대 국가건설목표를 설정하면서 목표달성을 위한 8대 요소를 담고 있다. 구체적으로는, 연방정부 차원에서 고품질 건설로 국가경쟁력을 높이고 품질과 경제성을 바탕으로 세계건설시장을 주도하기 위한 에너지 절약 및 환경 친화적 건설산업, 위험요소의 제거, 비용의 효과적 사용 등의 정책목표로 제시되었다. 나아가 건설주체들의 혁신적 리더십, 창조적인 룰, 그리고 첨단기술이 융합된 건설생산을 통해 10년 내에 생산성을 50%까지 제고한다는 매우 혁신적인 목표를 포함하고 있다.

영국 역시 과학기술위원회가 제안한 3차례의 미래예측과 이를 실현하는 계획으로 '과학과 혁신의 프레임(Science & Innovation Investment Framework)'을 수립하였고, 그 안에 건설섹터의 전략으로 '예측, 미래를 건설하다(Foresight, Constructing the Future)'를 제창하였다. 이 역시 발전하는 미래의 과학과 기술을 융합하는 건설산업을 지향하고 있다. 내용은 건설산업에 관한 6가지 도전과 도전을 가능하게 하는 4가지 기본 요소, 그리고 5가지의 수행방식으로 구성되어 있다. 영국 모델 역시 지식경영의 리더십, 첨단기술이 융합된 기술력, 그리고 고객 지향과 규모의 경영으로 요약된다.

이처럼 국가 건설목표를 제시한 나라마다 목표치와 방법은 조금씩 다르지만 글로벌 규모의 변화에 선도적으로 대응하여 자국 건설산업의 국제 경쟁력을 높이고, 첨단기술과 과학 그리고 혁신으로 새로운 건설수요를 창출하는 것을 공통적인 목표로 내세우고 있다. 또한 이를 달성하기 위해서 수요자와 공급자의 강화된 역량과 리더십 및 룰 등의 혁신적인 생산시스템을 강조하고 있다. 그 목표의 이면에는 자국의 건설산업이 타국에 비해 크게 뒤쳐질 것이라는 위기감이 있었으며, 전통적인 건설투자비중은 앞으로 지속적으로 감소할 것이라는 암시도 포함하고 있다.

우리나라의 국가건설목표 및 추진 과정

2003년, 국가과학기술위원회는 '차세대 성장동력 추진계획'과 이를 구체화한 '과학기술계획(S-T Program)'을 발표하였다. 그러나 그 과정에 국가건설목표는 제시되지 않았으며 건설 섹터의 참여도 미미하였다. 건설산업에 관한 정부 및 과학기술계의 인식이 선진국과 차이가 있음을 알 수 있다. 그러나 범 과학적 차원에서의 노력은 아니었지만, 건설산업 차원의 법 · 제도 개선 노력은 꾸준히 있어왔다. 1999년에는 '건설사업 추진체계의 글로벌 스탠다드화', '공공 건설사업 효율화 종합대책', 그 후 2000년 '건설업 경쟁력 강화대책'을 비롯해서 2004년에는 '건설산업 구조개편 방안'과 '건설산업 선진화전략' 등 21세기를 향한 산업계의 다양한 노력이 이어졌다.

과거의 법과 제도 개선 시도들은 대체로 입찰제도의 변경을 중심으로 외국의 제도를 벤치마킹하여 시스템을 새롭게 도입하거나 기존의 것을 개정하는 방향으로 추진되었다. 그러나 정책을 시행하는 과정에서 다양한 현실문제와 이해관계가 얽혀 운영되어 오면서 지금의 상황에 이르렀다. 공정성과 투명성을 앞세워 발주자의 책임을 최소화한 입찰제도는 오히려 공정경쟁을 어렵게 만들었으며, 그 과정에서 중요한 경력인증 및 실적증명 시스템은 입찰을 위한 수단으로 변질되면서 신뢰성과 권위가 의심받고 있는 실정이다. PM/CM은 기존 시스템과 갈등을 빚으면서 파행 운영되고 있으며, 아시아에서는 형님 격으로 일찍이 출발한 한국의 기술사제도는 기술사에 대한 잘못된 제도 적용으로 인해 오랜 기간 방황하면서 국가 전문가제도의 위상에 중대한 오점을 남겼다. 일부 출연기관들과 건설 공기업들이 설립 취지에 부합하는 오너십을 발휘하고 특성에 맞도록 전문가 룰을 실현하고 있는지에 대한 평가도 엇갈리고 있는 실정이다. 건설을 투기사업으로 보거나, 본업과 다른 목적을 가지고 건설업을 하는 기업인이 있을 수 있다는 생각이 존재한다는 것이다. 진정한 건설인, 그리고 세계건설시장이 인정하는 위대한 사업가의 등장이 필요한 시기이다.

건설산업에 대한 부정적인 인식도 문제이다. "건설사업은 정치권력과 유착하여 부정과 부패에 연루되어 있다. 잘못된 정책사업으로 국고를 낭비한다. 건설업은 경영이 스마트하지 못하다. 재무구조가 부실할 것이다. 가만 놔두면 부실공사를 하기때문에 철저히 감시 · 감독해야 한다" 등 전반적으로 부정적인 인식이 팽배하다. 지나치게 관료화된 환경에서는 법 · 제도가 제도권자의 이해와 의도에 의해 작위적으로 작동되기 쉽기 때문에 산업시스템 역시 갑과 을이라는 상하관계로 운영되는 경향을 낳는다. 법 · 제도와 계약에 관한 이러한 관행은 결국 공정한 룰보다는 상황에 따라 임기응변으로 접근하는 관행을 만듦으로써 글로벌 경쟁력과 같은 기업의 내공쌓기 노력을 무기력하게 만든다. 외국의 국가건설목표가 우리에게 주는 시사점을 보면 한국의 건설산업이 첨단기술 융합이나 혁신과 같은 미래지향성보다는 혼탁한 '룰의 덫'에 갇혀서 방황하는 모습으로 비추어지지 않나 걱정이 된다.

룰은 건설산업의 엔진이다

건설산업에서 룰은 입찰제도와 같은 경쟁 룰을 비롯해서 경력, 실적, 성능에 관한 인증시스템, PM/CM과 같은 사업관리 전문가시스템, 기술사와 같은 엔지니어링 전문가시스템, 나아가 정부출연기관에 관한 법과 제도 및 운영시스템을 말한다. 특히 국가 인증시스템과 전문가시스템의 수준과 국제적인 위상은 건설산업의 선진화 정도를 가늠하는 중요한 지표이다. 건설산업은 룰을 정하고 집행하는 수요자의 집행 능력과 룰을 따르면서 경쟁력 있는 생산방식을 동원하는 공급자의 능력이 조화를 이루면서 발전하기 때문이다.

타 산업의 글로벌 경쟁력으로부터 얻을 수 있는 한 가지 중요한 시사점도 수요자의 모습에서 발견할 수 있다. 특히 주문생산 산업에서는 주문자인 수요자의 수준이 절대적으로 중요하다. 수요자가 우수한 제품과 서비스를 원하고 이를 위해서 높은 수준의 룰을 적용하면, 공급자는 그 룰에 전적으로 부응하는 관계에 있기 때문이다. 글로벌 시장에서 수요자의 눈높이를 일차적인 목표로 하여 접근하는 성공적인 공급자들의 모습에서 결국 산업의 출발점은 수요자의 수준과 룰이라는 점을 발견하게 된다. 물론 일부 첨단 제조업 분야에서 공급자가 새로운 시장 수요를 창출하는 선제적, 모험적 접근을 하고는 있지만 그 바탕 역시 수요자의 눈높이에 있음을 알 수 있다.

최적의 건설시설물과 서비스를 원하는 수요자와 가장 경제적 · 경쟁적인 방법을 동원하는 공급자를 연결하는 고리, 즉 룰은 건설산업과 같은 주문생산에서 매우 중요하다. 해외건설과 국내건설도 그 본질은 해외 룰과 국내 룰의 차이로 설명된다. 이처럼 건설산업에서 룰은 산업발전을 견인하는 동력, 즉 엔진이다. 고장난 엔진으로 정상 운행이 불가능한 것처럼 기본을 벗어난 룰 하에서 산업의 발전을 기대할 수 없으며 선진화나 혁신으로부터 멀어질 수밖에 없다.

한국 건설산업, 건설업의 길

한국의 건설업은 지금 본격적인 글로벌화의 길로 접어들고 있다. 한국의 건설산업은 그간 국가 경제발전에서의 기여와 해외 진출을 통해서 많은 잠재력을 쌓아왔다. 오랜 해외건설 경험에 비추어 보더라도 한국의 건설인들은 매우 적극적이고 룰의 이행에 충실하면서, 새로운 지식이나 시스템을 빠르게 받아들이는 남다른 능력을 지니고 있다. 물론 훌륭한 교육시스템과 교육열의 결과이기는 하지만 분명한 것은 건설업이 한국을 대표하는 글로벌 사업이 될 수 있다는 것이다. 글로벌 시장에서 빛을 발하고 있는 타 산업과 어깨를 견주면서 한국을 대표하는 건설업으로서의 면모를 시현하기 위해서는 다음과 같은 점들을 되새길 필요가 있다.

첫째, 현 상황을 진솔하게 반성해서 혁신과 창조를 지향하는 전략과 정책을 수용할 수 있는 산업기반을 구축해야 한다. 우선 지나친 정치지향과 갑을관계로 파행된 그간의 관행들을 과감히 혁신해서 모든 룰들을 정책의 기본의도에 부합하도록 되돌려 놓아야 한다. 무엇보다도 전문가시스템을 본연의 모습으로 회복시키는 일이 시급하다. 특히 전문가시스템은 그 내용과 운영에서 국제적인 등가성을 견지하는 것이 중요하다. 이를 위해 건설산업의 글로벌적 특성과 전문가시스템의 본질을 이해하는 전문 룰 메이커와 룰 운영자가 필요하다.

둘째, 건설업은 전문가시스템사업, 글로벌 사업, 첨단기술을 융합하고 고기능 · 고성능 건조물을 생산하는 전략사업이라는 이해와 인식이 중요하다. 정책과 전략의 구상에 있어 외국의 사례를 도입하기 이전에 국내 적용성을 충분히 검토하고, 그간에 추진해 온 기존 계획들의 실적과 진척 상황을 철저하게 분석 · 평가하는 전문가적인 노력이 필요하다. 무엇보다도 우리의 실정에 맞으면서 글로벌 경쟁력을 지닌 한국형 건설산업 구조를 구축하는 포괄적이고 조직적인 노력이 요구된다.

셋째, 건설 관련 주체들의 역량강화 노력과 건설시스템 개선이 병행되어야 한다. 이를 위해 건설산업의 현 상황과 미래 전략에 관해 관련주체들이 인식을 공유하는 것이 중요하다. 수요자는 전문가시스템의 가치와 위상을 인식하고 필요에 따라서 글로벌급 전문가에게 룰의 운영을 위임하는 등의 자세가 필요하다. 공급자인 건설업자는 글로벌 건설기업들의 경영과 최고 경영자들의 경영철학을 항시 모니터링하여 사업과 경영철학에서 경쟁우위를 견지하는 것이 중요하다. 1990년대 초 건설강국들이 야심차게 추진했던 외국의 국가건설목표들이 20여 년이 지난 지금 어떤 성과를 내고 있는지 분석하는 것 역시 시도해 볼 만한 작업이다.

넷째, 해외건설시장에서 우수하게 평가받고 있는 우리 건설업체의 수행능력은 대부분 세계적인 전문건설업체와의 협업을 통해 이루어졌다는 점을 간과해서는 안된다. 국내 전문건설업체들은 대체로 기술력이 취약하다. 이 부분이 개선되지 않으면 우리 건설산업은 늘 하체 부실 상태로 남아있게 된다. 따라서 높은 품질의 제품과 서비스를 제공하는 강한 중소기업의 등장을 지원하고 PM/CP, 엔지니어링 등 전문가시스템으로 경쟁하는 국제적인 중소기업을 육성하는 것이 필요하다.

한국 건설산업이 당면한 지금의 상황을 바르게 인식하여 생존의 길을 찾는 지금의 노력이 한국 건설산업이 걸어 온 과정, 특히 정책과 룰의 제정과 관리, 그리고 룰 메이커와 룰 관리자의 역할로 이어지는 일련의 시스템을 개선하고 우리가 나아가야 할 방향을 잡아주는 중요한 계기가 되기를 기대한다.

수요 창출형 건설경제 영토로 가는 길

김태황 교수_명지대학교 국제통상학과

수렁에 빠진 건설산업

우리나라 건설산업이 수렁에 빠졌다. 허우적거리느라 힘은 빠졌지만 완강한 고집으로 버티고 있다. 차분하게 발 디딜 돌부리를 찾고 다리 근육을 단련해야 재도약할 기회를 만들고 구조적인 함정을 뛰어넘을 체력을 갖출텐데, 사치스러운 소리하지 말고 빨리 건져내기나 하라고 아우성이다. 수렁에서 빠져나와야 하는 것은 당연하다. 하지만 심한 편두통이 지속된다면 진통제만 복용할 수는 없다. 진단 결과에 따라 필요하다면 당장 일손을 멈추고 수술을 받아야 한다. 오늘 배고프더라도 굶어야 내일 종양을 도려내고 다시 살 수 있다.

건설산업은 '건설' 행위를 통해 개인적, 사회적 삶의 가치를 높이기 위한 경제활동이다. 그러므로 건설산업의 관건은 어떻게 경제적 가치를 높일 것인가이다. 경제석 가치가 '돈벌이'만을 의미하는 것은 아니다. 이를 테면 자연재해 예방 시설물 설치나 안전 시스템 도로 건설 등 안전과 환경보호를 위한 건설활동은 기술적으로나 경제적으로 대단히 가치있지만 직접적인 돈벌이 행위는 아니다. 단언컨대, 건설산업이 가치 지향적인 경제활동의 관점에서 혁신하지 않으면 건설산업의 미래는 더욱 암담할 것이다.

경제활동의 핵심은 부가가치 창출에 있다. 생산활동뿐만 아니라 소비활동의 경우에도 보다 가치있는 소비방식을 선택함으로써 만족도를 높이려고 하고, 소비에 따른 부가적인 가치 창출(만족도 향상)이 이뤄지지 않는다면 소비 대신 자산을 축적하기를 선호한다. 한 나라의 부가가치 총량을 증대시키는 일이 곧 국민소득을 증대시키는 일이므로 선진국일수록 1인당 부가가치를 높이는 경제활동의 비중이 높다. 따라서 모든 나라는 1인당 부가가치를 높이고 소득을 높일 수 있는 산업구조를 이루고자 한다.

거시경제적 관점에서 건설산업이 위태로워 보이는 것은 세 가지로 집약될 수 있으며, 이는 건설산업의 구조조정과 혁신의 핵심 동인이기도 하다.

첫째는 건설산업의 부가가치 산출 비중이 다른 산업에 비해 위축되고 있다는 부분이다. 즉, 부가가치 기준의 건설 총생산이 국내총생산(GDP)에서 차지하는 비중이 지속적인 감소세를 나타내고 있다는 점이다. GDP에서 차지하는 건설산업의 비중은 1991년 11.2%에서 하락세가 이어져 2012년에는 5.3%로 위축되었다.

둘째는 생산성의 저하이다. 비록 건설 총생산 규모가 감소한다 하더라도 생산성이 향상된다면 종사자 1인당 부가가치는 증대시킬 수 있을 것이다. 하지만 건설업체 수는 증가한 반면 건설산업의 생산성은 타 산업에 비해 상대적으로 하락했다. 2011년 우리나라 전체 산업의 사업체 수는 2006년에 비해 7.5% 증가하였는데, 건설 분야 업체 수는 2배 수준인 14.9% 증가하였다. 2002년부터 2010년까지의 산업별 부가가치율 변화를 살펴보면, 글로벌 경쟁이 치열해짐에 따라 제조업과 서비스업의 부가가치율은 약 4% 정도 감소한 반면에 건설산업의 경우는 8% 하락한 것으로 나타났다. 종사자 1인당 부가가치액의 경우도 제조업은 2007년 7,707만 원에서 2010년 9,789만 원으로 27.0% 증가하였고, 같은 기간 동안 서비스업에서도 4,877만 원에서 5,826만 원으로 19.5% 증가하여 전체 산업은 18.8% 상승하였으나 건설산업의 경우는 5,667만 원에서 5,500만 원으로 오히려 2.9% 감소한 것으로 나타났다. 생산성 저하는 수익성 저하와 고용 감소로 이어지며 산업 경쟁력 약화로 직결된다. 실제로 건설산업의 매출액 대비 영업이익률은 2007년 6.4%에서 2011년 4.1%로 4년 연속 하락하여 전체 산업 평균인 5.4%보다 낮은 수준이다.

셋째는 취업자 수의 감소세이다. 2011년 전체 산업 종사자 1,809만 명 가운데 건설산업의 종사자 수는 112만 명으로 6.2%를 차지했다. 이는2006년부터 2009년까지 5.5% 수준에 머문 것에 비하면 다소 상승한 수치이나, 전체 추세를 보면 1997년 9.6%부터 꾸준히 감소하고 있다. 특정 산업에서 취업자 수가 감소하는 이유는 크게 두 가지이다. 하나는 자본 집약도가 높아진 경우이고 다른 하나는 해당 산업, 또는 직업의 선호도가 하락한 경우이다. 전자는 노동력 수요의 감소이므로 취업 선호도는 오히려 높아지기 마련이다. 후자는 노동력 공급의 감소이므로 업체는 인력 부족으로 비용 상승이나 생산성 저하를 겪어야 하며, 이는 곧 국민경제적 기회비용 상승으로 이어진다. 물론, 공공부문의 건설투자가 감소하고 민간 주택시장이 위축되면서 건설시장의 규모 자체가 축소되었으므로 취업자 수의 감소는 자연스러운 노동력 공급의 감소 현상이라고 할 수도 있다. 그러나 건설산업에 대한 직업 선호도가 낮아진 것은 사실이며, 이는 청년층 인력의 유입을 감소시켜 인적자본(Human Capital)에 대한 투자비용을 증대시키고, 노동 생산성 및 1인당 부가가치 향상에 부정적인 영향을 미쳐 결과적으로 산업 경쟁력의 약화를 초래한다.

건설산업의 이러한 검진표는 새삼스러운 것이 아니지만 심각성이 섬차 두드러지고 있다는 측면에서 구조조정과 혁신 없이는 경제활동의 효율성과 공정성, 국민경제 기여도의 증대를 기대하기 어렵다고 판단한다. 수주 중심인 건설산업의 특수성을 간과할 수는 없다. 그렇다고 해서 정부의 SOC 투자 증대만 학수고대할 수는 없지 않은가. 한국경제가 갈림길에 놓였다면 건설산업은 위기의 늪으로 빠져들고 있기 때문이다.

생산구조의 혁신

건설산업의 위기 탈출을 위해서는 번서 선설 생산구조의 양면성에 대한 성찰이 필요하다. 내부 혁신 없이는 외부를 설득하기 어렵기 때문이다. 건설산업의 생산구조는 한편으로는 산업의 특수성을 고려한 독특한 경제활동에 기반하면서, 다른 한편으로는 효율적인 경쟁과 혁신을 저해하는 비합리적인 의사결정 체계를 고착화시키는 측면도 있다.

건설업계는 사회 · 경제적 시설물을 공급하는 공공 수주를 통해 일정 수준의 시장 규모(물량)를 유지해왔다. 공공 발주공사는 공급자가 단독이므로 다수가 참여하는 일반적인 시장 정보에 의해 의사결정이 이루어지지 않고, 정책적 판단에 따라 공급량과 공급 방식이 결정된다. 공공 재정이 투입되는 안정적인 시장이라는 장점도 있지만 시장 참여자들의 경쟁적인 상호작용이 왜곡될 소지도 있는 것이다.

이러한 공공건설시장은 수요 독점적(Monopsony) 특성을 지닌다. 공공프로젝트의 발주, 입·낙찰, 계약 구조는 비경합적인 수요자(구매자)가 우월적 지위와 협상력을 갖게 만들기 쉽다. 따라서 공급자(건설업체)는 수요자의 정책이나 의사결정 방식에 의존하여 경쟁할 수밖에 없다. 발주자(수요자)의 정책은 시장에 미치는 효과가 직접적이고 매우 강력하여 정책 변수의 영향력이 크다. 따라서 발주자(수요자)의 역량에 따라 시장의 효율적이고 공정한 의사결정 체계가 정립될 수 있는 여지가 매우 크다. 달리 말하면 공공 건설시장의 기능이 효율적으로 작동하기 위해서는 발주자의 권한과 책임이 중대한 구조라는 것이다.

건설 생산구조가 원도급자와 전문공종별로 분리된 하도급자와의 긴밀한 협력과 갈등관계에 의해 이뤄지는 점도 독특한 경제적 의사결정 체계를 창출한다. 자동차, 전자 등 대부분의 조립 공정의 산업에서는 원·하도급의 공급 사슬이 일반적이지만, 건설산업의 경우에는 하도급자가 중간재를 공급하는 단순 행위에 그치지 않고 중간재를 투입하는 시공을 직접 담당한다. 그러므로 복합적인 건설 공정에 참여하는 경제 주체들 간 갈등을 해소하고 유기적으로 협력할 수 있도록 시장 여건을 조성하고 제도적 지원책을 마련하는 것이 중요하다. 건설산업과 관련된 규제가 많은 것은 건설 활동이 사회와 자연 환경에 끼치는 영향이 크기 때문이기도 하지만 다양한 참여 주체들의 합리적인 의사결정을 유도해야 되기 때문이기도 하다. 이러한 관점에서 건설산업은 타 산업에 비해 시장의 논리(자율적인 경쟁질서)를 보완할 수 있는 정책적 판단이 생산구조에 지대한 영향을 끼친다고 할 수 있다.

한편 수요 독점적 시장의 경우 단독 수요자에 대응하는 나수의 공급자들 간 경쟁체제가 생산성 향상, 품질 제고, 시장 창출 역량 강화 등으로 연계될 수도 있다. 그러나 건설산업의 경우 일회성 낙찰을 최우선적인 목표로 하는 단편적이고 비합리적인 의사결정 체계에 의존하는 경향을 보인다. 예컨대 정상가격 이하의 저가 투찰은 단기적인 물량은 확보할 수 있을지라도 업체의 수익성 악화에 영향을 줄 뿐만 아니라 부실공사 또는 불법 하도급 행태로 이어져 사회적 비용 증대를 유발시킨다. 일반 상품이나 서비스와는 달리 건설 시설물(상품+서비스)이 공급은 단일 사업이므로 연속적인 시장 점유로 이어지지 못한다. 따라서 일회성 낙찰에 집중하는 입찰 행위가 합리적이라고 여길 수도 있다. 그러나 동태적이고 거시적인 측면에서 보면 경쟁의 순기능을 오히려 약화시키고 혁신의 유인력을 차단하는 부작용을 낳게 된다.

건설 생산구조는 고착화되어서는 안된다. 시장과 산업 환경이 변화함에 따라 생산구조의 변화도 불가피하므로, 수요 독점적이고 복합 원·하도급 중심적인 건설 생산구조를 합리적으로 운영할 수 있도록 혁신해야 한다.

관행의 혁신

건설산업에 대한 사회적 신뢰도는 상당부분 개선되었지만, 타 산업에 비해 여전히 낮은 수준이다. '노가다'라는 용어가 건설업계 내부에서 통용된 자조적(自嘲的) 표현이라면 '삽질'이라는 표현은 정치적 의도를 담은 외부의 건설 경제에 대한 비하적 매도이다. 두 표현 모두 객관적이거나 신중하지는 않지만 건설 경제활동의 부정적인 관행을 지적한다. 부분적으로는 자업자득이다.

건설산업은 지속가능한 수익 창출 방식보다는 단위 사업당 수익 창출 방식에 우선순위를 두는 경향이 있어 시장의 흐름에 적응하고 새로운 시장을 창출하려는 산업 혁신 노력이 취약하다. 모든 경제활동에는 제약이 따른다. 주어진 제약 조건 하에서 최적점(Optimum)을 찾아 선택하는 것이 경제적 합리성이다. 건설산업이 수주 중심이고 수요 독점적 시장이라 하더라도, 주어진 생산과 분배 구조에 안주하면서 부단히 최적점을 찾아나서는 관행 혁신 노력은 미흡했다고 본다. 최적점은 정태적으로 주어지는 것이 아니라 시장 환경과 참여 주체들의 행위가 변화함에 따라 동태적으로 변화하기 때문에 건설산업의 의사결정과 관행도 이에 부합하여 변화해야 한다. 관행은 즐겨입는 옷과 같이 편안한 심리적 안정감을 주지만 이미지와 행동 쇄신에는 걸림돌이 될 수 있다. 최근 발주자와 원도급자, 원도급자와 하도급자 간 갑을관계의 혁신 움직임은 건설산업 관행을 혁신하는 촉매제가 될 것으로 기대한다. 건설산업은 혁신에 굼떠도 된다는 속삭임은 감언이설(甘言利說)일 뿐이다.

세계무역기구(WTO)의 다자간 협상과 자유무역협정(FTA)의 급진적인 확산으로 대부분의 산업들이 시장개방과 글로벌화의 지대한 영향을 받고 있지만 국내 건설시장의 경우 여전히 폐쇄적이어서 국내 시장에서 혁신의 유인력이 매우 취약하다. 고비용 저효율의 시장 구조라 하더라도 외국 기업의 국내 진입이 어려우므로 글로벌 경쟁을 통한 기술 혁신과 경영의 효율성 제고의 추진 동력이 절실하지 못하다. 따라서 저비용 고효율의 생산체계를 창출하기 위한 혁신 노력은 정부와 건설업계의 우선적인 과제가 되어야 한다.

정책 의존형을 수요 창출형으로 바꾸어라

건설산업은 정부의 정책적 판단과 수요의 영향을 상대적으로 크게 받는 시장구조와 생산구조를 지니고 있다. 타 산업에 비해 연관 규제가 많은 건설산업은 경기 침체기일수록 정책 지원 요청이 크며 정책 의존성도 높은 편이다. 경기 호황기에도 그 연관성은 마찬가지다. 역으로 보면 건설산업의 혁신과 발전이 효과적으로 추진된다면 국가 정책 시행에 그만큼 크게 기여할 수 있다는 의미이다. 보다 적극적으로 이해한다면 산업 발전과 국가 경제 발전에 효과적인 전략적 정책 수요를 능동적으로 이끌어낼 수도 있다. 물론 그동안 건설업계는 여러 차례 신 수요 창출을 위한 정책 과제를 제안한 바 있다. 하지만 주로 정권 교체기나 신임 기관장 취임에 맞춘 일시적인 '눈도장 찍기식' 의례에 치중한 편이었으며, 미래 지향적이고 국가 발전 중심적인 논리와 전략을 제시하기에는 미흡했다.

건설산업이 정책 의존적인 타성을 버리고 정책 수요를 창출하는 경제활동으로 환골탈태하라는 주장이 순진하다 못해 철없어 보이는가? 아니다. ICT산업, 로봇산업, 자동차산업, 생명공학산업 등 소위 첨단산업이라고 일컬어지는 산업들을 살펴보라. 산업을 주도적으로 이끌어가는 주체가 업계인가, 정부인가? 우리나라의 경제구조와 산업 발전 수준만 하더라도 정부가 업계의 창의적인 기술과 경영 혁신 노력을 따라갈 수가 없다. 정부가 외형적으로는 성장동력산업을 육성하기 위해 주도적 역할을 하는 것처럼 보이지만 실질적으로는 국내 경쟁 규범을 관리하고 국제 경쟁구도에서 외교통상적 지원책을 제공하는 수준이다.

수요 창출형의 건설산업은 정책 의존형의 구조에 종언을 고해야 한다. 대표적인 사례가 해마다 되풀이되는 정부에 대한 업계의 건설 물량 증대 요구이다. 건설투자를 증대하라고 요청하는 것을 건설 서비스 공급에 대한 마케팅으로 미화시킬 수도 있겠지만 본말이 전도되어 정치적 의존성만 심화시킬 뿐이다. 공공 건설투자의 최종 소비자(수요자)인 일반 국민의 필요(수요)를 충족시키기기에 보다 효율적이고 혁신적이며 창의적인 건설 서비스 공급이 전제되어야 한다. 서비스 내용과 품질도 제시하지 않고서 서비스를 구매(건설투자)하라고 요구하는 것은 불합리한 강매와 다를 바가 없다. 반대로 건설 서비스 공급을 필요로 하는 정부 정책의 발굴에 집중해야 한다. 업계가 정책을 직접 입안할 수는 없지만 정책 인프라를 지원하고 실효성있는 현장 밀착형 정책 방안을 제시하기에는 자신감이 있지 않은가. 이를 테면 ICT기술과 전자기술, 자동차 성능의 발달로 안전성을 향상시키면서도 250km 이상 주행이 가능한 초고속도로의 건설은 추가적인 기존 도로의 건설(예 : 제2경부고속도로 건설)을 대체하여 환경보호에 기여할 수 있을 것이다.

건축부문에서도 획일화된 공동주택 단지 조성 방식에서 탈피하여 환경 친화성, 에너지 효율성, 사회적 안전성, 공동체적 심미성 등을 고려한 다양한 디자인의 공간 활용(건물간뿐만 아니라 층간도 포함)과 사회문화적, 경제적 가치를 드러내는 혁신적인 공동 주택 단지 모델을 제시함으로써 정부의 주택 정책 방향의 전환을 유도할 수 있을 것이다. 민자사업의 경우에도 마찬가지다. 정부의 민자사업 추진을 고대하다가 끌려가기 보다는 업계가 먼저 사업을 발굴하고 타당성과 경제성을 확보할 수 있도록 기획하여 선제적으로 제안하는 방식을 확대할 수 있어야 한다.

정책 수요 창출을 위해서는 연구개발(R&D) 투자의 확충이 필수적이다. 불황기에 R&D 투자는 가장 우선적으로 감축해야 할 예산이 아니라 오히려 가장 적극적으로 확대해야 하는 부분이다. 기업 차원에서는 이상적인 이야기로 보일 수도 있겠지만, 산업 차원에서 보면 요행이나 아부가 아니고서는 경영 혁신과 기술력 향상이 없는 수요 창출은 어렵다. 불황기일수록 경쟁은 더욱 치열하고 경쟁력 우위가 더욱 필요하기 때문이다.

건설산업이 정책 수요 창출형으로 체질을 개선(적어도 보완)해야 하는 것은 수주산업의 패러다임을 바꾸자는 것이다. 이는 개별 기업의 경영 전략 차원이 아니라 산업 차원에서의 혁신을 의미한다. 1997년 외환위기 이후 혁신의 목소리가 2000년대 초 주택경기의 반짝 호황으로 사라진 것은 결과적으로 일시적 진통효과에 불과한 소탐대실이었다. 2007년 이후 글로벌 금융위기와 경기침체를 겪으면서 그 때의 목소리보다 더 고통스럽게 발설해야 했기 때문이다. '장사꾼 잇속 차리기'라는 오해를 차단하기 위해서는 건설업계와 공공 정책연구원, 정부가 유기적인 협력을 통해 건설산업의 혁신 역량 강화를 추진하는 것이 바람직하다. 이는 건설산업의 창조 역량을 강화해야 하는 과제이기도 하다.

창조 역량, 부활의 불씨

'창조경제'가 영국, 일본, UN에 이어 우리나라에서도 화두가 되었다. 우리나라 건설산업은 창조적인가? 섬들을 연결하여 바다를 땅으로 만들고 연약 지반에 파일을 박아 서해 한 가운데 공항을 건설한 생각과 행위는 창조적이라고 할 수 있다. 반면에 국토 균형 발전의 정치적 논리에 따른 특정 지역의 공항 건설은 새로운 설계 엔지니어링을 동원했다 하더라도 창조적이라고 판단하기는 어렵다. '창조적'이라는 어의에는 '창의성'이 핵심이다. 존재하지 않던 시설물을 가시화하는 것(건설)이 중요한 것이 아니라 생산과정, 기능, 성능, 형태, 부가가치, 활용도, 파급효과 등 시설물의 건설과 운영의 전체 과정을 통해 얼마나 창의적 혁신이 있었느냐가 관건인 것이다.

건설산업은 창의성을 발휘할 소지가 높은 산업이다. 대부분의 건설 시설물은 현재와 미래의 장기 수요에 맞추어 생산되므로 생애주기가 긴

특성을 가진다. 따라서 공급자(생산자)는 미래의 경제적, 사회·문화적 장기 트렌드를 고려하여 설계하고 시공해야 한다. 미래 사회를 염두에 두고 있는 만큼 건설산업의 생산과정은 창의적인 생각과 상상력을 최대한으로 발휘하지 않을 수 없다.

건설시장의 수요 독점적 특성도 창의성을 진작시키는 동인이 될 수 있다. 수요 독점적 시장에서 공급자(기업) 간 경쟁이 심화되는 것은 불가피한 현상이다. 따라서 공정한 경쟁 여건을 전제로 한다면 건설기업들은 수주 가능성을 높이기 위해 창의적으로 경쟁력 우위 요소들을 발굴하고 강화할 것이다. 혁신은 시장 경쟁 질서를 통해 효과적으로 시현된다. 다만 시장의 특성을 이와 같이 활용할 수 있는 수요자(정부와 국민)의 의지가 뒷받침되어야 한다.

박근혜 정부의 창조경제(창조 생태계)의 근간이 되는 것은 ICT산업 중심의 과학기술의 융·복합화와 창의적인 지식/정보를 활용한 문화 콘텐츠 확산, 그리고 고용 창출형의 중소기업 육성으로 집약할 수 있다. 건설산업을 단순히 토목 중심의 '삽질'이 아니라 전천후 비즈니스와 생활 공간의 재창출, 기후 변화에 대응한 재해 예고 예방형 교통망 건설처럼 고도의 융·복합 과학기술산업으로 이해하고 발전시킨다면 건설산업은 창조 역량을 가장 집약적으로 필요로 하는 경제활동이 될 것이다.

이제까지 우리나라 건설산업의 창조 역량은 낮은 수준이었다. 기업의 창의력을 효과적으로 진작시키지 못한 입·낙찰 제도의 요인, 획일화된 시설물 수요와 공급 패턴, 기획과 설계 역량의 부족, 단기 성과 위주의 사회·문화적 요인 등이 복합적으로 미친 부작용의 결과이다. 그렇지만 상술한 바와 같이 건설산업에는 창조성이라는 본질적 속성이 내재되어 있으므로 관련 종사자들과 정부가 협력하여 부활의 불씨를 살려내야 한다. 건설 시설물이 모든 사회 · 문화 활동의 기반이 된다는 점에서 문화적 창의성을 뒷받침해 줄 수 있는 건설산업의 창조 역량은 무한대의 잠재력을 지녔다고 단언할 수 있다. 이러한 관점에서 창의적인 건설 문화의 재발굴은 필수적이다.

성장 잠재력에서 부가가치를 높여라

국내 건설산업의 직업 매력도와 종사자의 자존감(자긍심)은 낮은 수준이다. 선진국들의 선례를 보면 1인당 국민소득이 16,000달러 수준을 넘어가면서 건설투자가 점진적으로 감소하는 경향이 나타났다. 우리나라도 유사한 패턴을 따라가고 있다. 그렇지만 건설 시설물의 공급률이 증가하고 생애주기가 연장됨에 따라 시장의 규모가 축소될 수는 있어도 건설산업이 사양산업은 아니다. 우리 건설기업이 해외로 진출할 수 있고 외국 건설기업이 국내로 진입해 올 수는 있어도, 국내 건설 시설물이 이동할 수는 없기 때문에 국내 유효 수요는 유지될 수밖에 없다. 말하자면 노무비가 증가하여 총공사비가 증가한다 하더라도 생산 현장을 해외로 이전할 수도 없고 시설물을 수입할 수도 없기 때문에 국내 생산 수요가 대체될 수는 없다는 것이다. 해외직접투자(FDI)가 활성화되면 국내 기업들이 산업 설비의 해외 이전을 증가시킬 수도 있다. 하지만 반대로 외국 기업들의 국내 투자 증가도 고려한다면 FDI의 활성화 자체가 국내 건설시장 규모 변화의 결정적인 요인이 될 수는 없다.

그동안 국내 건설기업들이 지나치게 단기 수익 창출에만 집중해 온 것이 장기적 관점에서는 자충수가 되었다. 기성금을 우선 활용하기 위해 공공사업에 저가투찰을 하거나 부실업체를 양산해 왔다. 해외사업에서도 마찬가지로 결산 순수익보다는 단기 물량 확보에 주력함에 따라 많은 수익을 내지 못하는 것이다. 또한 부동산 경기는 부침이 있기 마련인데 대부분의 대기업들은 경기 흐름에 편승할 수 있는 공동 주택 개발사업 한 건에 기업의 성패를 맡길 정도로 외줄타기를 해 왔다. 공공 발주자도 외형적으로 드러나는 예산 절감에만 민감했지 시설물의 품질 향상과 가치 제고에는 우선순위를 두지 못했다.

건설산업의 활로는 무엇인가? 서두에 '경제활동의 핵심은 부가가치 창출'이라고 기술한 바와 같이, 건설산업은 기존의 물량 확보 중심의 양적 성장 구조를 탈피하여 부가가치를 높이는 발전 구조로 거듭나야 한다. 식사량을 줄이더라도 영양가를 높이는 것이 체질 개선에 효과적이다.

국민경제 발전과 국민소득 향상은 보다 효율적인 공간 활용의 필요성과 국민 복지 수요를 증대시킬 것으로 예상된다. 미래의 건설 수요를 효과적으로 충족시킬 수 있는 잠재적 수요는 지속적으로 창출될 것이므로 건설산업의 성장 잠재력은 유효할 것으로 판단한다. 결국, 이러한 성장 잠재력을 수면 위로 끌어올릴 수 있는 동력은 부가가치를 높이고자 하는 건설업계의 혁신과 경쟁력 강화 노력, 새로운 시장 창출을 위한 업역의 확장에 달려 있다.

PART 6

종합토론 : 한국 건설산업의 생존전략

한국 건설산업이 당면한 문제를 극복하고 미래 환경변화에 대응하기 위해 집필진을 비롯한 업계, 학계, 언론계, 법조계의 전문가 13인이 모였다. 전문가들이 생각하는 한국 건설산업의 생존전략을 묻기 위해 5가지 주제별로 토론을 진행하였으며, 오늘날 건설산업이 겪고 있는 위기를 타개하기 위해서는 과거와는 다른 혁신 전략과 실행이 요구되어야 함에 의견을 모았다.

사 회 KDI 국제정책대학원 김정호 교수

토론자 GS건설 경제연구소 이상호 소장
한미글로벌(주) 김종훈 대표이사 회장
국민대학교 건설시스템공학전공 이성우 교수
한국공학한림원 심옥진 원로회원
현대건설 정수현 사장
법무법인 세창 김현 대표
세종대학교 건축공학부 김한수 교수
한국경제신문 건설부동산부 박영신 부장
명지대학교 국제통상학과 김태황 교수
한국건설산업연구원 이복남 연구위원
서울대학교 건축학과 이현수 교수
한미글로벌(주) 왕효석 부회장

1주제 : 한국 건설산업의 위기상황

김정호 교수

첫 번째 주제는 한국 건설산업의 위기상황입니다. 현재 우리가 겪고 있는 건설산업의 위기상황에 대해 자기반성이라는 측면에서 이야기해보고자 합니다. 한국 건설이 오늘날과 같은 위기상황에 직면한 원인은 무엇이고, 어떠한 부분에서 부족함이 있었는지 전문가 분들의 의견을 듣겠습니다.

이상호 소장

"성숙기에 돌입한 건설시장의 변화 흐름을 간과하고 단기 실적주의와 미봉책으로 일관한 업계와 정부에 책임이…."

한국 건설산업이 겪고 있는 위기상황의 구조적 원인에 대해 몇 가지 측면에서 생각해보았습니다. 먼저, 산업차원에서 시장이 변화하는 변곡점(Turing Point)을 제대로 읽지 못하고 적절히 대응하지 못한 측면이 큽니다. 2000년대 중반부터 건설산업은 이미 성장시장에서 성숙시장으로 변화하는 징후가 여러 곳에서 발견되었습니다. 하지만 과거 성장시대의 사고와 관행이 고착화되어 이러한 변화에 적절히 대응하지 못했다고 생각합니다. 결국 침체상황은 장기화 국면으로 접어드는데 업계는 단기 성과에만 치중하고, 정부에서는 단편적인 경기부양책만을 남발하다보니 지금의 위기상황을 자초한 것이 아닌가 생각합니다.

취약한 리스크 관리 문제도 꼽을 수 있습니다. 우리는 오랫동안 성장시장에서 리스크 테이킹(Risk Taking)을 해왔습니다. 그것이 국내 건설업체들의 성장원동력이 된 측면도 큽니다. 하지만 성숙시장 국면으로 접어든 지금의 상황에서는 변화된 환경에 상응하는 리스크 관리가 필요한데, 바로 이러한 부분이 소홀하지 않았나 생각합니다.

또한 건설시장의 현실과 관련 법 · 제도 간에 상당한 괴리가 있다는 점도 문제입니다. 과거 1970~1980년대 만들어진 법과 제도가 글로벌 스탠다드와는 무관하게 존재하면서 융 · 복합을 저해하는 산업 간 칸막이 구조를 형성하는 등 시장현실과 동떨어진 제약들이 많이 존재하고 있습니다.

설계 · 엔지니어링 산업의 후진성 문제도 언급할 수 있습니다. 특히 논란이 되고 있는 기술사 제도, 용역 입찰 시 공무원 우대제도 등과 같이 실제로 많은 문제가 존재함에도 불구하고 개선에 대한 노력은 부족한 면이 있었습니다.

김한수 교수

"우리 제도와 기업은 글로벌 호환성이 부족해, 내수용(內需用)이라는 오명까지…."

그동안 수차례 논의된 것처럼 우리나라 건설제도나 기업의 글로벌 호환성 부재 문제에 대해 지적할 수 있습니다. 이 문제는 설계 · 엔지니어링, 감리, 건설사업관리(CM)와 같은 건설기술용역업에서도 나타납니다. 오죽하면 우리 제도와 기업은 내수용(內需用)이라는 오명까지 얻게 됐을까요?

한국엔지니어링협회에서 2012년도에 발표한 자료에 따르면, 건설엔지니어링부문의 평균 순이익률은 1.21%에 불과합니다. 엔지니어링산업이 타 산업의 고부가가치는 창출하면서도 정작 스스로는 고부가가치가 아닌 아이러니에 직면해 있습니다. 그 결과 젊은 기술자들에게 미래 비전을 제시해주지 못하고, 우수한 인력을 유인할 수 있는 동력이 매우 부족한 상황입니다.

기존의 혁신 방향성에도 문제가 있었다고 생각합니다. 과거의 혁신은 건설기업 혹은 건설기술용역업체와 같은 서비스 공급자에 초점이 맞춰져 있었습니다. 그러나 정작 발주자 혁신에 대해서는 소홀한 부분이 있었습니다. 건설은 수주산업이라는 특성을 지니고 있기 때문에 일을 시키는 주체가 제대로 일을 시켜야 일을 하는 주체는 생존을 위해서라도 제대로 일을 할 수밖에 없다고 생각합니다.

김종훈 회장

"건설산업의 생존전략 수립은 투명성과 부패에 대한 자기반성에서부터 시작해야…."

한국 건설의 투명성과 부패에 대한 자기반성은 건설산업의 길을 묻고 생존전략을 수립하는데 있어서 반드시 짚고 넘어가야 할 문제라고 생각합니다. 바로 이러한 문제들이 우리 산업에 왜곡된 경쟁 환경을 형성하였고, 그 결과 산업 전체의 경쟁력을 약화시키는 결과를 초래했기 때문입니다. 그동안 한국 건설산업이 양적 성장을 이룬 측면은 높게 평가될 수 있으나 산업 내 질적 수준을 향상시키고 선진화시키는 측면에서는 상대적인 노력이 부족했다고 생각합니다. 예를 들면, 주택이나 아파트를 건설하고 분양할 때 어떻게 하면 잘 팔리는 상품을 개발해서 수익을 낼 수 있는지에만 집중했지, 얼마나 낮은 가격(Cost)으로 빠른 시간(Schedule) 내에 우수한 품질(Quality)의 상품을 만드는지에 대해서는 상대적으로 소홀했다는 것이죠.

인력문제 측면에서도 산업계 내부의 반성이 필요합니다. 그동안 우리는 우수한 인력을 유입시키고, 양성하여 산업이 발전할 수 있는 풍토를 조성하려는 노력이 미흡했습니다. 뿐만 아니라 변화하는 산업의 요구에 맞는 교육을 대학에서 제공했는지에 대한 문제도 살펴볼 필요가 있습니다.

박영신 부장

"위기극복에 대한 대안부재가 가장 큰 문제…."

한국 건설업계의 위기극복 문제는 참 오랫동안 반복적으로 논의돼온 과제인 것 같습니다. 언론계에서 건설 · 부동산분야를 오랫동안 맡아온 저도 어느새 이 문제를 두고 많은 관심을 가져왔습니다. 당사자인 건설업계야 말할 필요가 없지요. 생존이 달린 과제이다 보니 훨씬 더 치열하게 해답 찾기 노력을 해왔습니다.

이러한 노력에도 불구하고 뚜렷한 대안을 찾지 못하고 지금의 상황에까지 온 것은 아쉽습니다. 이제부터는 건설업계가 차분하게 대안 찾기 방법부터 모색을 해봐야 할 것 같습니다. 백화점식으로 문제만 나열하고, 정작 대안 찾는데는 소홀했던 점은 없었는지도 되짚어 보구요. 건설업계차원의 비중 있는 테스크포스팀(TFT)이나 포럼을 조직하여 사안별로 선택과 집중을 해서 풀어가는 방식도 좋을 것 같다고 생각합니다. 그렇게 되면 정권 교체 여부에 관계없이 한국 건설산업의 장 · 단기 과제가 일관성 있게 다루어지지 않을까요.

이성우 교수

"컨트롤 타워(Control Tower) 기능의 부재(不在)가 문제…."

컨트롤 타워(Control Tower) 기능의 부재 문제도 심각합니다. 컨트롤 타워는 단기간에 사라지는 역할이 아니라 정부가 바뀌어도 지속적인 방향성을 갖고 건설산업의 미래를 주도할 수 있어야 합니다. 정부 정책이나 외부 변화에 흔들리지 않고, 건설산업이 나아가야 할 장기적인 플랜을 이끌어나갈 역할이 지금 우리 업계에는 절실히 필요합니다.

2주제 : 외부 환경변화와 세계건설시장

김정호 교수

두 번째 주제는 건설 외부 환경변화와 세계건설시장에 관한 것입니다. 이번 토론에서는 급변하는 글로벌 경제상황과 기후변화가 건설산업에 어떤 영향을 주고, 세계건설시장에서 우리 기업들이 갖추어야 하는 역량과 전략방향은 무엇인지에 대한 의견을 들을 수 있을 것 같습니다.

이상호 소장

"양적완화 축소에 따른 신흥시장 충격에 대비해야 … 기후변화 대비 위한 녹색건설은 성장동력 미흡…."

먼저 국내외 경제환경 변화가 건설산업에 미치는 영향에 대해 말씀드리겠습니다. 2008년 미국發 금융위기 직후 선진국들은 경기 침체국면에 접어들었습니다. 반면, 중국을 비롯한 신흥국들이 대거 급부상하는 현상이 나타났죠. 다행히 우리 건설업체들의 경우 대부분 신흥시장에 진출했기 때문에 상대적인 타격이 적었다고 볼 수 있습니다. 그러나 미국의 양적완화 축소에 대한 불안감은 신흥국 시장의 성장세에 큰 충격을 줄 것으로 예상됩니다. 얼마 전 미국의 양적완화 유지 발표가 있기는 했지만, 이는 어디까지나 축소 시기가 연기된 것으로 볼 수 있습니다. 양적완화가 축소되면 곧 신흥시장에 영향을 미칠 것이기 때문에 이에 대한 대비가 있어야 합니다. 또한 우리 경제의 낮은 성장 잠재력과 복지를 우선으로 하는 정책적 상황을 고려하여 저성장 구도에서의 대응책 마련이 필요합니다.

기후변화가 건설산업에 미치는 긍정적, 부정적 영향에 대해서는 많은 논란이 있습니다. 최근 나사(NASA)에서 공개한 북극상공의 사진을 보면 북극의 빙하가 작년보다도 오히려 증가한 것을 알 수 있습니다. 글로벌 금융위기 직후에 전 세계가 경기부양책의 일환으로 녹색성장에 많은 초점을 두었지만 지금은 성장동력을 많이 상실하고 있다고 볼 수 있습니다. 더구나 건설산업의 경우 녹색산업 측면에서 상대적으로 낮은 부가가치 영역만을 담당하다보니 산업에 미치는 효과는 크지 않습니다.

김태황 교수

"불확실성의 증가는 거대 경제권의 영향력을 키워나갈 것 … 국가 정책에 의존하기보다는 시장 트렌드 분석력을 키워야…."

미래 세계 경제의 화두는 불확실성의 증가입니다. 주목할 점은 불확실성의 증가는 곧 국가 간 상호침투성(Interpenetration) 확대로 이어져 개별 국가의 자율성과 개별성 약화로 나타난다는 점입니다. 또한 거대 경제권의 영향력이 커진다는 측면이 있습니다. 미국에서 시작된 금융위기로 EU의 재정위기가 발생한 것처럼 금융의 흐름으로 인해 국가 간 장벽은 무너지고 있습니다. 그 결과 국가의 역할은 점차 약해지고 기업의 역할은 오히려 커지고 있습니다. 따라서 우리 기업들이 해외건설시장에 진출할 때 정부의 해외건설 지원정책에만 의존하는 것은 바람직하지 못하다고 할 수 있습니다. 변화하는 시장 트렌드에 대한 분석력과 시장의 흐름에 대한 관심도를 높여서 세계건설시장에서 우리 기업의 역할을 확고히 할 필요가 있습니다. 또한 기업 간 협력 혹은 M&A 등을 통해 신규 시장에서의 리스크 관리가 필요합니다.

심옥진 원로회원

"한국 건설의 길을 리드하는 주체 부재(不在) … 국내건설은 정부, 해외건설은 기업의 CEO가 리더가 되어야…."

한국 건설산업의 생존과 혁신에 대해서는 과거에도 수차례에 걸쳐 논의가 되었던 주제입니다. 그럼에도 불구하고 이러한 논의가 끊이지 않는 것은 한국 건설이 나아갈 길에 대해서는 이미 제시가 되어 있지만, 그 길을 주도적으로 리드하는 주체가 없기 때문이라고 생각합니다. 따라서 이번 작업에서는 변화를 선도하는 리딩 주체가 바른 길로 가도록 당부하는 메시지가 필요하다고 생각합니다.

건설은 산업적 측면과 사업적 측면으로 구분됩니다. 국내건설은 산업의 측면에서 시장을 보는 경향이 강합니다. 따라서 여기서 말하는 길을 앞장서서 걸어가는 주체는 룰 메이커(Rule Maker), 룰 운영자인 정부 건설관련 기관이라고 할 수 있습니다. 반면, 해외건설은 철저히 사업적 측면에서 접근해야 합니다. 그리고 그 길을 리드하는 주체는 시공자인 건설기업, 즉 해외건설 담당 CEO라고 할 수 있습니다. 그들이 걸어가는 길은 세계건설시장에서 글로벌 경영자들과 교류하고, 경쟁하고, 그리고 생존하여 사업의 목적을 달성하는 길입니다. 민간기업 혹은 공공기관이 비전, 미션, 타겟을 설정하고 목표를 달성하기 위해 스스로 개혁하고 혁신하는 것이 제가 주장하는 건설산업의 프레스티지(Prestige)를 높이는 것이라 하겠습니다.

이복남 연구위원

"금융시스템의 후진성을 탓하기보다는 건설사업으로 유인하는 능력이 필요한 때⋯."

건설업계에서는 한국 금융시스템이 매우 낙후되어 있음을 지적하곤 합니다. 해외건설프로젝트 수행 시 걸림돌이 되는 것 중의 하나가 바로 금융조달과 관련한 이슈이기 때문입니다. 그렇다면 이것이 과연 금융만의 문제인지는 생각해볼 필요가 있습니다. 과거 인천공항철도 사업 당시 벡텔(Bechtel)사의 역할을 보면서 그들이 얼마나 돈을 가진 주체들을 잘 유인하는지, 그 기술력과 포장능력에 놀란 적이 있습니다. 우리도 금융시스템의 후진성에 대해서만 주장하기 보다는 그들을 건설사업으로 유인하는 능력을 강화하는 것이 보다 필요하지 않나 생각합니다.

정수현 사장

"금융기관의 리스크 테이킹(Risk Taking)을 어렵게 만드는 구조가 문제…."

기업 측면에서 보면 현재 우리나라의 금융시스템만으로는 해외에서 금융을 조달하는 데에 어려움이 있다고 판단됩니다. 금융은 투자에 대해 일정부분 리스크 테이킹(Risk Taking)을 하는 구조입니다. 그러나 우리나라의 금융기관들은 내부적인 의사결정 과정이 보수적일 수밖에 없습니다. 단편적인 부분이기는 합니다만 이러한 구조가 우리 금융기관들의 리스크 테이킹을 어렵게 하는 요인이라고 생각합니다.

이상호 소장

"해외건설의 양적 성장은 이루었으니 이제는 질적 성장을 실현할 차례…."

우리 기업들의 해외건설시장에서의 성적을 보면 나름대로 경쟁력을 갖고 있다고 생각합니다. 금번 8월에 발표된 ENR(Engineering News Records) 선정 250대 기업을 살펴보면 한국기업은 250대 기업의 해외매출 중에서 약 8%를 차지하여 6위권에 위치해 있습니다. 4위는 독일, 5위는 프랑스가 차지했습니다. 독일과 프랑스의 매출액을 우리와 비교해보면 약 30억 불 정도의 격차가 있습니다. 지금의 수주추이를 고려한다면 내년쯤에는 상황이 역전될 수도 있지 않을까 생각합니다. 물론 양적 측면에서만 이야기한 것입니다.

질적 수준에 대해 살펴보면 문제가 많습니다. 그동안 우리는 너무 외형적 성장만을 중시하다보니 수익성이 악화된 측면이 큽니다. 국내업체간 과당경쟁도 문제 요인으로 지적되고 있으며, 단기간에 너무 많은 물량의 수주를 기록한 것도 문제라고 생각합니다. 수행능력을 충분히 갖추지 못한 상태에서 수주 물량이 증가하다보니 리스크 관리가 미흡했던 것입니다. 선진 외국기업에 비해 낮은 시장 정보(Market Intelligence) 수준, 현지화 미흡, 글로벌 인재 부족도 문제로 꼽을 수 있습니다.

이현수 교수

"주변국들의 움직임, 정부의 정책 방향, 고령화 시대에 대비해야…."

건설 외직영향이라고 하면 기후변화, 글로벌 금융과 같은 논의뿐만 아니라 정치적 상황 변화 측면에서도 고려가 필요합니다. 2000년대 중반 이후 G2로 급부상한 중국의 영향력과 일본의 경제변화와 같이 우리를 둘러싸고 있는 주변국들의 움직임에 주의를 기울일 필요가 있습니다. 내부적으로는 새 정부의 북한에 대한 입장, 통일시대를 맞이하는 건설업계의 전략 등 미래에 예상되는 이슈에 대한 적절한 대응책이 마련되어야 합니다. 여기에 인구 고령화에 대한 문제는 빠질 수 없는 이슈입니다. 저출산 고령화시대에 의료와 복지사업이 중요해지는데 건설업계는 어떻게 대응할 것인가에 대해 생각해봐야 하는 시점입니다.

3주제 : 타 산업의 성공방정식이 건설산업에 주는 시사점

김정호 교수

다음 주제는 건설 외부에서 해결책을 모색해보고, 시사점을 찾는 부분입니다. 이미 글로벌 대표 산업으로 우뚝 성장한 IT, 반도체, 조선, 자동차산업들의 성공사례가 과연 건설산업에 주는 시사점은 어떠한 것들이 있을지 의견을 부탁드립니다.

이복남 연구위원

"글로벌 챔피언 산업의 성공사례에서 한국 건설이 나아갈 방향을 찾을 수도…."

글로벌 챔피언 산업으로 등극한 기업, 산업의 사례들을 살펴보면 대부분이 그라운드 제로(Ground Zero) 상태에서 시작했다는 것을 알 수 있습니다. 아무것도 없는 상태에서 그들이 성공할 수 있었던 것은 기술에 대한 확고한 신념이 있었기에 가능했습니다. 아무리 좋은 기술이라도 제품화 되었을 때의 부가가치나 비용 효과(Cost Efficiency)를 고려하여 충분한 가치가 없으면 과감히 포기하였고, 눈높이를 글로벌 시장에 맞추다보니 자생력이 빨리 구축된 것이 아닌가 생각합니다. 또한 정부정책에 대한 의존 정도도 건설업계와는 차이를 보입니다. 글로벌 챔피언 산업 중 어떤 산업도 정부에 기대지 않았다는 공통점이 있습니다. 즉, 산업 스스로가 충분한 독자생존력을 가지고 있다는 의미겠죠. 경쟁자와의 차별화를 가능케 한 자신만의 무기를 보유하고 있었던 점도 성공이유로 꼽을 수 있습니다. 현대자동차의 경우 위기 상황에서 품질보증이라는 과감한 도전을 통해 성공을 거두었습니다. 여기에는 오너십(Ownership)이 작동을 했습니다. 경영의 일관성을 갖고 끊임없는 인력양성을 통해 성공을 이룬 것이죠. 불확실한 미래수요에 대해 적극적으로 대응했던 조선산업의 사례 역시 오너십이 돋보인 사례입니다.

건설 외부에서는 건설산업의 장벽이 너무 높다고 이야기합니다. 건설산업 내에서는 '잘 몰라서 하는 이야기이다, 건설산업은 다르다'고 주장하며 울타리를 칩니다. 이 울타리를 빨리 제거해야 합니다. 한국 건설은 글로벌 챔피언 산업으로 갈 수 있는 충분한 잠재력을 갖고 있습니다. 다만 이 잠재력을 어떻게 상품화 시킬 것인지가 중요한 이슈라고 할 수 있습니다.

김태황 교수

"건설산업의 혁신은 기업의 몫 … 창조적 파괴에 대한 혁신 마인드를 가져야…."

한국 건설이 나아갈 길을 모색하기 위해서는 글로벌 챔피언 산업으로 성장한 타 산업의 발전경로와 역사성을 살펴볼 필요가 있습니다. IT, 휴대폰, 자동차, 반도체산업 모두 아무 기반도 없는 상태에서 출발했습니다. 그에 비해 건설산업은 이전부터 있어왔고 아직까지 죽지 않은 산업입니다. 그러다 보니 다른 산업에 비해 긴장감, 위기의식이 약하지 않은가 생각합니다. 그렇다면 지금의 위기상황을 극복하기 위한 혁신전략은 누구에게서 비롯되어야 하는 것일까요? 저는 기업의 몫이라고 생각합니다. 건설기업이 우리 사회와 시장에 확고한 혁신과 비전을 제시하지 못했기 때문에 지금의 위기가 발생했고, 이 위기를 극복하기 위해서는 건설기업 스스로 자구책 마련이 시급하다고 봅니다. 글로벌 챔피언 산업이 되기 위해 타 산업의 기업주체들은 어떠한 노력을 했는지 생각해볼 필요가 있습니다.

그렇다면 건설산업의 혁신은 무엇을 의미합니까? 지금까지 한국 건설은 혁신의 의미를 양적 성장, 양적 창출이라고 곡해한 것 같습니다. 현재 국내 건설시장은 외부에 개방이 되었다고는 하지만 외국기업이 들어와서 공사를 한 사례가 없다보니 창조적 파괴에 대한 심각한 고민이 부족합니다. 창조적 파괴에 대한 CEO 혹은 기업 경영진들의 혁신 마인드가 결여되어 있는 것은 깊이 반성해야 합니다.

김현 변호사

"건설산업의 느린 기술 발전 속도, 그저 기존의 것들을 답습하고 있는 것은 아닌지…."

타 산업과 비교했을 때 건설산업은 기술 발전 속도가 매우 느립니다.

조선산업은 이제 배만 만드는 산업이 아닙니다. 글로벌 선도 기업의 경우 해양플랜트의 비중이 50~60%이고, LPG선, 크루즈선과 같이 특수선을 제작하여 부가가치를 창출하고 있습니다. 이는 획기적인 기술 발전이 뒷받침되어야만 가능한 것입니다. 과연 건설업체에서도 이와 같은 노력을 하고 있는지 의문입니다. 기존에 해왔던 것들을 그저 답습하고 있는 것은 아닌지 되돌아볼 필요가 있습니다.

심옥진 원로회원

"해외건설은 철저한 글로벌 비즈니스 … 프로패셔널리즘(Professionalism)을 지향해야….”

타 산업이 주는 경쟁력은 쉽게 말해서 '글로벌 비즈니스'입니다. 국내에서 건설업은 산업으로 보지만, 해외건설은 철저하게 글로벌 비즈니스입니다. 따라서 해외진출을 위해 정부의 지원을 수동적으로 기대하기보다는 비즈니스적인 마인드를 갖고 정부에 요구할 것을 명확히 할 필요가 있습니다. 해외시장에 진출하는 우리 기업들은 지금이라도 한 분야의 국제적인 프로패셔널리즘(Professionalism)을 지향해야 합니다. 또한 건설사업을 수행하는 과정에서 기업의 CEO는 크리티컬 패스(Critical Path)를 조종할 수 있는 능력을 가져야 합니다. 프로젝트 리스크를 감지할 수 있는 능력, 전 세계시장에서 내 프로젝트가 될 수 있는 것을 감지할 수 있는 능력이야말로 진정한 프로의 정신이라고 생각합니다.

김한수 교수

"글로벌 비즈니스에 참여하기 어려운 대다수의 건설기업들에 대한 제도적 해결책 마련해야….”

금년 7월 기준으로 우리나라 종합건설사의 수는 약 11,200개 정도입니다. 이 중에서 해외시장에 진출할 수 있는 기업은 극히 일부에 불과합니다. 그렇다면 대다수의 기업들을 위한 대책을 고민해야 합니다. 해외건설은 비즈니스 지향적이지만, 국내 건설은 제도 지향적입니다. 우리가 글로벌 챔피언 산업에서 배워야 할 글로벌 비즈니스도 있지만, 건설산업의 규제 문제를 해결하는 것이 글로벌 비즈니스에 참여하기 어려운 대다수 종합건설사에게는 더 시급한 문제입니다.

김종훈 회장

"건설 리딩그룹의 진정한 리더십 발휘가 필요…."

글로벌 챔피언 기업과 건설기업을 비교할 때 리더십 문제를 거론하지 않을 수 없습니다. 특히 업계 리딩그룹의 리더십 문제는 굉장히 심각한 수준입니다. 업계의 리딩그룹이라고 하는 곳에서조차 경쟁의 질서를 어지럽히는 사례들이 종종 목격됩니다. 타 산업의 사례를 보면 리딩 컴퍼니들이 업계의 표준을 만들고 글로벌화를 이끌어 경쟁 가능한 환경을 만드는 반면, 건설업계의 리딩 컴퍼니 리더들의 리더십 상실현상은 우려스러울 정도입니다. 또한 오너 중심의 비즈니스보다 CEO의 단기 실적 위주의 비즈니스가 만연하다보니 기업, 나아가 산업의 장기적인 발전을 위한 노력과 혁신이 부족한 것 같습니다.

이현수 교수

"미래 수요에 대한 정확한 예측과 과감한 투자가 성공의 열쇠…."

글로벌 챔피언 산업의 주요 성공요인 중 하나로 정확한 수요 예측과 투자를 꼽을 수 있습니다. 조선산업에서 해양플랜트 사업이 급성장하게 된 배경을 살펴보면 석유회사와 탐사기술을 보유한 기업 간의 M&A가 주효했던 것을 알 수 있습니다. 이에 비해 우리 산업은 상대적으로 전략적 접근이 부족하지 않았나 생각합니다. 결국 우리에게는 시장을 정확히 읽고 과감한 투자를 이끌 수 있는 전략적 디벨로퍼의 역할이 필요합니다.

건설산업 내에서도 벤치마킹 대상은 얼마든지 있습니다. 과거에 해외 선진 건설기업을 조사할 기회가 있었습니다. 당시 분석한 벤치마킹 기업들의 성공 요인을 세 가지 정도로 요약할 수 있습니다. 먼저, 지식경영(Knowledge Management)이 활성화됐다는 점입니다. 단순 지식을 모아 공유하는 수준이 아니라 경험을 통해 얻은 지식들을 체계적으로 정리하여 활용하는 지식경영방식이 성공적인 사업 수행의 주요 키(Key)로 작용했습니다. 다음으로 연구개발(R&D)에 대한 투자를 들 수 있습니다. 외부와 교류가 없는 닫힌 혁신이 아니라 산 · 학이 협력하여 연구를 수행하고 그 성과를 공유하는 열린 혁신을 통하여 기초를 확실히 다질 수 있었습니다. 마지막으로 인재양성을 게을리하지 않았다는 점입니다. 예를 들면 벡텔(Bechtel)에서는 벡텔 유니버시티(Bechtel University)라는 웹사이트를 운영하면서 기업에서 요구하는 실무형 인재양성에 투자하고 있습니다. 바로 이런 점들이 우리가 타 산업, 경쟁기업으로부터 얻을 수 있는 교훈이라고 생각합니다.

4주제 : 생존과 성장을 위한 건설 수요 창출

김정호 교수

4 주제는 생존과 성장을 위한 건설 수요 창출 부분입니다. 지금 한국

건설이 겪고 있는 위기상황을 타개하기 위해서는 수요 창출에 집중할 필요가 있습니다. 그렇다면 건설산업이 재도약하기 위해 창출 가능한 수요에는 무엇이 있는지, 특히 외부환경 변화에 따라 발굴 가능한 미래 수요 분야에 대한 의견을 부탁드립니다.

박영신 부장

"건설업계, 이젠 선도적 수요 창출에 앞장서야 할 때…."

현재 한국건설업계의 구조적 문제를 제대로 이해하면 생존과 성장을 위한 수요 창출 방법을 찾을 수 있다고 생각합니다. 외환위기 이전 건설시장이 활황이었을 때 우리 건설업계는 그 규모가 급격히 팽창했습니다. 그런데 1997년 외환위기와 함께 중견 주택업체들은 약속이나 한 듯 사라졌습니다.

건설업계는 다른 업종보다 경기변동에 특히 취약합니다. 외부 환경 변화에 대한 면역력과 대응력이 길러지지 않았기 때문일 것입니다. 우리 건설업계가 경기변동에 강한 내실을 가지려면 지속가능한 '수요 창출 방법' 개발에 익숙해져야 합니다.

건설사들의 일감은 SOC, 항만, 플랜트, 에너지시설 등 국가 기간산업과 공공 · 민간 건축시장에서 만들어집니다. 국가 기간산업에 대한 시장은 매우 수동적입니다. 공공기관 등 공공 발주가 이루어져야만 만들어지는 시장이기 때문이죠. 건설업계가 자발적으로 일감을 창출하기가 쉽지 않다는 의미입니다. 하지만 민간건축시장은 수요 창출이 상대적으로 유리한 영역입니다. 주택시장의 경우 특히 능동적으로 일감 만들기가 수월합니다. 따라서 지금까지 건설업계의 시드머니(Seed Money) 역할을 톡톡히 해왔죠. 즉, 현금 유동성 확보에 큰 기여를 했다는 뜻입니다. 그러나 2008년 글로벌 금융위기 이후 경기 침체가 장기화되면서 주택시장도 악화일로를 걸어왔습니다. 중소형 건설업체는 물론 대형 건설업체들조차 어려움을 겪고 있습니다.

이런 상황을 감안해도 민간 주택시장은 여전히 국내 건설업계가 당분간은 의지할 수 있는 시장입니다. 물론 건설업계가 혁신적 변화의 노력을 한다는 전제가 깔려 있을 때만 가능합니다. 지금 주택시장은 과거처럼 짓기만 하면 팔리던 시장이 아닙니다. 따라서 건설업계는 민간 건축시장에 대한 접근방식을 완전히 바꿀 필요가 있습니다. 여태껏 수행해온 사업운영방식의 변화가 필요합니다. 한편으로는 수요자들의 니즈를 찾아 대응하고, 또 한편으로는 수요자를 이끌어가면서 수요를 창출하는 선도적 대안을 찾아야 합니다. 아파트로 대변되는 단순화된 국내 주택시장은 이런 차원에서에서 보면 오히려 대안 모색을 위한 좋은 시장일 수 있습니다. 주거형태의 다양화와 차별화에 주목하면 새로운 길을 찾을 수도 있기 때문입니다.

정수현 사장

"패러다임의 변화를 예측하여 선도적으로 대응하면 신규 수요 창출도 가능…."

국내 건설시장의 수요 창출과 관련하여 먼저 말씀드리겠습니다. 지금과 같이 국내시장이 저성장 국면으로 들어서면 산업의 패러다임 자체가 변해야 하는데 이 부분에 있어서 우리 업계의 대응이 늦은 측면이 있습니다. 그 원인은 눈앞의 실적만을 쫓는 기업들의 사업운영방식에 있습니다. 가장 중요한 것은 국내 건설시장의 패러다임의 변화를 얼마나 정확히 예측하고 선도적으로 대응할 수 있느냐 입니다. 단적으로 보자면, 건설업체만 건설업을 하는 것은 아닙니다. 필요에 따라 섬유업체나 조선

업체가 건설업을 할 수도 있는 것이죠. 그만큼 산업 간 영역이 모호해지고 있는 상황입니다. 따라서 타 산업, 기술과의 융합에 대해 시각을 넓힐 필요가 있습니다. 일부 기업에서는 이미 건설의 전(全) 생애주기에서 시공부분은 전문건설업체에 건네주고 그 이전단계인 엔지니어링과 디자인과 같은 고부가가치 측면에 집중하는 양상이 나타나고 있습니다. 이형위주가 아닌 실속위주의 사업구도를 유지한다면 국내시장에서 수요 창출은 충분히 가능하다고 봅니다.

해외 건설시장은 조금 다릅니다. 건설사업에 있어서 가장 중요한 것은 인력인데, 지금까지 우리는 충분히 준비되지 않은 상태에서 너무 많은 양의 공사를 수주하였습니다. 그러다 보니 수행과정에서 어려움도 겪었고 관리상의 문제도 있었습니다. 해외 인력이 양성되기 위해서는 일정기간의 시간이 필요한데 그 이전에 수주를 하게 되니 직원들의 역량이 따라가지 못하는 것이죠. 또한 해외사업의 프로젝트 파이낸싱(Project Financing)에 대한 국내 금융기관들의 소극적인 참여도 신규 수요 창출에 걸림돌이 되고 있습니다.

이현수 교수

"이제는 파이를 키우기보다는 새로운 파이를 만드는데 노력을 해야…."

수익성 있는 수요를 창출하기 위해서는 창의적인 수요 창출이 필요합니다. 벨류 체인(Value Chain) 확대가 하나의 방법이 될 수 있습니다. 가령 광산 프로젝트를 하나 수주함으로써 연관 프로젝트까지 패키지로 사업을 수행하게 되는 경우와 같이 프로젝트 수행의 범위를 확대할 수 있습니다. 그동안 건설업계는 너무 바이어스 마켓(Buyer's Market)에만 집중해왔습니다. 그러나 이제는 셀러스 마켓(Seller's Market)에 치중할 필요가 있습니다. 앞으로는 기존의 파이를 키우기보다는 새로운 파이를 만들어야 한다고 생각합니다. 창조는 파괴로부터 온다고 합니다. 조금만 옆으로 눈을 돌리면 신규 수요는 얼마든지 있습니다. 리모델링 사업과 같은 물리적인 시장을 비롯하여, 타 분야와의 융 · 복합 및 전략적 접근을 통한 보이지 않는 시장(Invisible Market)에서 수요 창출의 가능성을 찾을 수 있지 않을까 생각합니다.

김종훈 회장

"대규모 기업들의 공격적 개발사업 진출이 신규 수요를 창출할 수 있어…."

지난 5월 일본 스미즈(淸水)건설사와 업무 협약 체결을 위해 일본을 방문하였을 당시 일본 대형 건설사들의 낮은 순이익률(1~2%)을 보고 놀란 경험이 있습니다. 시공분야에서 차별화된 경쟁력을 갖고 있다고 자부하는 기업들조차도 낮은 수익성을 보이고 있었습니다. 반면, 개발사업 분야에서 많은 수익을 올리고 있는 미쓰비시사는 좋은 벤치마킹 사례였습니다. 미쓰비시사는 분양 중심의 개발사업 대신 임대(운영) 중심의 개발사업을 통해 높은 수익을 내고 있었습니다. 이는 앞으로 한국의 개발사업이 어떤 방향으로 나아가야 할지를 보여주는 좋은 사례라고 할 수 있습니다.

국내시장에서는 아직도 대형 업체들의 개발사업 진출이 매우 부족한 수준입니다. IMF 외환위기 당시 많은 기업들이 큰 손실을 겪으면서 개발사업에 대해 상대적으로 소극적인 전략을 펼친 탓입니다. 그러나 건설시장의 신규 수요 창출 측면에서 개발사업을 통한 수익 창출 방안은 고민해 볼 필요가 있습니다. 이를 위해 금융사들과의 협력을 통해 개발사업을 창조하는 비즈니스가 보다 많이 만들어져야 합니다. 건설시장을 제로

섬(Zero-Sum) 기반의 땅 따먹기 시장으로 바라보기보다는 융합을 통해 시너지가 가능한 플러스섬(Plus-Sum) 시장으로 대응하는 전략이 필요합니다.

이복남 연구위원

"민간 자본을 유입하기 위해서는 투자자의 이익을 보장해줘야…."

국내 건설시장에서 공공투자는 앞으로도 계속 감소할 전망입니다. 그렇다면 이를 대체할 민간자본시장이 형성되어야 합니다. 민간자본을 끌어들이기 위해서는 창의적이지 않으면 힘들다고 생각합니다. 민간자본을 유입하기 위한 이익 보장이 먼저 실현되어야 합니다. 공공재의 특성이 공공의 이익을 우선하는 것이라면 민간자본이 유입된 경우에는 투자자의 이익을 보장할 수 있도록 보호되어야 합니다. 결국 공공재에 투자하는 민간자본을 위해서 수요자가 부담을 하는 방향으로 변해야 한다고 봅니다. 수요자 부담 원칙을 국민들에게 설득하는 역할은 정부의 몫이라고 생각합니다.

5주제 : 한국 건설산업, 미래의 길

김정호 교수

마지막 주제는 한국 건설산업의 길을 묻는 부분으로, 지금까지 나왔던 많은 문제들에 대한 해결방안을 제시해 주시길 바랍니다. 건설 생태계를 새롭게 재창조하는 문제, 인력문제, 정책 및 제도의 개선문제 등을 포함하여 전문가 분들이 제시하는 한국 건설산업이 나아갈 길에 대한 의견을 들을 수 있을 것 같습니다.

이성우 교수

"건설 전문인력을 양성하기 위한 체계적인 시스템 마련해야…."

현재 한국 건설산업은 인력과 관련하여 두 가지 상반된 문제에 직면해 있습니다. 하나는 대학 졸업인력 과잉공급으로 인한 청년 실업과 구조조정 문제, 다른 하나는 전문인력 부족으로 인한 구인난입니다. 이 두 가지 문제는 분리하여 접근할 필요가 있습니다. 즉, 전문인력을 양성하는 전문교육기관이나 대학 졸업자를 대상으로 하는 기관을 만들어 기업이 요구하는 인력을 양성하고, 산업의 인력수요를 파악하여 대학 인력을 조정해야 합니다. 전문인력을 체계적으로 교육하기 위해서는 정부와 기업이 함께 힘을 모아야 합니다. 인력양성 과정을 전문적인 키 맨(Key Man)을 양성하는 과정과 일반 기능인력을 양성하는 과정으로 구분하여 각각의 분야에서 전문성을 키울 수 있도록 지원하는 것도 좋은 방법입니다. 정부에서는 국토교통부 혹은 여타 정부부처에 별도의 관리 부서를 신설하여 장기적인 측면에서 건설인력 양성을 위한 로드맵을 수립하고, 대학에서는 글로벌 인재 양성을 위한 제2, 제3 외국어에 대한 교육을 확대할 뿐만 아니라 우수 인력들이 타 분야로 유출되지 않도록 유인책을 마련하는 것이 필요합니다.

김한수 교수

"인재 양성을 위해 업계와 학계가 소통의 폭을 넓혀야…."

대학에서는 기업이 요구하는 인재상에 대해 항상 고민을 합니다. 그래서 가끔 업세 종사자들을 만나면 기업에서 요구하는 대학교육은 무엇인지 묻곤 합니다. 그러나 명쾌한 대답을 얻지 못할 때도 있습니다. 이는 대학과 기업 간에 니즈(Needs)에 대한 고민과 소통이 부족했다는 것을 의미합니다. 기업 내 직급별, 역량별 커리어 패스(Career Path)에 대해 업계와 학계가 함께 고민하며 적극적으로 소통할 필요가 있습니다.

김현 변호사

"건설산업의 투명성을 확보하는 노력이 필요…."

여전히 문제로 시적되고 있는 건설산업의 투명성 문제에 대해 이야기하고자 합니다. 건설산업은 과거 개발시대를 거치면서 급격한 성장에 따른 부작용으로 많은 부정적인 이미지를 만들게 되었습니다. 물론 최근 들어 많은 부분들이 개선되었다고는 하지만 여전히 건설산업은 투명성이 낮은 산업 중 하나라고 할 수 있습니다. 깨끗한 수주풍토 조성과 뇌물, 비자금이 없는 환경을 만들기 위한 산업 전체의 노력이 이어진다면 건설산업에 대한 대중의 이미지를 개선할 수 있을 것이라 생각합니다. 그리고 건설산업비전포럼이 그러한 역할을 담당할 수 있다고 생각합니다.

정수현 사장

"대중들이 갖고 있는 건설산업에 대한 이미지를 바꿔야…."

건설산업을 지나치게 부정부패한 산업으로 오해하고 있는 국민들의 시각을 바꿔야 합니다. 건설사업 내 비리로 인한 문제는 건설이 가지고 있는 순기능적 역할에 비하면 빙산의 일각이라고 생각합니다. 그러므로 언론의 협조를 받아 국민들의 건설산업에 대한 부정적인 시각을 줄이고, 건설산업의 이미지를 개선하는 노력이 필요합니다.

심옥진 원로회원

"해외건설 수행의 성과와 리스크를 파악할 수 있는 정보는 공유해야…."

최근 문제가 되고 있는 건설기업의 수익성 측면에서 이야기하겠습니다. 한국 기업들의 해외건설 실적과 관련해서는 해외건설협회에서 제공하고 있는 자료가 대부분인데, 이를 찾아보면 수익성에 대한 정확한 자료를 파악하기가 쉽지 않습니다. 각 기업의 재무제표를 살펴보아도 해외사업에 대한 성과를 파악하기 힘들며, 해외건설의 리스크를 파악할 수 있는 자료는 거의 없습니다. 대부분이 공개를 꺼리기 때문이라고 생각합니다. 해외건설시장에서 우리의 위치를 제대로 파악하기 위해서 각 기업의 해외건설에 대한 리스크 정보는 공개될 필요가 있다고 생각합니다.

김종훈 회장

"신규 수요에 대한 적극적 대응이 필요 … 글로벌 시장은 전략적 접근을 갖고 나가야…."

한국 건설산업이 나아갈 길과 관련하여 몇 가지 측면에서 이야기하겠습니다. 먼저 국내 건축시장의 수요 창출 측면에서 살펴보겠습니다. 현재 국내 주택시장은 매우 어려운 상황에 놓여 있습니다. 주택수요 자체가 많지 않다보니 투자심리도 위축되어 있습니다. 정부가 나서서 개선의 노력을 보이고 있으나 아직까지 가시적인 성과는 없는 것 같습니다. 이러한 때일수록 신규 수요에 대한 적극적인 대응이 중요합니다. 전력난 해결을 위한 에너지 절감형 건설, 에너지 절감형 리모델링 사업과 같은 경우에는 중소기업도 참여할 수 있는 사업 아이템이라고 생각합니다. 또한 인구 고령화에 대비한 실버주택, 도시형 생활주택, 그리고 도시재생과 같은 이슈는 외부환경의 변화에 따라 부상하고 있는 사업들입니다.

반면, 글로벌 건설시장에서는 세 가지 측면의 전략이 필요합니다. 인력에 대한 전략, 글로벌 경영전략, 그리고 운영의 글로벌 전략이 바로 그것입니다. 먼저, 해외사업수행을 위한 국내 전문인력 부족문제를 해결하기 위해 글로벌 인력을 활용하고 교육시키는 전략이 필요합니다. 우리 기업들이 진출해 있는 해외 현장에 가보면 외국인 현장소장을 찾아보기가 어렵습니다. 그러나 글로벌 선도기업에서는 인력에 제한을 두지 않습니다. 필요하다면 우수한 해외 인력을 적극적으로 확보할 필요가 있습니다. 다음으로, 전략의 글로벌화가 매우 중요합니다. 전략의 글로벌화를 위해서는 장기적인 전략을 수립하고 지역별 차별화된 집중전략을 펼칠 필요가 있습니다. 한국업체들은 수요가 있다고 생각하면 한 곳으로 몰리는 경향이 있습니다. 지금 우리의 해외사업이 플랜트 사업과 중동지역에 집중돼 있는 것처럼 말입니다. 따라서 각 국가별로 로컬라이제이션(Localization) 전략을 수립하여 대응할 필요가 있다고 봅니다. 끝으로, 운영의 글로벌화는 필수적이라고 말할 수 있습니다. 이를 위해 글로벌 발주방식에 맞는 시스템을 확보해야 합니다. 우리기업들이 가장 취약한 것이 바로 매니지먼트 능력입니다. 필요하다면 M&A를 통해서라도 부족한 부분을 보완할 필요가 있습니다.

결국 한국 건설산업이 생존하고 성장하기 위해서는 대기업의 역할이 중요함을 다시 한번 강조하고 싶습니다. 타 산업의 사례에서처럼 우리도 글로벌 챔피언 건설기업이 등장하여 관련 협력업체나 유관 산업이 동반성장할 수 있는 생태계가 구축되어야 합니다. 또한 기업의 사회적 사명, 즉 CSR 차원에서의 고용창출, 교육, 인력 양성 등에 대한 기업의 노력이 필요하다고 생각합니다.

이현수 교수

"건설산업에 대한 이미지 개선은 업계 내부에서 시작해야…."

얼마 전 건설기술자들을 대상으로 강연을 할 기회가 있었는데, 건설

경력이 20~30년 된 분들에게 자녀들의 전공이 무엇인지를 물어본 적이 있습니다. 이 중 5%도 채 안되는 분들만 건설분야 전공을 자녀들이 공부하고 있다고 대답했습니다. 결국 평생 건설분야에 몸 담았지만 자녀들에게는 그 길을 권하지 않은 것이죠. 이러한 현실을 보면서 건설산업이 지속가능하려면 무엇보다도 건설산업에 종사하고 있는 우리들의 마인드가 바뀌어야 한다고 생각했습니다. 건설산업에 대한 이미지 개선은 우리 내부에서부터 시작될 필요가 있습니다. 결국 건설산업에 대한 이미지 개선 노력은 우수한 인력 확보로 이어질 수 있다고 생각합니다.

또한 대기업과 중소기업의 상생협력에 대한 문제도 중요한 이슈입니다. 중소기업이 있어야 대기업도 살 수 있고, 산업 전체가 활성화될 수 있습니다. 이를 위해 대기업은 중소기업이 하나의 핵심기술이라도 보유하여 스스로 생존이 가능하도록 지원해야 합니다. 특히, 해외건설시장에서 경쟁우위를 갖기 위해서는 전략적으로 몇몇 중소기업을 세계적인 히든 챔피언(Hidden Champion)으로 성장시킬 필요가 있습니다.

왕효석 부회장

"글로벌 인재 양성을 위해서는 언어 능력이 우선 해결되어야⋯."

글로벌 인재 양성 측면에서 언어에 대한 교육은 매우 중요한 부분이라고 생각합니다. 영어로 회의를 진행하고, 영문 문서를 작성하여 커뮤니케이션을 할 수 있는 언어 능력을 갖추어야만 제대로된 비즈니스가 가능하다고 봅니다. 또한 지금의 대학교육은 각 분야의 제너럴리스트(Generalist)만을 만들고 있다는 생각이 듭니다. 그런데 정작 이 학생들이 회사에 들어오면 바로 실무에 투입될 수 없다는 것이 문제입니다. 기업차원의 교육도 물론 필요하지만 대학 교육에서 특화된 영역의 전문인력을 배출하는 데에도 관심을 가질 필요가 있습니다.

이복남 연구위원

"발주자 주권 확보, 산업의 자생력 구축, 인력시스템의 개선이 필요…."

한국 건설이 나아갈 길을 세 가지 측면에서 이야기하고자 합니다. 먼저, 건설산업의 발주자가 주권을 찾아야 합니다. 건설산업을 옳은 길로 리드하기 위한 역할과 책임을 확실히 할 필요가 있습니다. 둘째, 산업의 자생력을 키워야 합니다. 타 산업과 벤치마킹을 통해 차이점만을 보기보다는 우리 산업이 가져야 하는 자생력이 무엇인지를 배울 수 있어야 합니다. 마지막으로 인력에 대한 부분입니다. 벡텔(Bechtel)의 경우 전체 인력의 75%만이 사업에 투입되고 나머지 25%는 항상 교육 혹은 연구를 하도록 운영하고 있습니다. 반면 우리 기업들의 인력 가동률은 100%입니다. 우리 기업들의 인력 운영체계에 대한 진단이 필요합니다.

김정호 교수

"미래의 건설환경은 과거와는 전혀 다른 전략과 실행이 요구…."

'한국 건설산업의 생존전략'이라는 이슈를 가지고 크게 5가지 섹터로 구분하여 토론을 나누었습니다. 오늘 토론을 통해 나온 이야기는 크게 6가지 주제, 즉 건설산업 생태계 혁신, 기획형 · 가치형 건설수요 창출, 정책과 제도 개선, 고급 기술인력 양성, 건설 문화 쇄신, 건설업의 융 · 복합, 그리고 수요 창출로 정리될 수 있을 것 같습니다. 이 주제들에 대해 건설업계가 취할 수 있는 전략은 무엇인지에 대해 앞서 논의된 내용을 포함하여 의견을 정리해보고자 합니다.

첫 번째로 건설 주체들의 역할 분담이 필요합니다. 많은 분들이 지적하신 것처럼 중소업체, 대형업체들의 기능과 역할에 구분이 필요할 것 같습니다. 대형업체는 해외시장진출을 위한 리더 역할을 담당하고 중소업체는 역량강화에 힘써야 합니다. 두 번째로, 가격 경쟁력만을 갖추면 비교우위를 갖던 과거의 방식에서 기술 · 가격 · 품질 경쟁력을 확보하는 혁신으로의 변화가 필요합니다. 세 번째로, 글로벌 인재 양성을 위해 건설뿐만 아니라 금융, 경영 등 다양한 측면의 교육이 필요합니다. 네 번째로, 건설 금융의 선진화를 강조하고 싶습니다. 국제 금융시장의 각종 펀드를 통해 어떻게 우리 업계에 유리한 지원책을 마련할 수 있을지에 대한 검토가 필요합니다. 다섯 번째로, 정부의 창조경제 트렌드를 바탕으로 기술 융 · 복합, 플러스 섬(Plus-Sum) 시장 창출을 위한 전략이 마련되어야 합니다. 마지막으로 건설산업에 대한 이미지를 쇄신하고 신뢰를 회복하는 노력이 필요합니다.

오늘 논의된 내용 중 모두가 공감하고 있는 부분은 우리가 경험하고 있는 지금의 건설환경은 과거와는 전혀 다른 전략과 실행을 요구한다는 것입니다. 다시 말해 체질개선이 필요하다고 볼 수 있습니다. 그러한 측면에서 볼 때 오늘 논의된 내용들이 앞으로 한국 건설산업이 나아갈 방향을 제시하는데 조금이나마 일조할 수 있지 않을까 생각합니다.

PART

7

어떻게 길을 찾을 수 있나?

전문가 의견이 주는 시사점과 비전의 제시

글로벌 경쟁력 확보를 위한 전략

산업과 기업차원의 실천 계획(Action Plan)

정부차원의 실천 계획(Action Plan)

전문가 의견이 주는 시사점과 비전의 제시

이상에서 35명의 전문가들이 제시한 건설산업이 가야할 길을 살펴보았다. 건설산업이 직면한 현실에 대해서는 다소 비관적이지만 그간 쌓아온 경험과 노하우를 살리고, 약점을 극복한다면 새롭게 도약할 수 있다는 것이 공통된 의견이다. 중요한 것은 건설산업 내외부에 도사리고 있는 위협요인들을 어떻게 제거 · 완화하면서 글로벌화라는 새로운 기회를 살려 신 산업으로 재생 또는 회생시킬 수 있느냐 하는 것이다. 과거 일감이 많을 때는 거의 모든 업체들이 나눠 먹기 식으로 살아남을 수 있었지만 최근 건설투자가 줄어든 데다 최저가낙찰제, 불공정 행위에 대한 단속, 그리고 경제 민주화에 따른 중소업체나 지역업체에 대한 배려 의무 등이 겹치면서 건설시장 환경이 크게 변하고 위기감이 가중되고 있다는 느낌이 든다. 그러나 일감부족으로 느끼는 위기감은 일시적인 현상이기 때문에 보다 본질적으로 건설산업을 혁신하여 급격히 변화하는 국내외 시장에 대응하도록 만드는 노력이 필요하다.

돌이켜 보면 건설업계는 두 번의 금융위기를 겪으면서 '혁신과 개혁'

의 기회를 가졌었다. 그러나 제로섬(Zero-Sum) 논리 때문에 업체들은 제도개선에 대해 합의를 보지 못했고, 합의 본 사안에 대해서도 집행단계에서 각자 제 몫만 챙기느라 문제는 더욱 악화되었다. 부실업체의 시장퇴출도 누누이 거론되었으나 별 효과 없이 끝났다. 실력을 갖춘 업체가 입찰에서 탈락하거나 담합이 허용된다면 공정 경쟁도, 시장질서도 유지되기 어려울 것이다. 아직도 입 · 낙찰과정에서 기술력, 신용, 전문성 등 수행능력보다는 운이나 정치권의 입김이 작용한다면 이는 안타까운 일이 아닐 수 없다.

건설업계의 회생을 위해 전문가들이 제시한 방향은 크게 여섯 가지로 요약된다. 건설산업 생태계의 혁신과 구조조정이 필요하다는 점, 기획형 · 가치형 건설수요를 창출하고 글로벌 시장으로 지평을 넓혀야 한다는 점, 건설정책과 제도를 획기적으로 개선해야 한다는 점, 하드웨어 및 소프트웨어 양면에서 모두 고급 기술인력을 육성하고 확보해야 한다는 점, 부정적인 건설문화를 쇄신해야 한다는 점, 그리고 특히 선진화를 위해 융 · 복합 산업으로 디시 태어나야 한다는 점 등이다. 이러한 방향에서 건설인 모두가 합심하여 새로운 비전을 설정하고, 재창조 전략을 실천에 옮겨야 한다. 작금의 급변하는 상황에서는 위협요인도 많지만 기회요인 또한 많기 때문에 업계의 노력여하에 따라 향후 건설산업의 미래는 얼마든지 달라질 수 있다.

이렇게 볼 때 건설산업의 미래비전은 '글로벌 경쟁력의 확보'에 두는 것이 바람직하다는 생각이다. 경쟁력을 확보하려면 기술, 가격 그리고 품질 등에서 비교우위를 확보하고 신뢰를 기반으로 기업경영을 선진화하는 것이 중요하다. 경쟁력의 확보는 소비자에게 양질의 건설서비스를 보다 저렴하게 생산해준다는 의미도 있지만, 내수시장 축소에 대비하여 해외시장을 다변화하고 신 시장을 개척하기 위함도 있다. 한 마디로 전세계적으로 인정받는 일류산업, 일류기업으로 재조정(Reset) 또는 재탄생(Recreate)하여 글로벌 챔피언이 되겠다는 의지의 표현이다.

이러한 비전을 이루려면 건설업계는 획기적으로 변해야 한다. 우선 과거와 같이 토목, 건축 중심의 노동집약적 생산구조로는 더 이상 경쟁력이 없다는 판단이다. 따라서 도시개발, 에너지/자원개발 등 기획형 개발사업이나 고부가가치 기술집약적 사업에 본격적으로 진출해야 한다. 이를 위해서는 하드웨어 기술뿐만 아니라 사업 기획력, 기본설계, 타당성 조사 등 소프트 분야 기술에서도 국제 경쟁력을 갖춰야 한다. 다만 이러한 사업은 시장수요, 자금조달, 그리고 기술 등에서 상대적으로 위험요소가 많기 때문에 철저한 리스크 관리가 요구된다는 점을 강조하고 싶다. 또한 사업 자체가 복잡하고 다양한 기업들이 참여하기 때문에 전후방 공급사슬(SCM, Supply Chain Management)을 관리하는 데도 많은 노력이 필요할 것이다.

고부가가치의 대형 해외사업에 선도적으로 참여하려면 선진국 수준의 기술력을 갖춰야 한다. FEED(Front-End Engineering and Design)나 BIM(Building Information Modeling) 등을 통해 건축물의 성능을 파악하고 투자효과를 분석하여 발주자와 소비자를 만족시킬 수 있어야 한다. 지금까지는 이러한 시장을 미국이나 영국 등 선진국 업체들이 주도해왔다. 금융과 설계 및 엔지니어링 기술이 뒷받침되었기 때문이다. 앞으로 우리 업체가 고부가가치 해외시장을 공략하려면 금융과 설계 및 엔지니어링부문의 경쟁력 확보는 필수라는 생각이다.

국제경쟁력을 갖추려면 건설시장의 실질적인 개방 또한 되도록 빨리 이루어져야 한다. 글로벌화만이 우리 건설산업의 경쟁력을 향상시키고, 선진화를 앞당길 수 있을 것이기 때문이다. 국내 건설시장이 이미 개방되었다고는 하지만 아직까지 국내에서 외국 업체들의 이렇다할 활동이 거의 없는 것을 보면 개방된 시장이라고 볼 수는 없다. 앞으로는 비교적 신기술이나 첨단기술을 요하는 고가의 공공공사일 경우 국제입찰을 통해 업체를 선정하는 것이 바람직할 것이다. 그래야 개방을 실감할 수 있을 것이다. 우리 업체들이 해외에서 자유롭게 수주활동을 하려면 국내시장도 완전히 개방하여 외국 업체들도 우리 시장에서 자유롭게 참여할 수 있어야 한다.

선진 건설경영기법도 우리가 배워야 할 또 다른 과제라고 생각한다. 특히 강조되어야 할 것은 리스크 분석과 관리, 그리고 건설금융의 선진화이다. 대형 사업을 수주하기 위한 제안서 준비와 작성기술도 중요하다. 진출 대상국의 유관법률과 제도에 대한 이해가 전제되어야 하기 때문이다. 해외건설현장에서 활동하는 한국계 전문가, 특히 변호사, 회계사 그리고 컨설팅 엔지니어 등이 크게 부족하다고 한다. 영국이나 미국에서 훈련받은 외국변호사나 엔지니어를 고용한다고는 하지만 우리나라 법이나 관행을 숙지하지 못해 업계의 권익을 제대로 대변해 줄 수 있을 지 의문이다. 문화와 법률, 그리고 기술에 대한 인식이 다르기 때문이다. 그 때문에 우리 업체들이 해외에서 잘못된 계약 또는 불평등 계약으로 소송에 휘말리거나 금전적 손실을 보는 사례가 적지 않다고 한다. 따라서 업계와 변호사협회, 대형 회계법인 그리고 엔지니어링협회가 해외건설전문가를 다수 배출해 이에 대처해야 할 것이다. 정부도 세제혜택 등을 통해 업계를 도와야 한다.

앞으로 건설업계는 부동산 및 금융업계와 공동으로 새로운 개발수요를 만들어나가야 하기 때문에 기획형 사업에 대해 이해하는 것이 중요하다. 새로운 기획 상품을 개발하여 시장검증을 거치고, 성공 가능하다면 바로 출시할 수 있어야 한다. 이것이 바로 미래지향적 선도 기업들이 할 일이다. 1인당 국민소득이 3~4만 불에 이르는 선진국 진입 과정에서 민간주도로 다양하고 많은 대형 사업들이 기획되고 추진될 것으로 예상된다.

공익을 위한 사업조차도 앞으로는 대부분 민자나 PPP(Public Private Partnership)사업으로 추진될 가능성이 크다. 이러한 사업을 발굴하고 추진할 때에는 미래수요를 정확하게 예측하는 것이 자금동원이나 건설 못지않게 중요하다. 다양한 금융조건들을 면밀히 검토해 최적의 금융 패키지를 만드는 능력을 키워야 한다. 특히 기획형 해외사업을 추진할 때 다양한 지식과 분석능력을 갖춘 전문가들의 참여는 필수라고 생각된다.

건설업은 과거 압축 성장시대에 국가발전에 효자노릇을 했듯이 미래에도 그러한 역할을 이어나가야 한다. 1인당 국민소득 4만 불 시대를 위해 경제성장은 계속되어야 하기 때문이다. 국내건설시장은 외환위기 당시 내수 진작의 수단으로 활용되었고, 해외건설은 외화가득률을 높여 경제안정과 일자리 창출에 도움을 주었다. 그러나 경제환경이 바뀐 지금, 기존의 건설산업구조로는 국민의 기대에 부응하기 어려울 것이다. 관행과 구태에서 벗어나 재탄생 또는 재조정해야 대표산업으로서 회생가능하고 그래야 국민의 기대를 충족시킬 수 있을 것이다.

선진화와 관련해 강조할 부분은 거의 모든 산업이 그렇듯 건설에서도 업계를 리드해 갈 선도기업이 필요하다는 점이다. 앞으로 건설산업의 새탄생 여부는 이들의 노력에 달려있다. 중요한 것은 이들은 더 이상 패스트 팔로어(Fast Follower)가 아니라 새로운 시장을 개척하고 동료 기업을 이끌어 갈 퍼스트 무버(First Mover)가 되어야 한다는 점이다. 이러한 기업의 특징은 창조적 파괴를 통해 새로운 상품을 만들고 전 세계적으로 신 시장을 개척하는 데 있다. 이를 위해 기술과 경영에서 국제경쟁력을 확보하고 세계건설시장에서 고부가가치, 미래 지향적인 사업을 중심으로 업역을 확대해야 한다. 이들을 구심점으로 해서 다른 업체들도 횡적, 종적으로 공급사슬을 이뤄야 산업으로서 경쟁력을 확보할 수 있고, 중소업체들과의 상생기반도 만들 수 있을 것이다. 특히 이 같은 협력체제는 해외사업에서 더욱 빛을 볼 수 있을 것이다. 일감부족에 따른 작금의 국내 건설위기는 해외사업을 확대함으로써 새로운 돌파구를 찾을 수 있다. 따라서 선도기업은 시장을 창출할 뿐만 아니라 산업 자체를 이끌어 갈 수 있는 역량과 리더십을 발휘해야 한다.

글로벌 경쟁력 확보를 위한 전략

국제 경쟁력을 향상시키고 세계시장에서 영향력을 확대해 나가려면 가격과 품질 경쟁력도 중요하지만 보다 중요한 것이 기술 선진화와 상품의 고부가가치화이다. 가격과 품질 경쟁력은 기본이고, 여기에 국내외 시장에서 유효하게 활용할 수 있는 신기술, 그리고 이를 기반으로 만든 건설서비스 제품이 국내외 시장에서 새로운 수요를 창출할 수 있어야 한다. 그래야 고부가가치 시장을 선점할 수 있을 것이며, 고급 일자리를 많이 만들 수 있을 것이다. 즉, 글로벌 챔피언이 되어야 하는 것이다.

이를 위해 비전을 현실화하기 위한 5가지 전략과 업계와 정부의 실천계획(Action Plan)을 설정했다. 우선 건설산업 전반에 걸친 종합적인 5가지 전략부터 기술해보기로 한다.

글로벌 경쟁력 확보를 위한 첫 번째 전략은 업체 간 역할분담이다. 시장의 글로벌화와 상생을 전제로 한다면 선도업체, 대형업체와 중소업체, 또는 종합건설업체와 전문건설업체 간에는 기능이나 역할이 분명해야 한다. 특히 선도업체군은 해외시장 진출에서 리더 역할을 하면서 중소 협력업체들을 지원하고 이끌어갈 수 있도록 업무영역을 조정할 필요가 있다. 따라서 이들의 경쟁상대는 국내 업체보다는 외국의 유수 업체가 되어야 한다. 이를 위해서는 국제화, 글로벌화 체제로 경영전략이 바뀌어야 한다.

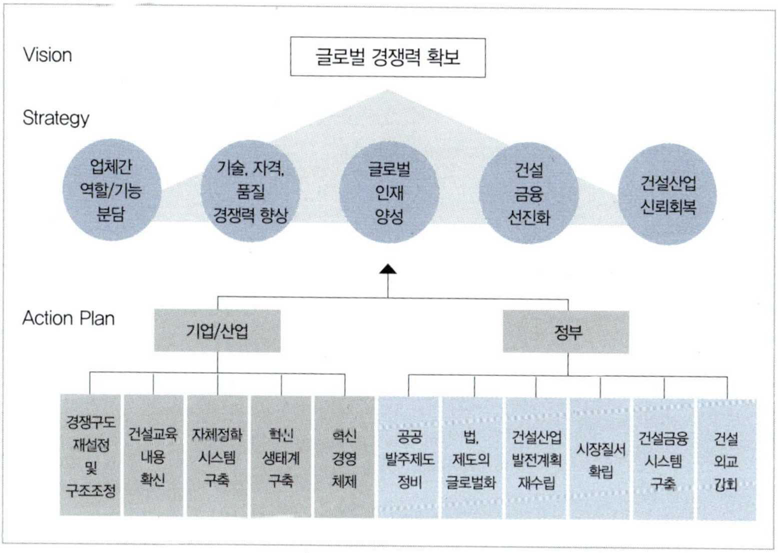

건설산업 재창조를 위한 기본 구조

해외진출 선도기업에서는 지역별로 전문화된 팀을 구축하여 토탈 솔루션(Total Solution) 능력을 확보해야 한다. 엔지니어링과 설계는 기본이고, 개발사업인 경우 기획–기본설계–시공–감리–운영관리에 이르는 전 과정을 사업 초기에 파악할 수 있는 시뮬레이션 능력도 갖춰야 한다. 이를 위해서는 설계와 엔지니어링, 그리고 시공 등으로 업역을 구분하고 있는 현행 제도의 변화가 필요하다. 대형업체는 엔지니어링과 시공기술은 물론 PM, CM 등 모든 사업관리 역량을 갖춰야 하기 때문이다.

한편 대기업의 협력업체인 전문건설업체는 특화된 기술과 함께 특정 분야의 전문성을 확실하게 확보해야 한다. 기술과 전문성의 차별화만이 이들이 살 길이기 때문이다. 대형 업체가 글로벌 스타가 되어야 한다면, 중견 기업은 기술력과 창의력을 바탕으로 글로벌 용역업체(설계 및 엔지니어링 컨설턴트 또는 CM)로, 그리고 중소 업체는 글로벌 전문 시공업체로 다시 태어나야 한다. 그래야 여러 업체들이 해외에 동반진출할 수 있고, 상호보완적으로 동반성장이 가능할 것이다. 여기에서 항상 강조되어야 할 것은 경쟁력과 기술력이다.

둘째, 기술/가격/품질 경쟁력을 동시에 확보해야 한다. 1980~1990년대 노동집약적, 시공 중심의 해외시장에서는 가격 경쟁력만 갖추면 비교우위를 견지할 수 있었다. 그러나 노임단가가 선진국 수준인 오늘날에는 품질, 특히 기술품질을 향상시키지 않고는 경쟁에서 이길 수 없다. 현재 우리 업계는 일종의 '넛크래커(Nut-Cracker)'와 같은 위치에 있다는 생각이 든다. 위로는 선진국 업체로부터 기술과 품질에서 밀리고, 아래로는 인건비나 자재비에서 비교우위인 중국이나 터키 같은 개발도상국의 후발업체들로부터 추격당하고 있기 때문이다.

이를 극복하는 방법은 신기술 개발로 공사단가를 낮춰 후발업체를 견제하는 동시에 신상품 개발과 신 시장 개척을 통해 선진 업체들을 밀어내는 것이다. 비록 소수의 업체들만이라도 선진 업체들과 가격과 품질면에서 비교우위를 가질 수 있다면 중소업체들이 해외사업에 참여하는데 큰 도움이 될 것이다. 비교우위를 확보하는 방법은 지속적인 연구개발을 통해 보다 새로운 기술과 장비를 개발해 공기를 줄이고, 단가를 낮추며, 품질은 향상시키는 것이다. 핵심은 원천기술 개발에 있다.

일단 가격과 품질에서 비교우위를 확보한 후 신상품 개발을 통해 시장을 확대해 나간다면 우리나라 건설업의 미래는 매우 밝을 수 있다. 신상품 개발 분야로는 앞에서 언급한 바와 같이 물 자원, 에너지, 녹색산업, 그리고 교통 SOC 등이다. 여기에 IT 등 첨단기술과의 융 · 복합 과정을 통해 스마트 기술이나, 자동화 기술에 기반한 새로운 소프트웨어와 건설상품을 개발한다면 선진국의 새로운 고부가가치 시장도 공략할 수 있을 것이다.

현재 상대적으로 낙후된 설계 및 엔지니어링과 같은 고부가가치 분야도 선진화해야 한다. 해외사업에서 우리 업체들은 기본설계나 엔지니어링 같이 사업의 핵심이 되는 분야를 선진국 업체들에게 내주고 있다. 앞으로 설계와 엔지니어링 컨설팅 분야를 집중 육성하지 않고는 우리 기술이 해외에서 뿌리내릴 수 없음은 물론, 시장 확대와 신 시장 개척도 쉽지 않을 것이다. 건설 선진화를 위해서는 그 무엇보다도 설계 및 엔지니어링업체의 기술수준을 세계적인 수준으로 격상시키고 국제적인 중견기업으로 키워야 한다. 그렇지 않으면 기술종속을 면치 못할 것이고, 건설산업의 글로벌화도 쉽지 않을 것이다.

세 번째 전략은 고급인력 특히, 글로벌 인재를 양성하는 일이다. 고급인력부족으로 해외시장에서의 수주기회가 줄어들고 있다고 한다. 더욱이 수주를 한다 해도 우리 인력의 활용률은 10% 이하로 매우 저조하다고 한다. 그 때문에 해외건설이 고용창출은 물론, 소득창출 및 외화가득률 면에서도 과거에 비해 기여도가 크게 떨어지고 있는 것이다. 기능인, 기술인, 엔지니어, 금융인, 경영전문가, 계약전문가 등 모든 분야의 인재가 필요하겠지만 우선은 기획, 기본설계, 현장관리, 고객관리, 자재 및 장비관리, 건설금융 등을 전문적으로 다룰 수 있는 중간관리자의 확보가 급선무일 것으로 생각된다.

유능한 인력을 확보하는 방법에는 여러 가지가 있다. 건설기술자의 경우 대학과 제휴해 필요한 인력을 공급받을 수도 있고, 자체 교육프로그램을 운영할 수도 있다. 그러나 배운 지식을 현장에 접목시키지 않으면 큰 도움이 되지 않는다. 다시 말해 교육 이상의 현장에서의 실무훈련과 재훈련이 필요한 것이다.

보다 중요한 것은 교육훈련을 받은 유능한 인재들이 본업에 충실하려면 급여나 승진 등에서 우대는 고사하고 차별을 받지 말아야 하고, 특히 보충교육을 통해 이들이 국제적으로도 공인된 자격증을 받을 수 있는 기회를 제공하여야 할 것이다. 이들이 국제적으로 인정받는 유능한 기술자가 된다면 건설산업도 함께 성장할 수 있다.

네 번째 전략은 건설 또는 개발금융의 선진화이다. 우리 업체들이 해외에서 시장을 확대하고 신 시장을 개척하는데 있어 건설금융 또는 개발금융의 확보는 필수이다. 전 세계적으로 많은 자금이 떠돌고 있다고는 하지만 우리 업체가 해외에서 금융을 조달하는 것은 아직까지 매우 어려운 상황이다. 일부에서는 국내에도 값싼 자금이 있는데 왜 외국의 비싼 금융자금을 이용해야 하는 지 의아하게 생각할 수도 있다. 개발금융의 유용성은 수주활동의 핵심이다. 문제는 금융이 패키지화돼 있어 계약상 특정 금융상품을 활용해야 할 경우가 많다는 점이다. 즉, 수주 조건으로 특정 금융기관의 상대적으로 불합리한 융자조건을 받아들여야 하는 것이다. 신용도가 낮거나 해외경험이 일천한 기업인 경우 금융조건이 당연히 불리할 수밖에 없다. 각종 해외펀드를 활용할 수도 있으나 리스크 관리에 실패하면 큰 손실을 감수해야 할 것이다. 결국 금융조건이 수주는 물론 수익성에도 큰 영향을 주게 된다. 따라서 우리나라 금융기관이 직접 참여하여 각종 금융서비스를 제공하는 것이 바람직하다.

국내에서도 앞으로 많은 업체들이 대형 개발사업에 참여하게 되면 중국의 건설은행과 같이 건설업무에 특화된 별도의 금융기관이 필요하다고 본다. 미국도 지난 2007년 인프라(건설)은행 설립을 위해 유관 법을 통과시켰으나 예산문제로 아직 현실화되지는 못했다(American Recovery and Investment Act에 의한 National Infrastructure Bank). 그러나 곧 현실화될 수 있을 것으로 보인다.

우리나라에는 외국과 같은 전형적인 개발은행(IB)이 존재하지 않는다. 건설은행(가칭)이 필요하다는 생각이다. 그러나 이는 많은 시간을 요할 수 있기 때문에 우선은 산업은행을 확대 개편하여 건설 기능을 포함시키는 방안을 검토해 볼 수 있을 것이다. 그렇게 되면 외국은행들과의 은행 간 협력 관계가 구축되어 금융조건이 우리 업체들에게 유리한 방향으로 개선될 수 있을 것이다.

다섯째 전략은 건설산업에 대한 신뢰를 회복하는 것이다. 기업이 가장 중시하는 것은 소비자와의 약속이고, 그 약속을 지킴으로써 신뢰를 얻게 된다. 기업의 이미지 쇄신에 있어 신뢰보다 중요한 브랜드는 없을 것이다. 신뢰를 등에 업은 기업은 시장에서 대우를 받고 지속적으로 성장한다. 한국 건설의 가장 큰 문제는 바로 신뢰를 잃고 있다는 점이다.

신뢰를 회복하려면 몇 가지 측면에서 변화가 필요하다. 우선 투명성을 강화하는 일이다. 건설 투명성은 1990년대 초부터 강조되어 왔고 이를 달성하기 위해 수차례에 걸쳐 제도적인 조치를 취한 바 있었으나, 국민의 눈에는 아직 갈 길이 먼 것처럼 보인다. 부정부패에 연루되는 이유도 투명성 부재에서 비롯된다. 건설업계는 각종 사회적 비리로부터 초연해야 한다. 업계 스스로 보다 강력한 정화노력이 필요한 시점이다. 입·낙찰 과정에서 정치권이 개입한다든가 연고권이나 로비가 판치게 되면 투명한 결정은 불가능할 것이다.

건설부실도 신뢰를 떨어뜨린다. 기능인력 부족문제와 함께 최저가낙찰제도에도 일말의 책임이 있을 것이다. 그러나 감리감독 때문이라면 업계 스스로도 깊이 반성해야 한다. 하자와 부실은 업계에 대한 이미지를 악화시킴은 물론 건축물의 수명을 단축시키고 국민 불안을 가져오는 등 사회적 비용을 초래한다. 적은 비용으로 최고의 품질을 확보할 수 있는 기술 개발도 필요하지만 장인정신을 각인시키고 의식을 개선하는 작업이 선행되어야 한다.

건설인들이 자선활동 및 홍보활동에 비교적 인색한 것도 신뢰를 얻지 못한 이유 중 하나로 볼 수 있다. 특히 타 산업에 비해 건설산업은 기업의 사회적 책임(CSR, Corporate Social Responsibility)활동이 저조한 편이다. 한 때 일부 주택사업자들이 노인을 위해 주택 개·보수지원 행사를 했는데 좋은 반응을 얻었던 것으로 기억한다. 혜택의 대상을 노인뿐만 아니라 장애인, 영유아를 가진 저소득층 가정 등으로 확대한다면 이미지 개선에 많은 도움이 될 것이다. 이러한 활동은 또한 유능한 젊은이들을 건설 친화적인 태도로 바꿀 수 있는 계기가 될 수 있을 것이다.

산업과 기업차원의 실천 계획(Action Plan)

그렇다면 이상에서 언급한 다섯 가지 전략을 추진하려면 어떤 실천 계획(Action Plan)이 필요할지 산업과 기업차원에서 먼저 살펴보기로 하자.

첫째, 기술 경쟁력을 확보하고 과감한 구조조정을 추진해야 한다. 기술 및 가격 경쟁력을 제고하려면 국내 건설시장의 경쟁구도를 새로 짜고, 각종 제도나 법률도 새 경쟁구도를 강화하는 방향으로 점진적으로 정비되어야 한다. 건설에서는 비용도 중요하지만 기술과 품질이 한 차원 높은 가치라는 사실을 인식하여 이 두 가지 항목이 모든 평가에서 가장 중시되는 방향으로 평가체제를 개선해야 할 것이다. 흔히 명품이라고 하면 가격보다는 품질, 디자인, 명성 그리고 전통에서 그 가치가 평가되는 이치와 유사하다. 그렇다면 건설에서도 명품 개념이 도입될 필요가 있는 것이다.

건설은 서비스를 생산하는 활동이다. 서비스에서는 성능이 무엇보다도 중요하다. 따라서 품질은 결국 성능, 내구성, 편의성, 실용성, 창의성과 예술성 등에 의해 평가될 수 있다. 시공에 관련된 하드웨어와 소프트웨어기술도 중요한 평가항목이다. 진취적이고 미래지향적인 기업이라면 새로운 기술을 끊임없이 개발하여 현장에 적용하는 데 많은 노력을 기울일 것이다. 이는 단순히 정부 발주공사 수주 시 가점을 받기 위해서라기보다는 생산성을 높이고 품질을 고급화하기 위함이다. 품질의 고급화만이 글로벌 시장에서 생존 가능성을 확인시켜주게 될 것이다.

평가시스템은 정부가 아닌 업계가 주도해서 만들고 운영해야 한다. 그래야만 국내외 기술시장의 변화를 수시로 반영하여 건설기술 수준을 전반적으로 향상시킬 수 있기 때문이다. 우리나라의 설계 및 엔지니어링 기술이 글로벌 시장에서 대접받지 못하는 이유가 작품성이나 예술성에서 뒤쳐지는 것도 있겠지만, 이 보다는 변화에 둔감하기 때문이라고 생각한다. 즉, 과거에 축적된 기술에만 의존하다보면 보다 창의적이고 때로는 과감하며, 미래지향적인 기술을 수용하지 못하게 되는 것이다.

모든 기술이 그렇듯 건설기술도 끊이없이 진화한다. 산업활동과 생활환경은 물론 가치관과 의식이 변하고, 특히 타 산업이나 국민(발주자와 소비자)이 요구하는 건축물에 대한 기대와 요구사항이 달라지기 때문이다. 소비자의 눈높이도 소득이 향상되면서 많이 변한다. 건설기술은 이를 반영해야 생명력을 가질 수 있다.

강조하건대 기술개발에서도 선도기업과 대기업의 역할이 중요하다. 이들은 국내외 대형 사업들을 통해 어떤 기술이 필요한 지를 잘 알고 있으며, 일단 개발이 되면 그 성능을 검증할 수 있고, 나아가서는 범용기술 개발에도 큰 도움이 될 수 있다. 검증된 기술은 지적재산권의 보호를 받기 때문에 사용료 수입도 기대할 수 있을 것이다. 그러나 기술개발에는 많은 시간과 비용이 따른다. 따라서 해외시장에 진출할 때는 필요한 기술을 갖춘 기업과의 M&A를 통해 해결하는 것도 바람직할 것이다. 단, 범용기술이라면 정부의 연구개발지원을 받아 개발해야 한다. 외부효과가 크기 때문이기도 하지만 그래야 개발된 기술을 보다 많은 기업들이 활용할 수 있기 때문이다. 첨단산업은 오픈 이노베이션(Open Innovation)을 통해 비용 효과적으로 기술문제를 해결하는 것이 세계적인 추세다. 자체 기술만 고집하기보다는 갖고 있는 기술을 공개하여 타 기술과 융합함으로써 보다 나은 기술로 진화할 수 있기 때문이다. 기술발전의 승수효과를 이해한다면 건설업계에서도 이와 같은 기술 공유의 노력이 필요하다.

건설산업이 앞으로 이러한 방향으로 진화하게 된다면 경쟁구조는 물론 산업구조도 자연적으로 재조정 또는 재편될 것이다. 그렇게 되면 지금과 같이 건설업의 구조를 종합건설업체와 25개의 전문건설업체로 구분하는 것은 큰 의미가 없게 된다. 더욱이 세계적 추세에 역행하는 겸업금지제도는 가장 먼저 사라져야 할 규제이다. 차제에 부처별로 산재해 있는 설계와 엔지니어링 관련법도 단일 부처로 통합해야 하고, 전기공사나 정보통신공사도 국가계약법에서 규정하는 분리발주 의무규정을 없애는 것이 바람직할 것이다. 즉, 앞으로의 경쟁구도는 전문 업체인 경우 기술과 전문성, 그리고 대형 업체인 경우 통합성과 종합성 등을 중심으로 시장에서 재편되어야 한다. 시장의 흐름과 경쟁논리에 의해 산업이 흘러가도록 하는 것이 바람직할 것이다.

기술 경쟁력에 기초해 제도개선을 해야 하는 또 다른 이유는 부실하거나 기술 경쟁력이 없는 업체를 시장에서 영구 퇴출시키는 데에 있다. 즉, 구조 재편을 통해 자연스럽게 구조조정이 이뤄지도록 만드는 것이다. 현재 우리 업계에는 종합건설업체 11,500개 사와 전문긴설업체 약 6

만여 개 사가 존재한다. 총 수주액은 2010년 128조 원에서 2011년 101조 원으로 16%나 줄었지만 업체 수는 별로 줄어들지 않았다. 구조조정이 필요함을 시사하는 부분이다.

기술인증제도의 개선도 필요하다. 기간만 채우면 자동적으로 인증을 받는 방식이 아니라 기술 수준, 교육 및 훈련, 현장경험, 그리고 현장에서의 기술적 기여도 등을 다면적이고 실증적으로 평가할 수 있는 제도로 개편되어야 한다. 물론 새로운 기술을 개발하고 그 우수성이 현장에서 입증되면 우대받아야 한다는 점도 강조되어야 할 것이다. 현재 기술사 제도는 너무 형식적이라는 느낌이 든다. 한때 현장 경험이 없는 행정직 공무원도 서류만으로 기술사 자격증을 받았다고 한다. 더 큰 문제는 이러한 불량 자격증을 제3자에게 대여해 임대수입까지도 올릴 수 있다고 한다. '건설업은 전문성이 필요 없는, 누구나 할 수 있는 사업'이라는 인식을 심어주게 된 것이다. 이 또한 건설업을 부정적인 시각에서 보게 된 원인으로 작용했다.

우리 기술자가 해외건설 현장에서 인정받으려면 인증제도가 국제적으로 공인받아야 한다. 따라서 인증제도도 국제표준을 따르는 것이 바람직하다. 자격심사기준도 국제기준을 따라야 하며 특히 해외파견 기술자인 경우 영어로 된 기술용어에 익숙한 지에 대한 평가가 이루어져야 한다. 자격증 제도가 중요한 이유는 인증을 통해 고도의 기술자를 육성·확보하는 데에도 있지만, 자격기준 자체가 새로운 인재를 양성하는 지침이나 가이드라인이 될 수 있다는 점도 크다. 내재 가치를 인정받지 못하는 자격증은 무의미하다.

둘째, 건설관련 교육내용을 획기적으로 개선해야 한다. 건설업은 다양한 인재와 인적자원을 필요로 한다. 고급 관리자도 많이 필요하지만 엔지니어나 설계사, 각종 기술자, 다양한 유형의 기능인력 등이 보다 많이 필요하다. 건설의 품질은 이들의 머리와 손끝에서 만들어진다. 고도의 전문성과 기술을 갖춘 인재가 필요한 이유이다.

전문가들의 의견을 종합해보면 현재 국내 대학교과과정의 전면 수정은 불가피해 보인다. 건설업계 실무자들도 대학에서 정규교육을 받은 직원에 대한 아쉬움을 토로한다. 현장에서 활용 가능한 기술과 지식을 습득하지 못해 채용 후에도 수년 동안 별도의 교육훈련을 받아야 한다는 것이다. 재교육에 드는 기회비용만도 직원 1년 치 급여보다도 많다고 한다. 더욱 안타까운 현실은 쓸만한 수준으로 훈련시켜놔 외부로 유출되는 인력의 비율이 높다는 것이다. 인재관리가 쉽지 않은 상황이다. 건설 분야 전문인력의 양성은 앞으로 건설산업의 미래를 좌우할 매우 중요한 사안임에도 불구하고 정책적으로 경미하게 다루는 것 같아 아쉽다.

우리나라의 거의 모든 4년제 대학에는 토목 및 건축학과가 있다. 한 해에 배출되는 졸업생 수만 해도 상당수에 이른다. 그러나 교육내용은 현장과 너무도 괴리되어 있다. 현장 실습기회도 적은데다가 아직도 과거 1960~70년대의 낡은 이론을 배우고 있다. 결국 이러한 환경에서 배출된 인력에게서 생산성을 기대하는 것은 무리일 것이다. 건설업계와 대학 간 긴밀한 소통과 협조가 필요한 대목이다.

특히 해외건설현장에서 불만이 많다고 한다. 기술은 물론 매너나 태도, 그리고 외국어 구사능력 등 모든 면에서 기본이 안되어 있다는 것이다. 그 결과 사업규모는 커지지만 내국인 고용률은 계속 하락하고 있다. 물론 피고용인 입장에서도 할 말은 있다. 해외 현장 근무환경이 너무 열악하고, 임금 수준도 낮아 기피한다는 것이다. 해외 근무에 따른 위험수당이나 병역면제 또는 세제혜택 등의 프리미엄도 모두 사라졌다고 한다.

그럼에도 불구하고 관련학과는 많은 졸업생들을 배출하고 있다. 인력의 양적, 질적 미스매치(Mismatch) 문제가 심각해진 것이다.

대학은 건설업계와 협의하여 복수전공과정을 개설하고, 입학 초기부터 인접 학문 분야를 필수과목에 포함시켜 학생들이 비교적 장기간에 걸쳐 집중적으로 훈련을 받을 수 있는 방안을 검토해야 할 것이다. 더 나아가 인턴 교육 프로그램을 확대해 현장 감각을 갖도록 한다면 큰 도움이 될 것이다. 인력수요가 비교적 많은 대기업이나 선도기업의 경우 특정 대학과 업무협정을 맺어 일정 수준의 기술력과 인성을 갖춘 기술 인력을 공급받는 것도 바람직하다. 일종의 맞춤형 인재개발을 촉진할 필요가 있다.

과거에는 몇 개의 대형업체에서 훈련받은 건설 전문가들이 다른 업체로 확산되면서 건설산업발전에 기여한 바가 크다. 기업이 기술사관학교의 역할을 했기 때문이다. 지금도 선도업체나 대기업은 자체 교육훈련 시스템을 갖고 있고, 필요하다면 시설을 증설해 이 같은 기능을 이어갈 수 있을 것이다.

재교육을 실시할 경우 현장경험이 많은 실무자 중심으로 강사진을 구성하는 것도 성공확률을 높일 수 있는 방법이다. 그러나 이론적 바탕 없는 실무교육은 피교육자 입장에서는 커리어 개발에 도움이 안 될 수 있다. 따라서 기초이론이나 기초지식을 갖춘 인재를 중심으로 재교육을 실시해야 전문성 확보에 도움이 되고, 생산성에도 기여할 수 있을 것이다.

기능인력 부족 문제 역시 심각하다고 한다. 지금과 같이 전적으로 외국인 노동자에게 의존하는 데에도 한계가 있다. 특히 앞으로는 첨단 장비와 기술의 도입으로 기능인력도 상당 수준의 전문성과 지식이 요구될 것으로 예상된다. 따라서 기능인력에 대한 정규교육과 함께 기술교육을 받도록 하는 것이 바람직하다. 2년제 전문대학이나 마이스터고와 같은 특수 고등학교를 활용하는 방안을 검토해 볼만하다.

셋째, 건설업의 이미지 쇄신을 위해 자체정화시스템을 구축하는 일이다. 건설상품의 질이 지속적으로 향상되고, 각종 하자나 부실/붕괴 문제가 사라지며 특히 검은 돈과 관련된 부정부패의 연결고리를 차단하게 된다면 분명 건설업에 대한 이미지도 크게 개선될 것이다. 이와 관련해서는 정부, 공기업, 지자체 그리고 특히 정치권의 도움이 절대적으로 필요하다. 이러한 기관 모두가 건설관련 부정부패의 먹이사슬에서 자유롭지 못하기 때문이다.

이제 건설업을 부패의 먹이사슬에서 완전히 해방시켜야 한다. 건설인들도 수주와 계약상의 문제가 발생했을 때 더 이상 정치권이나 고위관료들에게 의존해서는 안 된다. 이번에 국회를 통과한 '김영란법'이 건설업계에도 제대로 작동해 부정부패의 소지를 없애는 단초를 제공했으면 한다. 모든 건설관련 행위가 투명하게 이뤄지면 부정부패는 줄어든다.

건설산업의 부정부패가 주기적인 감사와 세무조사 등을 동원해야만 해결된다면 우리나라도 후진국과 다를 바 없다. 건설인들 스스로의 노력 없이는 성공하기 힘들다. 의지와 결단이 중요하다. 실력, 기술, 경험과 실적(Track Records), 가격, 명성 그리고 특히 신용을 중심으로 평가받아야 한다는 믿음이 건설인들 사이에서 확산되어야 한다. 정치권이나 고위 공무원과의 관계 등을 내세울 경우 입·낙찰 과정에서 완전 배제하거나 오히려 부정적으로 평가받아야 한다. 하자가 발생하거나 부정부패에 연루된 기업주는 징계를 받아야 하고, 정도가 심하면 업계에서 영구

퇴출되어야 한다. 현재 등록되어 있는 업체들에 대해서도 제3의 객관적인 평가기관이 계약 및 시공능력, 기술수준, 업무수행능력, 도덕성, 수주 및 공사실적, 신용도, 발주자의 만족도 등을 중심으로 주기적으로 평가해 그 결과를 투명하게 공개해야 한다. 이러한 평가는 병원이나 대학, 그리고 금융기관 등 이미 여러 분야에서 이뤄지고 있다. 중요한 것은 이러한 평가기관이 관이 아니라 시민단체인 경우 그 효과가 훨씬 크다는 점이다. 시민의 알권리도 차원에서 매우 중요한 부분이다.

공무원과 건설사 간 밀착 관계도 시정되어야 한다. 임기 중 특정 건설사에 특혜를 주고, 공무원 신분에서 벗어나면 건설사 임원으로 채용되는 관행도 없어져야 한다. 이는 부패사슬로 이어질 수 있기 때문이다. 이들 중 일부는 해외건설에 대한 지식이 별로 없는데도 불구하고 해외건설 사업에 참여하기도 한다. 계약에 참여한 적도 없고, 기술적 감각도 부족하며 특히 건설금융에 대해서도 문외한인 데도 업주는 공무원들과의 연결고리를 이용하기 위해 이들을 전면에 내세우는 경우가 많다. 그러나 이는 오히려 역효과만 초래할 뿐이다. 이제 건설인들도 정치권과 공무원에 대해 떳떳해야 한다.

부정부패와 관련한 문제 중 중요한 이슈는 '누가 고양이 목에 방울을 달 것인가' 하는 것이다. 지금까지는 업계의 자발적이고 집단적인 노력과 정부의 강력한 법 집행에 기대를 걸었으나 모두 실패한 것으로 평가된다. 정치권은 더욱 믿기 어렵다. 사법부 역시 큰 도움이 못 되어 왔다. 따라서 건설업계가 자체 정화시스템을 개발해 자정능력을 키워야 한다. 순간을 모면하기 위한 형식적인 캠페인만으로는 더 이상 소비자나 국민을 설득할 수 없다. 각종 협회를 중심으로 우선적으로 자체정화조직과 함께 규율을 만들고, 회원사들은 진정성을 갖고 이를 적극 지켜야 할 것이다.

이미지 쇄신을 위해 언론매체를 통한 홍보활동에 보다 적극적일 필요가 있다. 건설업체들이 그간 이뤄놓은 업적을 알리고, 현재 환골탈퇴를 위해 170만 건설인 모두가 노력하고 있다는 점을 부각시켜야 한다. 각종 SOC시설과 주택을 대량 공급해 국민의 삶의 질을 개선했음은 물론, 기업하기 좋은 환경을 만들고 산업발전에도 크게 공헌했다는 점도 강조할 필요가 있다. 지역발전도 업계가 건설한 인프라 때문에 가능했다는 점을 내세울 수 있는 것이다.

끝으로 CSR활동과 같은 대민 지원사업도 보다 적극적으로 추진해야 한다. 이러한 활동은 단일 기업을 중심으로 추진하는 것보다는 지역, 또는 업역 단위로 통합적이고 상호 보완적으로 추진하는 것이 보다 큰 효과를 가져올 수 있을 것이다. 건설인들은 사회적 약자를 도와주는 것이 사회복지수준을 향상시키고, 나아가서는 사회발전에도 기여한다는 점을 인식해야 한다,

넷째, 혁신 생태계를 조성하고 창조산업으로 진화 또는 승화시켜야 한다. 향후 신규 일자리는 건설기술을 녹색, 스마트, 또는 자동화 기술에 접목해 만들어질 것으로 예상된다. 물론 문화, 건강, 레저 등 타 산업과의 융합이나 복합도 가능하다. 이 중에서 녹색기술은 향후 건설산업은 물론 미래시장을 선도할 필수 기술로서 성장가능성이 높은 분야라고 할 수 있다. 지금까지 국내외에서는 탄소저감기술을 비롯하여 태양열, 지열, 태양광, 풍력, 조력 등을 활용한 신재생 에너지기술을 보다 저렴하게 개발하기 위해 많은 노력을 기울여왔다. 녹색화는 또한 주택(Green 또는 Passive Housing)에서부터 오피스(Green Office), 상점, 공장 등 모든 빌딩에 이르기까지 전 영역으로 확대되어 왔다. 머지 안아 녹색도시의 출

현도 가능할 것이다. 각종 교통수단(Green Transportation)에 대한 녹색화도 이미 많이 진행되었다. 기후변화에 따른 지구 온난화가 심화될수록 녹색시장은 계속 증가할 것으로 예상된다.

앞으로 건설업이 국내외 시장 모두에서 업역을 확장하려면 신기술과 신상품 개발이 매우 중요하다. 이를 위해서는 미래가치를 창출하는 기술을 중심으로 산업 생태계를 조성해야 한다. 그러려면 '창조기업' 수준의 정부지원이 반드시 필요할 것이다. 신기술이나 원천기술은 물론 신상품 개발은 불확실성과 위험부담이 크지만, 일단 성공하면 투자에 대한 수익률(ROI)도 크기 때문에 모험사업으로 볼 수도 있다. 실패확률을 낮추기 위해 시뮬레이션과 시장검증과정을 거치겠지만, 성공하더라도 요즘같이 상품이나 기술의 생애주기가 짧은 시대에는 투자회수가 어려울 수도 있다. 따라서 과거 정부가 조선이나 자동차 등 글로벌 챔피언 산업들에게 했던 것처럼 리스크의 일부를 정부가 부담하는 것도 필요하다. 그래야 건설산업에서도 기술개발이 보다 원활히 이루어질 수 있을 것이기 때문이다.

신기술과 신상품 개발은 그 특성상 단일 기업이 독자적으로 추진하는 데에는 한계가 있다. 특히 스마트와 자동화 기술, 녹색기술, 그리고 문화, 농산물 또는 웰빙/힐링/의료 시장에 진출하려면 유관 기업들과 기술제휴를 하거나 융 · 복합 연구개발을 추진해 새 상품을 개발해야 한다. 즉, 산업 간 상호협조체제가 구축되어야 한다.

또한 구글이나 애플의 성공사례에서처럼 새 상품이나 기술을 시장에 출시하기 위해서는 '모험자본'을 활용해야 하는 데, 우리나라의 경우 아직은 준비되지 않은 상태다. 창조산업을 육성하기 위해서는 이와 같은 자본이 많이 구축되어야 하며 정부는 기금(Funds)을 조성해 적절히 대처할 필요가 있다. 새로운 건설관련 기술이나 상품개발도 그 창조성이 인정되면 지원대상에 포함되어야 마땅하다. 따라서 건설산업을 창조산업으로 승화시키려는 노력이 필요한 것이다. 모험기업을 위해 엔젤투자가 존재하듯 건설업을 일류 산업으로 재창조하려면 모험자본이 필요하다. 그래야 건설산업에도 혁신 생태계가 만들어지고, 요즘 회자되고 있는 소위 오픈 이노베이션이 가능해질 것이기 때문이다. 이러한 생태계에서는 모든 건설기업들이 그 편익을 공유하거나 나누게 될 것이다. 신상품이나 신기술은 특허 형태의 지적재산권으로 시장에서 거래될 수도 있을 것이다.

시장성 검증은 미래지향적인 혜안이 요구되는 사안이다. 기술이나 신상품이 앞으로 얼마동안, 어느 정도의 가치를 만들어 낼 것인지를 추정해 현재가치를 파악해야 하기 때문이다. 문제는 이러한 상품이나 기술을 출시하는 데 따르는 비용과 예상되는 수익을 비교 평가할 수 있는가 하는 것이다. 벤처 세계에서와 마찬가지로 개발될 상품의 상품성을 담보로 자금을 지원해 주는 형태가 바람직하기 때문이다. 만일 전통적인 방법으로 모회사의 신용이나 담보를 통해 대출을 받는 형태라면 건설회사는 물론 제휴대상 비 건설회사 조차도 신상품 개발을 시도하지 않을 것이다.

녹색화와 기후변화는 우리에게는 이미 익숙한 개념이다. 우리는 지난해에 녹색기후기금(GCF)을 유치한 바 있다. 이 기관과 함께 글로벌녹색성장기구(GGGI, Global Green Growth Institute)와 녹색기술센터(GTC, Green Technology Center) 등이 들어서게 되면 우리나라는 녹색전략의 핵심국가로 부상하게 될 것이다. 일자리 창출은 물론 MICE(Meeting Incentives Convention Exhibition)관련 서비스 산업에도 기여하는 바가 클 것이다. 또한 수 천억 원의 기금을 운영하게 되면 금융산업 발전에도 기여할 것이다. 더욱이 GTC가 들어서면 녹색건설기술을 개발하는 계기가 마련될 수 있을 것으로 기대된다.

융 · 복합이 가능한 또 다른 분야는 문화와 농산물이다. 문화산업은 한류 덕분에 그동안 많이 성장했다. 그러나 아직도 산업으로서의 위상을 정립한 단계는 아닌 것 같다. 아직은 문화욕구나 수요가 그리 크지 않기 때문이다. 그러나 최근들어 문화상품에 대한 대중의 인식과 관심이 증가하고 있는 추세여서 이러한 경험을 바탕으로 문화산업을 수출산업으로 키운다면 건설업과의 접목이 가능할 것이다. 공연장이나 문화마을을 짓거나, 오페라 하우스나 미술관 등을 기획 · 설계하고 건설하는 데 우리 기업이 참여할 수 있는 기회가 많을 것이다.

건설업은 농업혁명에도 동참할 수 있을 것이다. 수직 농장(Vertical Farming)은 미국과 일본에서는 빠르게 성장하고 있는 산업이다. 도시에 빌딩을 지어 식료품을 재배하고, 이를 신속히 배달해(Just-In-Time) 소비자들이 신선한 야채나 과일을 즐길 수 있도록 하는 사업이다. 도시형 채소공장은 엄청난 부가가치를 창출하고 있다. 일본이나 미국에서는 초기에 많은 설비투자가 요구되기 때문에 대기업들이 이러한 사업을 주도하고 있다. 미국의 몬산토(Monsanto)나 듀폰(Dupont), 그리고 일본의 미쓰비시 등이 도시농업에 진출해 성공했다. 도시농업은 앞으로 인류의 식량문제해결은 물론 도시 토지의 효율적인 이용에도 기여할 것이다. 자연재배와 달리 연간 수십 모작과 대량생산이 가능하기 때문이다.

그밖에도 제약회사나 병 · 의원 등과 제휴하거나 BT기술을 접목하여 새로운 유기농 약재를 재배할 수도 있을 것이다. 노인이나 장애인 등 특별한 케어가 필요한 사람들을 보다 편안하게 수용할 수 있는 시설도 의료계와 제휴함으로써 현실화시킬 수 있을 것이다.

중요한 것은 이 모든 아이디어가 일부라도 현실화되려면 기술개발이 선행되어야 하고, 상품으로 출시되어야 한다는 것이다. 이를 위해서는, 특히 위험부담이 크기 때문에, 많은 모험자본이 필요하다. 앞으로는 창조산업이나 창조기업을 지원하기 위해 대규모 모험자본이 동원될 것으로 기대된다. 그렇다면 새로 개발될 건설기술이나 건설상품도 창조제품으로 인정받아 모험자본의 투자혜택을 받을 수 있도록 해야 할 것이다. 이는 건설산업을 선진화하고 재창조하기 위해서 반드시 필요한 조치인 것이다. 즉, 건설업계도 새로운 기술과 상품을 개발하려면 혁신 생태계가 필요하고, 장기적으로는 이를 기반으로 하여 건설산업을 창조산업으로 승화시켜야 한다.

다섯째, 건설경영의 혁신을 촉구한다. 건설기업 입장에서 볼 때 기술의 융 · 복합이나 타 산업과의 제휴를 위해서는 가치경영과 혁신경영이 필요할 것으로 생각된다. 특히 변화를 수용하고 미래지향적으로 기업을 경영하려면 CEO의 덕목과 안목이 매우 중요한 자산이 될 것이다. 현재는 대부분의 CEO가 건축이나 토목 기술자이거나 경영학 전공자이지만, 융 · 복합이나 제휴산업으로 성공하기 위해서는 인문학이나 예술 또는 의료인들을 CEO로 영입하는 파격적인 발상도 필요할 것이다. 일반적으로 기술자나 전통적인 경영관리자는 보수적인 성향을 갖고 있다. 위기관리능력은 탁월하겠지만 혁신경영에는 맞지 않을 수도 있다. 위험을 회피하려는 경향이 크기 때문이다. 보수성향의 경영자는 미지의 기술이나 상품에 대한 투자를 두려워 할 수 있다. 이러한 상황에서 건설산업의 발전은 어려울 것이다.

한때 일본의 소니(SONY)는 바리톤 가수를 CEO로 맞아 크게 성공했다고 한다. 소니가 생산하는 오디오 제품의 음질을 평가하기 위해 부장급으로 영입된 음악가가 결국 최고 경영자의 자리까지 오르게 된 것이다. 그가 있는 동안 제품의 음향, 음색이 크게 개선되어 소니는 전성시대를 구가했다고 한다. 발상의 전환이 얼마나 중요한 지를 암시하는 대목이다. CEO 한 사람의 창의력이 기업과 더 나아가서는 산업계 전반에 엄청난 변화를 가져올 수 있는 것이다.

현재 우리나라는 정부도, 재계도 '창조경제'를 강조하고 있다. 창조경제도 혁신경제의 일종으로 이해할 수 있다. 컬럼비아대학교의 던컨(Duncan)교수는 창조경제를 "외부에서 끊임없이 무엇인가를 찾고(Search), 최선의 것을 발견하면 그들을 조합(Combine)하는 것"으로 정의하고 있다. 빌 게이츠(Bill Gates)도 일찍이 이에 전적으로 공감한 바 있다. 이미 있는 것을 찾아서 짜 맞추되, 최선의 가치를 만들라는 이야기이다. 짜 맞추거나 통합하는 일은 건설인들이 일상적으로 하는 일이기도 하다. 문제는 이 과정에서 새로운 가치가 창출되고 있느냐 하는 것이다. CEO의 혜안과 리더십이 없으면 가치창출은 어려울 것이다. 사실 단순한 짜 맞추기 작업은 개발연대에서는 아무 문제가 없었다. 하자없이 시방서대로 신속하게 작업만 하면 됐었다. 지금도 대부분의 토목, 건축 중심의 건설활동은 일련의 짜 맞추는 작업의 연속이다. 최선의 무엇을 찾을 필요가 없다. 그저 숙련된 기술과 전문성을 갖춘 업체라면 쉽게 해낼 수 있다. 이것이 수주산업의 전통이고 관행이었으며, 대부분의 발주자와 업체들은 이에 서로 만족했다.

그러나 앞으로는 전통이나 관행에만 얽매이다가는 생산성도, 창조성도 기대하기 힘들 것이다. 시장이 개방되어 경쟁이 심화되었고, 소비자들의 기대수준도 매우 높아졌기 때문이다. 무한경쟁시대에는 최선의 것을 찾는 노력 없이는 일류 기업으로 성공하기 힘들 것이다. 특히 선도기업이나 대형 종합업체인 경우 그렇다. 이들에게는 혁신에 앞서 건설업계를 리드해야 하는 책임도 따른다. 이들이 시대변화에 선제적으로 대응해야 우리 건설산업도 몇 단계 업그레이드될 것이며, 그래야 건설업계가 세계화시대에도 지속적으로 성장할 수 있을 것이다. 따라서 건설업이 짜맞추는 일을 매번 번복할 것이 아니라 보다 창조적인 무엇을 발견하고 조합하여 새로운 가치를 창조한다면, 그리고 이것을 인류 모두에게 도움을 주는 새로운 가치로 승화시킨다면, 건설업도 창조산업이 될 수 있을 것이다.

정부는 창조산업 발전에 필요한 새로운 생태계를 구축하기 위해 최근 정부 3.0 또는 플랫폼 3.0을 발표한 바 있다. 웹(Web) 3.0 개념이 도입된 '개인화 된 정부'를 의미한다고 한다. 이를 통해 과학기술과 기타 모든 기술이나 지식이 융합하여 상호 발전할 수 있을 것으로 기대한다. 즉, 오픈 이노베이션을 지향하자는 것이다. 이렇게 총체적 융합이 가능한 이유는 클라우딩(Clouding) 기술과 빅 데이터(Big Data)와의 접목이 가능하기 때문일 것이다. 건설 분야도 새로운 기술이나 상품개발 과정에서 이러한 개방시스템을 보다 적극적으로 활용할 수 있어야 한다. 이 모두가 건설산업의 새로운 생태계를 뒷받침하는 도구라는 점에서 건설업계는 조금 더 세심한 관심을 가지고 그 발전과정을 지켜보고, 적절한 시기에 이에 동참해야 할 것이다.

이렇게 볼 때 건설경영은 도전의 연속이 될 것이다. 특히 선도기업, 대기업 그리고 설계 및 엔지니어링 기업에게 그렇다. 타 산업발전이 건설산업에 미칠 영향을 분석하고, 특정 산업과의 제휴 또는 융·복합을 통해 새로운 건설상품이나 건설기술로 발전할 수 있는 가능성을 지속적으로 타진해 보아야 하기 때문이다. 일단 기술적으로 개발 가능한 상품이라도 시장검증을 거치지 않으면 수익으로 이어질 수 없을 것이다. 문제는 이 과정에서 많은 투자가 이루어져야 한다는 것이다. 결국 미래에 대한 예측력, 타 산업이나 기술과의 융 · 복합 가능성의 검증, 비즈니스 기획력, 자금조달 능력, 그리고 기술인력에 대한 관리 등이 중요한 경영 과제가 될 것이다. 또한 이 모든 일들은 글로벌 시장을 대상으로 하기 때문에 정치, 경제, 문화, 도시 등 모든 점에서 세계 각 처에서 일어나는 일들을 점검하고, 사업과 직 · 간접적으로 연결짓는 노력이 필요할 것이다. 기획형의 대형사업 중심으로 일감을 찾으려면 현지인 이상으로 현지사정에 밝아야 한다. 결국 선도기업의 최고 경영자는 팔방미인이 되어야 하는 것이다.

특히 선도기업의 CEO는 전 산업을 이끌어 가야 한다는 책임감을 가져야 한다. 본인의 결정이 건설산업 전체에 미칠 파급효과를 미리 예견하고, 가급적 긍정적인 효과로 이어질 수 있는 방향에서 의사결정을 내려야 할 것이다. 가장 큰 덕목은 전 세계 건설시장의 동향과 미래 변화를 읽고 합리적인 판단을 할 수 있는 능력일 것이다. 세계는 하루가 다르게 변한다. 최근 미국이 양적완화(QE)를 축소하려는 과정에서 세계 금융시장과 외환시장이 요동치듯, 세계 비즈니스 환경은 하루가 다르게 변화한다. 이러한 이벤트가 좁게는 기획사업에, 그리고 보다 넓게는 세계건설시장 전체에 가져올 파장을 미리 예측하고 선제적으로 대응할 수 있어야 한다. 일종의 지식경영, 또는 정보경영이 요구되는 것이다.

국내 설계 및 엔지니어링업계의 취약성은 자주 거론되고 있는 문제이다. 선진국과 달리 건설산업에서 설계 및 엔지니어링업계가 차지하는 비중은 매우 낮은 편이다. 그만큼 대접을 받지 못하고 있는 것이다. 작년 한해 이들이 올린 수익률은 1.2%에 불과했다고 한다. 전기나 전자부문의 6~7%와는 대조적이다. 따라서 용역업체를 책임지는 CEO도 책임이 막중하다. 과거에 축적된 기술보다는 신기술이나 보다 시대를 앞서가는 설계와 엔지니어링에 무게를 두어야 한다. 그러려면 설계 및 엔지니어링 시장의 세계적인 동향을 파악하고 있어야 하며 특히 혁신적이고, 가치지향적인 기술과 작품에 주목할 필요가 있다. 우리나라에서 세계적인 건축가가 등장하지 않는 이유는 도전정신이 부족해서 일 것이다. 아마도 서울은 고궁이 없었다면 적막하기 그지없었을 것이다. 시민 의식에도 문제가 있지만 가격만을 최우선으로 하는 건축주에게도 문제가 있다. 세계적인 건축가를 배출하려면 건축주의 의식구조가 바뀌어야 한다. 아울러 이 같은 노력을 제도적으로 지원할 수 있도록 도시계획도 획기적으로 개선해야 한다. 분명한 사실은 설계와 엔지니어링 분야에서 세계적으로 인정받지 못하면 건설산업의 세계화는 어렵다는 점이다. 이 분야 CEO들이 강력한 리더십과 혁신적 변화를 위한 적극적인 움직임이 아쉽다.

종합건설업체의 CEO들에게도 미래를 보는 안목과 사람 다루는 기술은 역시 매우 중요하다. 그러나 이들에게 가장 중요한 덕목은 수익성 판단능력이라고 생각된다. 모든 사업이나 기술개발 결정은 수익성에 근거해야 하고, 항상 리스크 관리에 철저해야 할 것이다. 건설금융에 밝아야 하고 자금과 공정 관리, 그리고 특히 협력업체 관리에도 탁월한 식견이 있어야 한다. 공기를 단축하고 비용을 절감하며, 특히 품질을 향상시키기 위한 각종 기술과 인력관리 등에 철저해야 한다. 건설프로세스에서의 가치사슬에도 밝아야 한다.

전문건설업체의 CEO는 기술자가 바람직할 수 있다. 전문건설업체는 특정 기술이나 전문성에서 업계 최고로 인정받도록 해야 한다. 즉 기술의 차별화가 생존의 지름길임을 알아야 한다. 최고의 품질을 유지하기 위해 노력하고 맡은 일에 대해 실명제를 주장할 정도로 책임감과 자신감, 그리고 긍지를 가져야 한다. 종합건설업체가 공기나 품질, 그리고 특히 창의성으로 평가받는다면, 전문업체는 기술과 전문성, 워크먼십(Workmanship)으로 평가받아야 한다. 따라서 CEO는 사업내용을 숙지해야 하며 최적의 인력을 적시적소에 배치할 수 있어야 할 것이다. 첨단기술을 접목해 새로운 장비를 개발하거나 신소재를 이용한 경량자재를 개발하는 등 건설기술 선진화에도 기여해야 한다. 새로운 기술에 대해 수시로 학습하고 보다 개선된 기술을 개발하려는 창의력과 타 업체들과의 협동의식 등이 중요한 덕목이 될 것이다.

정부차원의 실천 계획(Action Plan)

이상에서 건설기업이나 산업측면에서 해야 할 일들을 기술해 보았다. 그러나 현재 한국 건설산업이 안고 있는 많은 문제들의 대부분이 정부로부터 비롯됐다는 점에서 볼 때 정부의 역할이 보다 많을 수 있을 것이다. 결자해지(結者解之)의 차원에서 정부의 역할을 촉구하고자 한다.

첫째, 공공발주체계 및 제도를 정비해 공공시장의 질서를 바로잡아야 한다. 시장질서는 공공공사의 발주체계를 개선함으로써 바로잡을 수 있다. 우선 발주능력을 향상시켜야 한다. 담당 공무원이 각종 설계 및 시방서를 이해해야 하고, 계약의 특수성과 기술에 대한 지식도 갖춰야 한다. 그래야 사업 관리 및 품질 관리가 가능하기 때문이다. 다시 말해 발주행정이 전문화되어야 한다.

공공공사 발주 시 이슈가 되는 것은 입찰제도와 분리발주이다. 공공입찰인 경우 300억 원 미만의 공사는 적격심사를, 그 이상 규모의 공사에 대해서는 최저가낙찰제를 적용하도록 의무화하고 있다. 공사의 성격이나 공사수행에 필요한 기술수준 등을 고려하지 않고 단지 공사금액,

그것도 매우 인위적으로 설정한 금액에 따라 구분하고 있는 불합리한 구조이다. 전기공사, 정보통신공사, 소방공사에 대한 분리발주규정은 비용과 시간의 비효율을 야기하고 있다. 특정 업역을 보호하려다 보니 칸막이를 칠 수밖에 없고, 그 피해는 결국 수요자와 국민들에게 돌아가는 것이다. 시간이 걸리더라도 정부의 발주체계가 하나의 양식(Mode)으로 자리잡도록 일관성을 유지해야 한다. 민간공사인 경우 사업주의 재량이 크게 작용하겠지만, 일관된 양식에서 크게 벗어나지 않도록 통일된 발주방식이 공공공사는 물론 민간공사에도 모두 적용되도록 해야 한다.

예외규정을 너무 광범위하게 인정하면 오히려 효율성은 물론 공정성까지도 해칠 우려가 있다. 경제민주화 차원에서 지방 건설업체나 중소업체를 지원해야만 한다면 지금같이 예외규정을 두어 난립하게 만드는 것보다는 이들만의 경쟁체제를 만들어 주고, 어느 정도 체질이 강해지면 일반경쟁에 참여하도록 해야 할 것이다. 이들에게 “세상에는 공짜 점심은 없다”는 메시지를 분명하게 전달해야 한다. 공짜 점심의 기회가 있는 한 공정경쟁은 뒷전으로 밀려날 것이고, 그렇게 되면 도덕적 해이 문제는 물론 부정부패의 소지까지도 생길 수 있기 때문이다. 여기에 꼼수까지도 판치게 되면 시장질서는 무너지게 마련이다. 경쟁원칙을 세웠으면 공개적이고 투명하게 경쟁하도록 해야 한다. 하자발생 기록이나 부실공사, 부정부패에 연루된 과거사가 있으면 크게 감점처리하거나 아니면 공공발주 공사인 경우 일정 기간 동안 입찰에 참가할 수 없도록 제재해야 한다. 일시적으로 유예하거나 ‘회전문’을 허용하게 되면 법은 무용지물이 된다. 법과 질서의 중요성을 각인시키고 집행에서도 일관성을 기해야 시장질서가 확립될 것이다.

둘째, 제도를 국제화(글로벌 스탠다드화)하는 일이다. 정부는 일종의 룰 메이커(Rule Maker)이며, 이는 합의에 의해 만들어져야 정통성을 갖는다. 룰을 지키지 않는 업체에 대해서는 소정의 처벌(Penalty)을 가하는 것은 시장질서와 게임의 공정성을 위해 필요하다. 중요한 것은 우리 건설산업이 글로벌화 되려면 이러한 룰이나 처벌도 결국 글로벌 스탠다드에 맞춰야 한다는 것이다. 국내 건설시장도 완전 개방하려면 같은 기준을 적용해야 할 것이다. 동시에 우리만의 관행 또는 일종의 지역적 룰(Parochial Rule)들은 점진적으로 개선 또는 정비되어야 한다.

건설관련 제도와 법률은 건설산업기본법을 포함한 기술사법, 건축사법, 엔지니어링산업진흥법 등 하위 법 모두를 칭한다. 가장 큰 과제는 입·낙찰제도의 후진성을 극복하는 일이다. 그동안 현행 최저가낙찰제를 포함해 너무나 많은 제도들을 실험해 보았다. 그러나 그 어느 것도 모든 업체들을 만족시킬 수는 없었다. 이는 당연하다. 업체마다 특성이 다르고, 이해관계가 다르기 때문이다. 따라서 단일 제도를 강요하는 것 자체가 모순일 수밖에 없다. 가장 좋은 평가기준은 선진국에서와 같이 얼마나 수준 높은 작품을 만들어 사회에 공헌하는 가이다. 즉, 좋은 기술로 비교적 값싸게, 양질의 구조물을 만들어 최고가치(Best Value)를 제공할 수 있는 업체에게 기회가 주어지면 되는 것이다.

건설정책이 일관성을 유지하려면 다기화 되어 있는 건설관련제도의 정비도 필요하다. 전기공사업법(산업통상자원부 소관), 정보통신공사업법(산업통상자원부 소관), 소방시설공사업법(안전행정부 소관) 등 각 부처에 분산되어 있는 법률들을 건설산업기본법(국토교통부 소관)에 모두 통폐합시키고, 그 관리를 특정 부처 한 곳에 집중시켜야 한다. 즉, 컨트롤 타워(Control Tower) 기능을 한 부처로 몰아주어야 조정, 통제가 가능하다. 법률적 통합에 맞춰 면허제도 역시 통폐합하여 행정의 난맥상을 극복해야 할 것이다. 전문면허와 일반면허를 지금과 같은 형태로 계속 유지해야 할지에 대해서도 신중한 검토가 필요하다.

전국을 일률적으로 규제하는 법률이나 제도에 대해서도 재고해 보아야 한다. 지방자치단체에서 공사의 성격이나 규모, 그리고 지역특성에 따라 건축이나 도시계획 관련 사안을 보다 신축적으로 결정할 수 있도록 어느 정도의 자율권은 보장해야 할 것이다. 정부는 모법이나 표준법을 통해 기본 골격만 갖추고, 시행령과 시행규칙은 자치단체가 각자의 여건에 맞도록 조정해 사용하도록 해야 한다. 미국의 경우 도시계획법(City Planning Law)이나 건축법(Building Code) 모두 연방법은 기본사항들만 적시하고 구체적인 내용은 자치단체가 지역상황에 맞게 별도로 정하도록 되어 있다. 그래야만 도시도, 건물도 지역에 따라 다양하게 개발 또는 건설될 수 있는 것이다.

모든 도시가 비슷한 모양으로 개발되거나 한 도시에서도 고층아파트와 같은 건물들이 천편일률적으로 들어선다면 도시미관에 치명적일 수 있다. 도시와 건축물에서 창의성이나 다양성과 같은 가치를 추구한다면 일률적이고 획일적인 제도는 바뀌어야 한다. 또한 그렇게 되어야 국제적으로 인정받는 건축물이나 도시가 생겨날 것이고, 이를 계기로 국제적으로 이름 있는 건축가나 도시계획가도 배출할 수 있게 될 것이다. 우리나라에서 아직까지 프리츠커(Pritzker) 수상자가 나오지 않는 이유는 아마도 제도의 경직성으로 인해 건축가들이 창의성을 발휘할 수 없기 때문이 아닌가 생각된다.

제도의 획기적인 개선을 위해 '건설규제특위(가칭)'와 같은 조직이 필요하다는 생각이다. 중요한 것은 누더기 법을 어떻게 정비하느냐이다. 법률 전문가들의 말을 빌리면 '필요할 때마다 특별법을 만들다 보니 법체계가 엉망'이라고 지적한다. 모법을 없애거나 고치지 않는 한 과거와 같이 시행령이나 시행규칙 일부를 손대보았자 별 효과가 없기 때문이다. 그럼에도 불구하고 건설산업 발전을 위해서는 필요한 조치이기 때문에 정부의 결단이 요구된다.

셋째, 건설산업발전계획을 새로 짜야 한다. 정부가 빠른 시일 내에 추진해야 할 일은 건설업을 산업으로 인정하고, 타 산업에서와 같이 산업발전계획을 새로 만들라는 것이다. 건설산업기본법에 의거해 많은 시간과 돈을 들여 건설산업진흥기본계획이나 건설기술진흥계획 등 수차례에 걸쳐 계획을 수립했으나 별 실효성이 없는 것 같다. 문제는 과연 계획이 합리적으로 수립되었는지, 그리고 집행 가능했는지에 대한 부분이다. 현실을 외면한 선언적인 계획은 아니었는지 생각해 볼 필요가 있다.

더욱이 건설시장이 완전 개방되면 우리 업체들은 해외에서는 물론 국내에서도 외국의 유수 업체들과 경쟁할 수밖에 없다. 따라서 경쟁력을 제고하기 위한 계획적인 접근이 필요하다. 즉, 우리나라 건설업의 문제점과 잠재력을 정교하게 분석해 보다 효율적이고 체계적이며 특히, 건설수요에 시의적절하게 대응할 수 있는 산업으로 육성 · 발전시키기 위한 전략을 만들어야 한다. 여기에 업계와의 소통도 필요하며 집행을 전제로 한 행동지향적(Action Oriented)인 계획이어야 한다.

새로운 계획을 수립할 때 반드시 포함되어야 할 내용으로는 건설 수요구조 변화, 업역조정 또는 파괴, (선도기업을 포함한)업체 특성과 규모에 따른 역할과 기능의 재정립, 타 산업과의 융 · 복합 가능성, 건설시장의 글로벌화와 우리 업체의 해외진출전략, 글로벌 파트너링, 신용 및 건설금융 확대, 가치사슬과 SCM, 연구개발, 그리고 특히 인재양성 등이다. 제도 개선사항은 이 모두를 종합해서 마련되어야 하고 그 내용은 구체적이고 전략적이어야 한다. 특히 건설산업을 세계 초일류산업으로 키우겠다는 정부의 의지를 분명히 하고 각종 지원책을 명시해야 한다.

건설산업의 낙후 정도가 국가 경제성장에 발목을 잡는다는 이유로 미국을 포함한 많은 선진국도 '건설산업발전계획'을 수립하여 강력하게 집행해 오고 있다. 영국은 "Science and Innovation Investment Framework"를 수립하고 그 안에 "Foresight, Constructing the Future"라는 제목의 건설산업발전계획을 포함시켰다. 건설산업에 관한 6가지 도전과 4가지 기본 요소, 그리고 5가지 수행방안을 매우 구체적으로 제시했다. 한편 미국은 클린턴(Clinton) 정부에서 "National Construction Goal"을 선언, 첨단기술과의 융합을 시도했다. 4대 국가건설비전과 7대 국가건설목표, 그리고 8대 목표달성 요소를 제시하고 있다. 중요한 것은 이 계획이 국가과학기술위원회(NSC)가 추진하는 "Science for the 21st Century"의 일환이라는 점이다. 즉, 국가과학발전계획으로 격상시킬 만큼 이 계획을 중시한 것이다.

두 나라 모두 계획적 접근을 통해 건설산업의 국제경쟁력을 제고하는 한편, 미래지향적인 시설 및 구조물 수요에 대응하도록 체질을 개선하는 데 초점을 맞췄다. 글로벌 변화에 선제적으로 대응하고 혁신을 통해 국제경쟁력을 제고하며, 특히 첨단과학과의 융·복합을 통해 기술혁신을 기하는 동시에 새로운 수요를 창출하고 시장을 확대해 나가겠다는 전략인 것이다. 뿐만 아니라 건설업이 생산하는 구조물들은 미래 경제의 부가가치 생산기반을 받쳐주도록 하자는 것이다. 이유는 건설이 고정자본 형성을 통해 잠재성장률을 높이기 때문이다. 소비자의 가치를 강조한 영국에 비해 미국의 경우 이 점이 특히 강조되었음은 주목할 만하다.

우리도 그동안 많은 계획을 수립했고 집행했다. 그러나 대부분은 용두사미로 끝났고, 지속가능하지 못했다는 것이 많은 전문가들의 평가다. 근본적인 이유는 세 가지로 본다. 우선 계획 자체가 집행력을 가지기에는 실천계획이 불분명했다. 대부분의 내용들은 추상적이고 선언에 그친 경우가 많다. 가장 큰 문제는 구체적인 프로그램과 프로젝트의 부재다. 누가, 무엇을, 언제까지, 어떻게 함으로써 소기의 계획목표를 달성하겠다는 현실적이고, 실질적이며 특히 측정 가능한 목표설정에서 실패한 것이다. 계획 수립단계에서부터 목표설정 절차와 모니터링에 대한 내용을 너무 경미하게 다뤘다. 그러다 보니 다음 단계에서 전략적으로 무엇을 해야 목표에 접근가능한 지가 불분명했다. 또 다른 문제로 일관성과 구체성의 부재를 들 수 있다. 대부분의 계획이 너무 종합적이며 포괄적으로 문제를 다루고 해결책을 강구하고 있다. 그런 중에도 지엽적인 목표까지도 모두 챙기다 보면 어느 한 가지도 달성할 수 없게 되는 우를 범하게 된다. 물론 목표설정에도 문제가 있다. 비현실적이며 계량 불가능한 목표를 설정해 놓고 목표달성을 위한 구체적인 전략이나 실천계획마저 부재하다면 이런 계획은 '종이 계획'으로 끝날 수밖에 없는 것이다. 마지막으로 조직과 돈 문제다. 목표를 달성하려면 조직, 자금 그리고 조직을 이끌 리더십이 명시되어야 한다. 조직에는 당사자인 건설업체와 용역업체는 물론 소비자 단체, 시민 단체, 기술지원 단체, 학계, 그리고 정부가 모두 동참해야 한다. 그러나 이 같은 계획은 대부분 국책연구소와 정부 중심으로 밀실에서 만들어지는 경우가 많았고, 자문회의나 공청회 같은 형식적인 절차를 거쳐 완성됐다. 그러다 보니 아무리 멋지게 포장을 해도 콘텐츠가 빈약하고 정통성마저 의심받게 되는 것이다.

기술개발 관련 계획도 마찬가지다. 최근 들어 기술개발을 위해 수천억 원이 넘는 많은 투자가 이루어졌다. 그러나 어떤 기술이 얼마나 개발되었고, 개발된 기술이 얼마나 현장 운영 또는 해외건설 수주 시 도움이 되고 있는지 등에 대한 평가가 제대로 이루어지고 있는지는 의문이다. 상품화가 가능하거나 시장성 있는 기술에 대한 논의가 충분하지 않은 상태에서 연구개발 프로젝트가 결정되는 경우가 있기 때문에 실효성에 대한 문제가 제기되는 것이다.

넷째, 정부의 역할을 재설정하고 시장 질서를 확립해 주는 일이다. 국민들 사이에서 건설시장은 무질서하거나 약육강식의 무절제한 시장으로 인식되고 있다. 이러한 인식을 바로 잡으려면 정부 나름대로 원칙과 철학을 가지고 민간시장에서도 공정경쟁을 유도해야 한다. 각종 법과 제도도 이를 기반으로 해서 만들어져야 한다. 앞으로 건설산업을 국제화, 선진화하는 데 필요한 철학과 원칙이 있다면 그것은 무엇인가? 시장 자율과 경쟁력, 그리고 동기부여라고 생각된다.

그렇다면 과연 지금 정부가 집행하는 법과 건설관련 제도가 이러한 원칙에 부합하는지 점검해 보아야 할 것이다. 그렇지 않다면 단기적인 후유증을 감수하더라도 법과 제도를 과감하게 정비해야 한다. 공공시장에서의 담합행위나 불공정 거래에 대한 감독 기능도 강화해야 하고, 원하도급 관계도 당사자 간 계약행위로 보아야 할 지 아니면 공정경쟁 원칙에 따라 처벌해야 하는 지 확실히 선을 그어주어야 할 것이다. 같은 사안에 대해 여러 가지 해석이 가능해지면 혼선이 빚어질 수 있기 때문이다.

대부분의 산업에서 그렇듯이 건설 분야도 컨트롤 타워 문제가 자주 거론되고 있다. 국토교통부가 실질적인 컨트롤 타워의 역할을 하려면 개별 사업보다는 정책적인 이슈를 다뤄야 하며 타 부처와의 협력관계를 강화해야 한다. 힘 있는 부처에게 밀리지 않으려면 건설전문가와 경제마인드를 가진 인력을 강화할 필요도 있다. 국가적으로도 건설산업을 살리려면 주무부처에게 힘을 실어주고, 주무부처는 보다 적극적으로 건설산업을 혁신하고 선진화하는데 앞장서야 한다.

한편 민간부문에서도 경쟁을 촉진하려면 제대로 된 룰이 필요하다. 룰은 예외 없이 적용되어야 하고 이를 지키지 않을 경우 그에 따른 벌칙제도도 제대로 작동해야 한다. 민간시장에서 공정경쟁을 견지하기 위해 정부가 할 일은 경쟁할 수 있는 울타리를 만들어 주고, 울타리 내에서 주어진 룰대로 경쟁하도록 하는 것이다. 따라서 법과 제도는 결국 당사자간 계약에 있어 공정경쟁을 담보하기 위한 것들이다. 이 과정에서 정부가 시장을 지배하거나 간섭하려 들면 경쟁체제는 사라지는 것이다.

앞으로 건설시장에서 정부의 역할도 단순 참여자에서 조력자(Promoter or Facilitator)로 바뀌어야 한다. 공공발주체계를 개선해서 지자체와 민간건설시장에 "잘된 발주는 이렇게 한다" 또는 "잘못된 발주나 계약은 이런 것이다"라는 점을 간접적으로 암시하고, 잘못될 경우 어떤 제제조치가 따르게될 지 경각심을 갖도록 해야 한다. 입찰비리의 소지를 발본색원하고 발주처는 철저하게 전문성, 가격, 신용도, 경험 그리고 특히 건설품질 등을 종합적으로 검토해 합리적인 결정을 내리도록 해야 한다. 반면 업체들도 담합의 유혹을 뿌리쳐야 한다. 유사한 업체들이 난립할 경우에도 나눠 먹기식 접근은 안 된다.

다섯째, 건설금융을 강화하는 일이다. 국내 기획형 개발사업에서는 물론 해외건설시장 확장을 위해서도 건설전문 금융기관이 할 일은 많다. 국제금융시장에서 금융자산의 흐름을 파악하여 해외에 진출하는 기업에게 유용한 정보를 제공할 뿐만 아니라 해외진출 사업자에게 자금을 지원하는 일이 우선적으로 이루어져야 한다. 수주인 경우 단기 운영자금이 될 것이고 기획개발사업인 경우 투자자금이 될 것이다. 또한 외국 금융기관에 신용을 개설해주거나 주기적인 재무분석을 통해 자금흐름을 파악하고 재무관련 사안에 대해 자문을 제공해줄 수도 있다.

전 세계 GDP의 약 3.2배에 달하는 막대한 돈이 금리변화에 따라 세계시장을 누빈다고 한다. 세계는 나라를 대신해 돈과 돈이 싸우고, 돈이 실물경제를 지배하고 있다. 돈은 많지만 수익성이 높고, 동시에 안정성을 중시하기 때문에 해외건설이나 해외 개발사업으로 유인하기가 쉽지 않다. 특히 우리 건설기업인 경우 해외에서의 금융조달은 거의 불가능하다고 한다. 그 때문에 대형 사업을 수주하는데 많은 애로를 겪는 것이다.

이 같은 문제를 완화하기 위해 정부는 건설업계가 필요로 하는 건설은행(가칭)의 설립을 도우는 것이 바람직하다고 생각한다. 자본금 문제는 기존 공제조합들이 갖고 있는 납입자본을 일차적으로 활용하는 방안을 검토할 수 있을 것이다. 단기적으로는 우선 산업은행이나 수출입은행 또는 외환은행 등에 건설관련 업무기능을 신설 또는 강화하고, 필요에 따라 점차 확대해야 할 것이다. 앞으로는 과거 중동시장에서와 같이 금융 면에서 유리한 건설일감은 줄어들 것이다. 대신 국내외시장에서 모두 기획 · 개발형 사업이 주종을 이룰 될 것에 대비하여 건설은행과 같은 건설전문 금융기관은 반드시 필요할 것으로 보인다.

국내에서도 대형 사업은 국제 컨소시엄 등을 통해 추진될 가능성이 크기 때문에 우리 업체들이 이러한 사업에 참여하려면 개발금융은 필수이다. 국내시장 위축에 대비해 해외건설도 확대해야 한다. 건설업무만 다루는 특수 금융기관이 필요한 이유이다. 요즘과 같이 우리 업체들이 자금조달 때문에 수주기회를 놓치는 일은 없어야 할 것이다. 건설금융이 필요한 또 다른 이유는 건설산업의 선진화를 위해서이다. 타 산업과의 융·복합을 통해 신기술이나 신상품을 개발해야 하는 데 여기에는 많은 자본과 위험부담이 따르기 때문이다.

우리 업체들이 금융지원을 받아 기술을 개발하고 신시장을 개척하며, 특히 일부 대형 업체인 경우 토탈 솔루션(Total Solution)능력을 갖추게 된다면 우리나라 건설산업의 미래는 밝을 수 있다. 여기에 기획력, 타당성 분석 능력, 기본설계, 시공, 운영 관리 등 건축물의 생애주기 측면에서 건축물을 관리할 수 있는 능력까지 갖게 된다면 벨류체인(Value Chain)의 확대로 인한 일감은 엄청날 것으로 예상된다. 뿐만 아니라 플랜트 분야가 발달하면 석유화학-에너지-교통인프라 등으로 이어지는 수평적 가치사슬도 가능할 것이다. 엄청난 물량이 발생할 수 있는 기반이 만들어지게 되는 것이다. 그러나 이 모든 것이 건설금융에 의해 좌우될 수 있다. 건설전문 금융기관을 만드는 데 건설업계도 최선을 다해야 하지만, 정부의 적극적인 노움이 절대적으로 필요하다.

끝으로 건설외교를 강화해 줄 것을 주문한다. 그동안 우리나라 해외건설업체들은 리비아, 사우디, 이란, 이라크, 쿠웨이트, 그리고 UAE 등 일부 중동국가에 지나치게 의존해왔다. 앞으로 한국 건설산업이 글로벌화를 지향한다면 신흥시장과 선진국 시장에도 보다 관심을 가져야 한다. 예를 들면 동남아, 중남미와 아프리카 등이다. 이 지역은 교통 인프라, 물 사업, 녹색성장 그리고 특히 에너지 개발 등 많은 분야에서 엄청난 잠재력을 갖고 있다. 우리 업체들의 최근 수주실적을 보면 동남아 시장이 중동시장을 추월한 것을 알 수 있다. 문제는 대형 해외사업에 주계약자(Prime Contractor)나 개발업자로 참여하려면 금융을 확보해야 한다는 것이다. 민관 합작사업이나 펀드를 활용하는 등 단기적으로 다양한 방법들이 가능할 것이다. 아랍의 국부 펀드를 활용해 공동 사업으로 진출하는 방안도 고려해 볼만하다. 그러나 정부가 외교력을 통해 상대국을 설득하지 않으면 이 모두가 성사될 가능성이 희박하다.

정부는 KOICA와 대외협력기금(ODA 또는 EDCF)을 통해 아프리카, 중앙아시아, 동남아, 그리고 중남미 개도국을 대상으로 과거에 비해 많은 자금을 지원하고 있다. 금년에도 역대 가장 많은 자금이 지원될 것으로 알려지고 있다. 아울러 이 지역 고위공무원이나 국영기업체의 임직원들을 대상으로 우리나라의 발전 경험을 전수하고 있다. KDI가 주관하는 KSP(Knowledge Sharing Program)사업이 좋은 사례이다. 일본이 그러했듯 우리도 이러한 프로그램을 SOC사업이나 자원개발사업과 연계시킨다면 우리 업체가 현지에서 대형 사업을 수주하거나 참여하는 데 유리할 것으로 전망된다.

지난 정부에서 우리는 해외 자원개발사업을 통해 엄청난 손실을 본 경험이 있다. 이는 근본적으로 현지상황에 너무 무지했기 때문이다. 여기에 공적자금에 대한 책임의식도 비교적 낮았던 것으로 보인다. 만일 이러한 사업을 민간기업에게 맡겼다면 성사 가능성이 훨씬 컸을 것이다. 수익성과 환금성, 그리고 특히 안전성을 확실히 검토할 것이기 때문이다. 이 경우 정부의 역할은 상대정부로 하여금 일이 성사될 수 있도록 '양국 국민 모두에게 상호 이익이 되는 사업'임을 설득시키면 된다. 사업성 판단은 기업이 하면 된다.

앞으로 우리 정부는 해외건설 물량이 많이 예상되는 지역이나 국가를 중심으로 외교력을 강화해야 한다. 우선 각종 외교라인을 통해 기초자료를 수집 · 분석하고, 수주를 위한 필충조건을 확인하는 노력이 필요하다. 가능성이 큰 나라의 공관에는 건설이나 개발전문 담당관을 두는 방법도 바람직하다. 과거 일본이 그랬듯 공적개발원조(ODA)자금으로 각종 타당성조사 분석활동을 지원하는 것도 검토해 볼만하다. 일본은 일본국제협력단(JAICA)을 앞세워 동남아시아 각국에서 다양한 기초자료를 수집했고, 이를 근거로 지역발전사업들을 추진하면서 일본 기업이나 컨설턴트들을 유입시켰다. 또한 현지 전문가를 일본에서 훈련시켜 일본인 연구자들과 합동으로 현지조사를 실시하기도 했으며, 이렇게 해서 만든 자료는 일본 기업들이 현지에 진출하는 데 큰 도움을 주었다.

신흥시장으로 반드시 고려해야 할 시장은 북한이다. 남북통일이 되면 우리 경제가 반전할 것으로 예상하지만, 작금의 북한 인프라시설로는 조기 산업화가 불가능해 기대한 만큼의 실적을 낼 수 있을 지는 회의적이다. 물론 장기적으로 통일은 큰 기회요인임에는 틀림없다. 이를 기회로 하여 통일비용을 줄이려면 지금부터 북한에 대한 SOC투자의 타당성을 검토해야 할 것이다. 일부에서는 물론 공산권에 대한 투자를 회의적으로 볼 수도 있을 것이나. 정정이 불안해지면 투자자금을 회수하지 못하는 위험부담을 감수하겠느냐고 반문할 수도 있다. 그러나 과거 1980년대 우리 기업들이 중국, 베트남, 캄보디아, 폴란드나 체코 등에 진출할 때 이들 모두가 공산권이었음을 상기할 필요가 있다. 다시 말해 공식 수교 이전에 우리 기업들은 공산권에 진출해 수교를 간접적으로 도와주었던 것이다. 쉽지는 않겠지만 북한에서도 같은 일이 벌어질 수도 있다. 앞으로 발생할 엄청난 통일비용을 의식한다면 북한의 산업화와 경제성장을 돕는 것이 현명하다고 생각된다. 북한은 풍부한 자원과 더불어 노동인력도 상대적으로 많다. 이들을 제대로 훈련시키면 노동생산성을 향상시킬 수 있을 뿐만 아니라 지원을 통해 북한 주민들에게 시장경제를 알리고, 그 중요성을 이해시킨다면 향후 정치나 사회통합 이전에 경제통합에도 일조할 수 있을 것이다.

전문가들에게 건설산업이 가야할 길을 물었다. 대부분은 건설업계가 뼈를 깎는 자구노력 없이는 소생하기 어렵다고 한다. 과거에도 수차례 비슷한 이야기들이 오갔다. 그러나 대부분 행동으로 옮겨지지 않았다. 내부 혁신이니 자체정화니 하는 대국민 캠페인도 기대에 미치지 못한 것으로 평가됐다. 최근까지도 건설인들에게는 불미스러운 일들이 계속 발생했다. 국민의 눈에는 건설업계가 별로 달라지지 않은 것으로 인식되고 있다.

개별 기업 입장에서 보면 변화가 필요하지 않을 수도 있다. 업역 때문에 서로 다툴 일도 없으며, 더욱이 새로운 기술이나 상품을 만들어 경쟁력을 키워야 하는 절박함도 없기 때문이다. 수주만 잘 해 과거에 하던 방식대로 하면 별 문제없는 데 왜 혁신이니 구조조정이니 하면서 괴롭히느냐고 반문할 것이다. 정부도 편 가르기 업역 싸움이 발생하거나 담합행위가 발견되어 언론에서 논란이 되거나 또는 건설사고로 인명이나 재산피해가 나는 등 사건사고만 없으면 건설시장에 간섭할 일이 없다고 생각할 것이다. 그러나 소비자들은 부실이나 하자 때문에 불만이 적지 않다. 건설서비스의 품질이 값에 비해 너무 낮다는 것이다. 일부 시민 단체와 소비자 단체들도 건설현장에서 발생하는 각종 부조리와 안전 불감증을 수시로 고발한다. 학계에서는 건설비리와 부정부패를 질타하면서, 왜 건설업은 변하지 않는지 의아해 한다. 특히 건설제품의 고비용, 저효율 문제와 환경 비친화성을 비판한다.

최근 들어 건설 물량이 급격히 줄어들고, 수익성이 악화되자 다수의 건설인들이 위기의식을 느끼고 있는 것 같다. 그러나 위기는 곧 기회라고 했다. 지금이 내부 정화와 혁신을 추진할 때라는 생각이 든다. 업계 전반에 걸쳐 구조조정도 필요하다. 부실업체나 부정부패에 연루된 업체는 시장에서 퇴출시켜야 한다. 구태에서 벗어나지 못하면 건설업계는 소비자로부터 외면당할 것이고, 해외사업에서도 성공하기 어려울 것이다.

현 시점에서 가장 중요한 것은 신기술개발을 통해 가격과 품질경쟁력을 제고하는 한편, 국내외 건설시장에서 새로운 수요를 창출하는 일이다. 전통적인 건설물량은 계속 줄어들 것이고, 개별사업의 단위규모가 작아져 큰 업체들에게는 관심의 대상이 될 수 없을 것이다. 우리 건설시장이 빠르게 선진화되어가고 있기 때문이다. 시장의 전면 개방이 필요함을 시사한다.

박근혜 정부에서는 창조산업을 신 성장동력으로 인식하고 이를 통해 일자리와 성장 목표를 달성하고자 한다. 건설도 창조산업이 될 수 있고 또 되어야 한다. 타 산업이나 기술과의 융 · 복합을 통해 원천기술이나 새로운 상품을 개발하게 될 것이다. 이렇게 되면 국내외 건설시장에서 많은 일자리가 생겨날 것이고, 큰 규모의 부가가치를 생산할 수 있을 것이다. 건설산업은 현재 매우 취약한 환경에서도 170만 개의 일자리를 만들고 있다. 조금 더 노력한다면 여기에 몇 십 만 개를 추가하는 것은 어렵지 않을 것이다.

중요한 것은 건설인들의 마인드 셋(Mind-Set)이다. 위기를 느끼면 사고와 행동에 변화가 있어야 한다. 강한 의지와 신념을 가지고 건설산업이 새롭게 태어날 수 있도록 노력해야 한다. 그러나 건설업계 자체의 노력만으로는 부족하다. 불확실의 시대에는 정부의 도움이 절실하다. 세계경제는 상호 밀접하게 연결되어 있어 나비효과를 예측하기 힘들다. 따라서 정부든 기업이든 돌발 상황에 대비하여 항상 시나리오를 만들고, 시나리오별로 전략을 세워 대처해야 한다. 건설시장의 완전개방과 우리 업체의 전면적인 글로벌시장 진출에 대비해 정부도, 건설업체도 보다 철저하게 준비해야 할 시점이다.

소비자가 똑똑하고 까다로워야 제품의 질이 좋아진다. 현재 우리나라 소비자의 인식과 기대는 이미 선진국 수준이다. 이들로부터 존경과 찬사를 받는 기업이라면 국내외 어디서나 크게 성장할 것이다. 건설업도 이제는 소비자에게 다가가야 할 때다. 그들의 말에 귀를 기울이고 원하는 서비스를 제공한다면 어떤 불황에도 견딜 수 있을 것이다. 이것이 바로 선진 건설인의 자세인 것이다. 건설산업이 선진화되어 양질의 서비스를 제공하고, 특히 해외에서 많은 일자리를 만들고 외화를 벌어들인다면 건설인들은 과거의 명성을 되찾을 수 있을 것이다. 건설인들의 자정노력에 정부가 시의 적절하게 힘을 보태준다면 선진화는 의외로 빠르게 이뤄질 수도 있을 것이다.

지금 우리 경제는 불황의 늪에 빠져 있다. 정부는 2017년까지 238만 개의 일자리를 만들어 고용률을 70%로 높이겠다고 하지만, 현재 우리 경제는 연평균 16만 개의 일자리를 만들고 있을 뿐이다. 목표달성이 쉬워 보이지 않는다. 과거 건설업은 많은 일자리와 부가가치를 창출해 몇 차례 우리 경제를 위기로부터 구했다. 한참 때에는 250만 개의 일자리를 만들기도 했다. 그리고 이제, 다시 한번 건설산업이 우리 경제의 위기 극복에 기여할 수 있는 기회를 모색하고자 한다. 지금 건설산업이 겪고 있는 위기상황을 이겨내고 다시 재기한다면 과거의 눈부신 성장을 재현할 수 있는 기회가 올 것으로 확신한다.